福島県北塩原村の佐藤禮子さん、中谷千恵子さんたちは、大豆、小豆、インゲン、ササゲなど、在来種の豆を作り続けてきた。豆は保存がきくし、毎日の食卓にはもちろん、祝いごとや弔いのときにも豆料理が欠かせない。そしてこの在来種の豆が、レストランのシェフたちにひっぱりだこだという。（撮影　倉持正実）

在来種の豆を作る

福島県北塩原村

（撮影　倉持正実）

約3か月で収穫。乾燥して唐箕で風選し、箕で転がしながら選別、最後に手で選別する。とにかく手間がかかる。

11月末、白インゲンの最後の収穫。6月の末までに少しずつずらして播種し、順次収穫する。

佐藤禮子さんと中谷千恵子さんの豆。①〜③は、すべて花嫁ササゲ（花豆）。④白小豆、⑤青豆、⑥味噌豆、⑦黒豆、⑧小豆、⑨モロッコインゲン、⑩大豆。

佐藤禮子さんの豆料理

①冬至かぼちゃ。小豆とかぼちゃを炊き合わせたもので、冬至に食べると風邪をひかないと言われてきた。②豆数の子。青豆と数の子をさっぱりと合わせた。③黒豆納豆、④味噌豆の五目煮、⑤黒豆の甘露煮、⑥モロッコインゲンの煮物、⑦白インゲンの煮物。どれも昔から食べてきた代表的な豆料理。

レストランの豆料理

佐藤さんたちの栽培した在来種の豆は、地元のホテル&リストランテ「イルレガーロ」でも利用されている。

和牛煮込みインゲン入り
柔らかく煮込んだ牛肉と、モロッコインゲンの相性がいい。

白インゲンとサンダニエレの生ハムのサラダ
煮すぎていない白インゲンの食感と生ハムの塩気が絶妙な組み合わせ。

地豆のサラダ
各種の豆と野菜の彩りが鮮やか。野菜は佐藤次幸さんが栽培したもの。

リゾット
冬野菜と４種の豆が入る。五穀米をイメージしたという。

イルレガーロ　福島県耶麻郡北塩原村裏磐梯五色沼入口1093 TEL. 0241-37-1855

大豆栽培のこつ

新潟県荒川町　遠山恵美子さん

（一〇二頁からの記事参照）

①種の水分を13～14%にする

大豆種子を網袋に入れ、水を含ませた市販の紙おむつで包む。それをビニール袋に封入する。3～4日で種子の水分は13～14%になる。（写真　有原丈二氏）

②根粒菌の接種

大豆を栽培したことのない畑では、根粒菌がほとんどいないので大豆の生育が悪い。市販の根粒菌を接種する。大豆を栽培していた畑の土を種にまぶしてもよい。

（撮影　小倉かよ）

③元肥は緩効性肥料

生育の初期に窒素が多いと、根粒菌の生育が悪い。元肥には緩効性肥料（コート肥料、有機質肥料など）を施すか、溝を深く掘って深層に元肥（石灰窒素など）を施す。

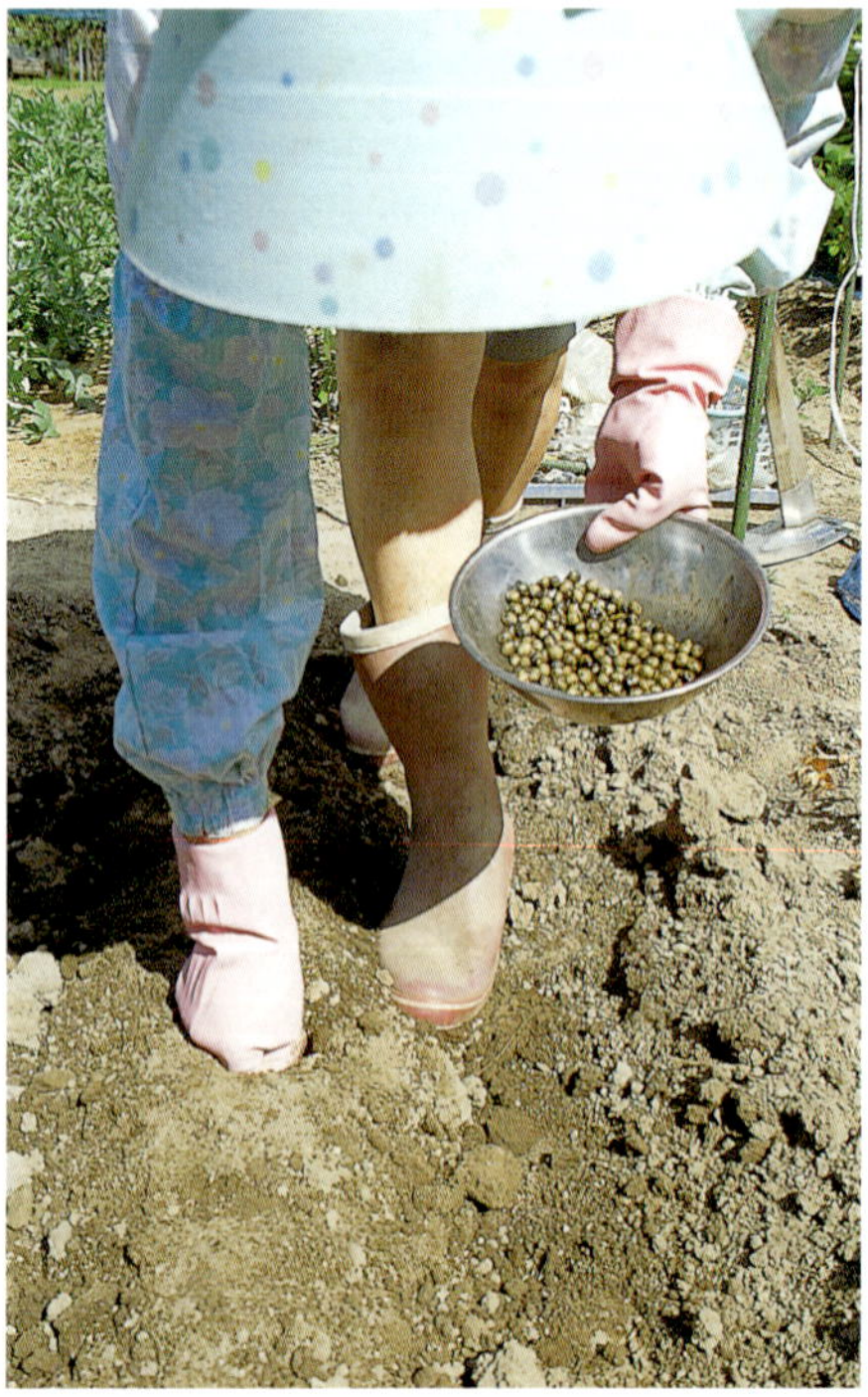

④疎植

うね間、株間を広くとって疎植にする。1株1本立ちが理想。1粒播きにして、欠株に補植するか、2粒播きにする。

（撮影　小倉かよ）

⑤摘心してストレスをかける

側枝が4～5本出たころに、頂芽を摘心して、ストレスをかける。（撮影　小倉かよ）

左は摘心しなかった株、右は摘心した株。摘心して大豆にストレスをかけると、茎が太くなり、枝葉が多くなる。莢の数は無摘心が75で、摘心したほうが135。（撮影　松村昭宏）

鍬で中耕して除草する。肥料に土を被せると同時に、株元に土寄せして、倒伏を防ぐ。（撮影　小倉かよ）

⑥花が咲いたら追肥

大豆は、開花期以降にアンモニア態窒素をよく吸収する。土壌中に酸素が多いと、硝化菌の働きで、アンモニアが硝酸に変化しやすい。そこで、深層に追肥したり、水に溶いた肥料を灌注するとよい。（撮影　小倉かよ）

⑦緑肥、堆肥で地力維持

大豆は、窒素の吸収が非常に多い作物である。連年、大豆を多収するには、堆肥や緑肥で地力を維持することが大切。

味噌作り

愛知県安城市

味噌用の大豆をやわらかくする方法には二通りある。その一つは、大豆二斗三升（四斗樽一樽分）を、水をいっぱい張った大樽に一昼夜浸してから大釜で蒸す方法であり、もう一つは大釜で直接煮る方法である。煮えぐあいは、指ではさんでつぶれるくらいで、これは蒸すときも同じにする。

大豆がやわらかくなったら、煮たものは熱いうちにいかけ（ざる）に上げ、水を切って臼にあける。蒸した場合は水気が少ないので、そのまま臼に入れる。杵で大豆を手でにぎれるていど、豆が八分くらいつぶれるほどにこなしたら、桶に移して味噌玉をつくる。味噌玉は豆が熱いうちでないと固めにくいので、子どもにも手伝わせて、大勢で手早くつくる。

味噌玉は縄を通す穴をあけるため、五、六寸の長さの棒をまん中に入れ、直径三寸くらいににぎる。にぎったら、棒を抜いて土間のむしろの上に並べ、二、三日乾かす。

乾くと縄を通すが、そのさいに味噌玉と味噌玉がくっつかないように、短い木をはさんでおく。縄に通した味噌玉は、風通しのよい倉の中か土間につるしてさらに乾かす。

二か月くらいすると乾いて、穴や割れ目に白い花（かび）がついて、青かびも出てくる。それを見て仕込みにかかる。味噌玉は固くて汚れているので、水で洗ってから槌で砕くか、臼に入れて杵で搗《つ》いてこなす。こなしたら四斗樽に四回くらいに分けて入れ、その間に塩七升（三合塩といって、大豆一升に対し塩三合の割合）を等分にしたものを入れ、手がよく動かせるくらい水を入れてよくかき混ぜる。

仕込みが終わると、一昼夜おいてから味噌の上にふた塩を一面において、布（三河木綿）をかぶせ、その上に中ぶたをして重石を置く。味噌倉に一年間ねかし、二年目から食べはじめる。

『聞き書　愛知の食事』より

①大豆を煮る。（撮影　千葉　寛）

②煮た豆を石臼へ移し、豆を搗く。（撮影　千葉　寛）

③味噌玉を作る。（撮影　千葉　寛）

④味噌玉を干す。（撮影　千葉　寛）

⑤味噌玉を木槌で砕いて、細かくする。（撮影　赤松富仁）

⑥味噌樽に仕込む。（撮影　赤松富仁）

⑦重石をのせ、こもをかぶせてねかせる。（撮影　赤松富仁）

醤油作り

群馬県新治村
（撮影　小倉隆人）

春三月半ばをすぎ、梅の花が咲きはじめるころになると、醤油のもろみづくりがはじまる。作業は共同で行なうので、楽しみの一つでもある。近所隣り五軒寄って、醤油にして五斗くらいをつくるが、いく日も共同作業が続く。共同のこうじ室は、十枚の平たいかごが棚のように重ねられるようにできている土でつくった室で、温度を保つのに炭火を使っている。そのため、夜などはこたつに横になるていどで、ろくに寝ずに火の番をしながら様子をみる。

醤油づくりには、大豆は一斗五升、小麦も一斗五升を使う。まず小麦を大きな鉄のほうろくで、きつね色になるまで炒り、石臼で半割れくらいまでひき割る。大豆は味噌豆を煮るときと同じように、やわらかくなるまで煮る。

よく煮えた豆を広げて冷ます。四十度くらいまで冷めたら、小麦のひき割りをふりかけて、こうじ菌を入れて静かにかき混ぜる。

半切り桶に全部入れて中をくぼませておき、上にむしろやねこむしろ（ふつうのものより大きな厚いむしろ）など、わらでつくった敷きものをかけ、温度を下げないようにして一昼夜おくと熱が出てくる。四十度くらいまで温度が上がってきたら、こうじ室を二十六度くらいに保ち、水に浸した皆川むしろ（綿糸で編んだごく薄いむしろ）の上にこうじを広げて、上に新聞紙などをかけておく。それからまた一昼夜ほどすると、全体に黄色い胞子ができる。

もろみ桶に塩を四貫目入れて、水をバケツに二杯ほど加えてよく混ぜておき、この中にこうじを入れる。桶にこもなどをかけて干割れを防ぎ、日当たりのよいところを選んで置いておく。一日一回はかき混ぜる。

十二月、農作業も一段落すると、またみんなで集まって、醤油しぼりがはじまる。麻糸で織った細長い袋が五十枚ほどあり、三尺くらいの長さのこの袋の三分の一くらいまでもろみを詰めて、しぼり機の箱に並べていく。これを上からしめつけ、しぼる。

一昼夜くらいかけてしぼり出し、大釜に入れて火入れをする。そのとき、色づけにカラメル、甘みに糖蜜または黒砂糖を入れる。熱したあと、沈澱桶に入れ、おり引き（沈澱物を下方からとり除くこと）をする。このときの香りは、醤油づくりのみなを喜ばせる。

一斗樽に詰めて、味噌蔵に入れて貯蔵する。五斗できる材料で三斗くらいで止めておき、うどんのつゆや煮ものの味つけに使用している。二番、三番醤油もとり、ふだんのおかずの味つけに使う。しぼり粕は家畜の餌にする。

『聞き書　群馬の食事』より

①小麦をほうろくで炒る。

②こうじ室の平たいかごにこうじを広げ、ときどき様子をみる。

③もろみを麻袋に詰め、しぼり機の箱の中に並べる。

④醤油をしぼる。このあと火入れをする。

納豆の仕込み

雪納豆作り

岩手県沢内村

（撮影　千葉　寛）

湯田、沢内地方にある、雪国ならではの納豆つくりの知恵である。

一回につくる量は一、二升で、大豆はふつうよりもやわらかく煮る。煮汁を切ってつとに入れるが、このとき、つとの中に朴の葉を敷いてから豆を入れる。朴葉を敷くのは、水分や熱や香りが逃げないように、また、つとのすき間から納豆がはみ出さないようにするためである。朴葉は、このように食べものを加工したり、包んだりするのに便利なので、秋のうちにとって数枚ずつまるめて乾燥しておくのである。

つとに入れたものを、わらむしろにくるんでねかせるのだが、まず、雪を一尺ぐらい、厚くきっちりと踏み固め、つとをむしろにくるんで両端をしばり、雪を固めた上に置き、その上に雪をかぶせてきっちり固めていく。このとき、むしろのまん中に棒を挿しておくが、この棒は、毎日降り積む雪の中で納豆のありかを示す目印となるばかりでなく、そろそろできたかなというころ、この棒を抜いて、細い穴から立ちのぼる匂いをかいでみるのである。

『聞き書　岩手の食事』より

雪中の穴掘り

雪納豆のできあがり

塩納豆作り

高知県佐川町

（撮影　千葉　寛）

蒸した大豆を熱いうちに木綿袋に入れて、すりぬかの中へ埋める。雨よけに、わらで外部を覆う。

②まる二日たった大豆は、糸を引くようになっている。

③塩を混ぜ、半日おいてなじませる。

④ぬかをふりかけて、粒をぱらぱらする。

⑤鉄なべで炒る。

大豆三升ほどを前日から水につけ、指でつぶれるくらいまでせいろうで蒸す。これを熱いうちに木綿袋に入れて口をしばり、盛りあげてあるすりぬかの中へ深く埋める。

まる二日すると、大豆が糸を引くようになる。これをはんぼに移し、塩を一合入れて混ぜる。半日ぐらいそのままにして塩をなじませ、納豆に米ぬかをふりかけて混ぜ、粒がぱらぱらになるようにする。余分なぬかをはたき落として風通しのよいところで乾燥させる。このときのぬかは新しいものほどよく、うるち米よりも、もち米のぬかのほうが味がよい。乾燥した納豆は、そうけに入れて風通しのよいところで保存する。

塩納豆は、そのつど、鉄なべで炒って食べる。納豆の味に米ぬかの香ばしさが加わっておいしい。日常の菜だけでなく、酒のさかなにも喜ばれる。また、割れもちにつけて食べたりもする。

納豆づくりの時期は、稲のとり入れが終わったころから花見のころまでである。

『聞き書　高知の食事』より

豆腐作り

山梨県身延町

（撮影　小倉隆人）

水につけた大豆を、石臼でひきおろす。

富士川流域一帯はどこでも、大正月、十四日正月など行事やもの日の前、雪の日など何軒か集まって、自家用の豆腐づくりをする。一日がかりでどの家でも一すりずつつくる。一すりは一二丁で五合豆腐ともいい、大豆を大枡五合（一升五合）使う。

大豆は十時間を目安に一晩水につける。あまり長くつけすぎると腰が弱く、よい豆腐ができない。水と豆を一緒にすくって、石臼でひきおろす。まわりで遊んでいる子どもたちに「ほれみな手を出せ」と呼びかけると、大喜びで臼を回して手伝う。

大釜に湯を沸騰させておき、ひきおろした呉《ご》汁をそっと浮かせるようにのせていく。勢いよく一度に入れると釜底に呉が焦げつくので、少しずつ入れるのがこつである。泡が釜いっぱいに盛り上がってきたら、米の粉ぬかをふるいで全面にふりこみ、泡切りをしてよく煮たたせる。

澄まし桶（木製の四斗樽）に二つ割りの竹を打ったすのこをのせ、上に麻袋を用意し、呉汁を入れ、板で押さえてしぼると、袋の中におからが残る。十分ほどたつと豆乳が八十度くらいに冷めるので、先を細く割った竹のささらでゆっくり混ぜながら、茶わん八分目（一合）のにがりをさす。豆腐が寄ってきたら型箱に流しこみ、軽い重しをのせ、三十分水を切り、包丁で切って水に放す。

おからは野菜と一緒に炒め煮にしておかずにするが、たくさんでるので畑の肥料にもする。

『聞き書　山梨の食事』より

豆乳ににがりをさし、寄ってきたら型箱に流し込む。

日本列島の食と大豆

ねぼこ　大豆を炒って石臼で一回ひき、箕で皮を飛ばしてから、唐臼ではだぎ、粉おろしでふるう。できた粉がきな粉で、もちなどに使うが、残ったのがあらもとである。もぢゃあめ（もちあわあめ）を煮つめて、ちょっと糸を引くようになったら、あらもとを入れてまないたにあけ、四角に固める。それを五分くらいに切って食べる。香ばしく、甘くて、固さもあり、かめばかむほどうまい。三戸郡三戸町
（撮影　千葉　寛『聞き書き　青森の食事』）

ずんた汁　前日からうるかした大豆の皮をむき、すり鉢でする。なべにすましを入れ、味噌の香りがただよってきたところへすり鉢を持ちあげ、すりたてのずんたをおづけへら（杓子）で一へらずつなべに入れる。まだ最後の分を入れ終わらないうちに、ふわっと盛りあがってくる。こぼれないように火の加減をし、ねぎを入れてすばやく下ろす。なべの底にすり残した豆が沈んでいるが、それもまたおいしく、豆腐汁とは違った味わいがある。下北郡東通村
（撮影　千葉　寛『聞き書き　青森の食事』）

豆しとぎ　あわは、一晩水に浸したものを一時間水切りし、臼で搗いて粉にする。大豆も一晩水に浸し、浮いた皮を除きながらやや固めに煮、手早く水気を切って、臼で搗く。一粒が三〜五片ぐらいに砕けるていどでよく、搗きすぎないように注意する。豆の煮汁はとっておく。つぎに、あわの粉と砕けた豆をいっしょにこね鉢に入れ、豆の煮汁と塩少々を加えながらよく混ぜ、もう一度臼で軽く搗く。これを台にのせて断面が小判形の棒になるようにまとめ、輪切りにするとでき上がり。九戸郡軽米町
（撮影　千葉　寛『聞き書き　岩手の食事』）。

豆腐のでんがく　豆腐は晴れの日や行事のあるときにつくる、ごちそうの一つである。三戸郡階上町（撮影　千葉　寛『聞き書き　青森の食事』）

醤油もろみ　醤油をくみ出したあとに残るもろみは、もう一度水を足して煮出し、二番醤油として使う。身欠きにしんのもろみ漬やきりこみ（いかの塩辛）に使ったり、昼飯の湯づけ飯にかけて食べたり、なくてはならないものである。加美郡小野田町
（撮影　千葉　寛『聞き書き　宮城の食事』）

納豆つくり　臼の中にたっぷりの熱湯を張り、その上にすのこをすえて、豆を入れたわらづとを井桁に組みながらのせていく。その上に二、三枚のむしろをかぶせ、臼の胴に縄をかけてしばる。こうして一昼夜おくと、みごとにねばの出た納豆ができる。遠田郡田尻町
（撮影　千葉　寛
『聞き書き　宮城の食事』）

みょうがのぬたあえ　枝豆をゆでてさやからとり出し、すり鉢でよくする。砂糖と一つまみの塩で味つけをし、野菜、山菜類をあえる。とくに、秋みょうがをあえるとうまい。秋みょうがをさっとゆでてしぼり、縦二つ割りか四つ割りに切り、ぬたであえる。西村山郡朝日町（撮影　千葉　寛『聞き書き　山形の食事』）

豆こづき　大豆五合を一晩水に浸してやわらかに煮て、水気を切って熱いうちにつぶす。とろろいものすりおろし、または米粉百匁を少しずつ入れて円柱状に固め、蒸してから適宜に切る。上に塩と少しの砂糖で味つけした小豆あんをかけて食べる。または、納豆をつけたり、もちがわりにぞうすいに入れたりして食べる。最上郡真室川町（撮影　千葉　寛『聞き書き　山形の食事』）

豆の保存漬　大豆三合を洗ってゆでる。漬け汁として、酢五勺、赤ざらめを大きなさじで二杯、塩茶さじに一杯を合わせて煮たて、冷ましておく。醤油漬にする場合は、醤油大さじ三～五杯、しょうが汁大さじ二杯、塩茶さじ一杯を合わせ、やはり煮たててから冷ます。漬け汁をかめかびんに入れ、豆を入れて漬けこみ、ときどきかき混ぜて味を含ませる。一週間くらい漬けてから食べはじめる。最上郡真室川町
（撮影　千葉　寛『聞き書き　山形の食事』）

納豆漬　納豆をねかせる。もち米をやわらかいごはんに炊く。ごはんが人肌になったら、こうじをほぐし入れて混ぜ合わせ、こうじ三升、もち米五合で固づくりの甘酒をつくる。それに塩三合を加え、さらに納豆をよくかき合わせ、かめに移して上に押しぶたをし、さらに上ぶたをしておく。春になると熟れておいしくなる。温かいごはんにかけて食べる。長井市
（撮影　千葉　寛『聞き書き　山形の食事』）

干し納豆　乾燥の続く冬場に納豆をねせて、できあがったものに塩をふり、二、三日おいて、むしろへひろげてよく乾くまで干しあげる。ときには、できそこないの糸の引かない納豆を全部干し納豆にする場合もあるが、やはりうま味が違う。結城郡石下町
（撮影　千葉　寛『聞き書き　茨城の食事』）

しみつかれ　大根とにんじんは、鬼おろしを使って粗いおろしをつくる。おろした大根はそのまま使う家がほとんどであるが、水さらしするとうまくなるといって、さらす家もある。塩びきの頭は焼くと生ぐさみがとれるので、焼いてからぶつ切りにする。ほうろくで炒っておいた大豆は一升枡の底でぐるぐる回して皮をはがし、箕であおって皮を除く。なべに大根、にんじん、塩びき、大豆を入れ、ことことと煮こむ。塩びきがくずれるほどやわらかくなったら酒粕を上にのせ、やわらかくなるまで煮て、醤油で味をつけ、全体を混ぜて火を落とす。河内郡上河内村（撮影　千葉　寛『聞き書き　栃木の食事』）

豆料理のいろいろ　（左上から）塩豆、大豆の味噌からめ、したし豆の鉄火味噌、納豆の味噌からめ、（左下から）砂糖豆、煮豆、炒り豆の鉄火味噌、干し納豆、（右下）醤（ひしお）。那須郡西那須野町
（撮影　千葉　寛『聞き書き　栃木の食事』）

とき納豆　生大根をいちょう切りにして塩少々をまぶし、水分が出たらしぼる。それを寒竹ざるかむしろに広げて半日ほど天日で干す。次に塩水を一度煮たてて冷まし、大根の干したものと納豆に少し加えてよく混ぜる。那須郡馬頭町
（撮影　千葉　寛『聞き書き　栃木の食事』）

堅豆腐　寒い季節の行事のときに必ずつくる。石川郡白峰村（撮影　千葉　寛『聞き書き　石川の食事』）

とうぞう　とうぞうは温かい飯にのせて食べるとこたえされない（こたえられない）という。味噌豆の煮汁と塩、こうじ、とうぞう用の切干し大根で仕込む。切干し大根は、大根の葉つきの固い部分としっぽの部分をいちょうに切って干したもので、干しあがりは大豆粒の大きさに仕あがる。人肌よりやや温かい味噌豆の煮汁一升に、米こうじを茶わん一杯、塩を茶わん一杯くらい入れ、切干し大根を混ぜる。一週間おくと食べられる。塩がきついので、保存しておいてときどき飯にのせたり、好きな人には、ちりれんげを添えてお茶うけに出す。印旛郡八街町
（撮影　千葉　寛『聞き書き　千葉の食事』）

豆腐のぼっかけ　正月（月おくれ）になると、高等科二年の若者は青年団に新加入する。この日は先輩が祝ってくれるので、この日だけはお客さまである。ふるまいは、ぜんざいもちに豆腐のぼっかけである。ふだんは麦ごはんばかりだが、この日にふるまわれるぼっかけは、どんぶりに白いごはんをたっぷり盛り、その上に熱くした豆腐と大根おろし、きぎみねぎをのせ、けずりかつおをかけたものである。醤油をかけて食べる。満腹できればそれだけでもうれしいのに、白米もたっぷりのごちそうなので、若者たちはこんなにおいしいものがあったのだろうかと感激しながら、夢中で食べる。丹生郡越前町
（撮影　千葉　寛『聞き書き　福井の食事』）

豆板　米、大豆でつくる豆板とかきもち。坂井郡坂井町
（撮影　千葉　寛『聞き書き　福井の食事』）

打豆　打豆つくりは冬の仕事。 伊香郡余呉町（撮影　小倉隆人『聞き書き　滋賀の食事』）

凍み豆腐　豊田村でつくられる方法は、豆腐を小切れ（厚さ三分五厘、縦二寸五分、横二寸）に切って蚕かごなどに一枚ずつ並べ、外へ出して凍らせる。翌朝よく凍った豆腐を一枚ずつ五つ、わらで編み、編みあがったものを二つふり分けに結び、棒に通して干す。これを一連という。一連ずつ棒に通した凍み豆腐は、庭先や田んぼの干し場へもっていき、自然乾燥させる。干し場につるした凍み豆腐は、日中は解け、夜になると凍り、だんだん乾いて一五日くらいで干しあがる。諏訪市（撮影　小倉隆人『聞き書き　長野の食事』）

豆腐の笹焼き、ゆず味噌　冬至には、どこの家でも豆腐をつくる。豆腐をふきんに包んで水切りし、一寸くらいの厚さに切り、笹の葉に包んで焼く。焼いた豆腐の上に練り味噌を塗り、ごま、ゆずの皮のみじん切りをふりかける。豆腐に笹の香りがしみこみ、いろり端で焼きながら食べるとからだがぬくもり、おいしい。美濃郡匹見町（撮影　小倉隆人『聞き書き　島根の食事』）

煮豆　（左上から）二度豆、黒豆、（下）川えびと大豆の炊き合わせ、身しじみと大豆の炊き合わせ。 高島郡朽木村（撮影　小倉隆人『聞き書き　滋賀の食事』）

うちご　生大豆を粉にし、薄い塩水でよく練って棒状または丸く平たくし、棒状にしたものはこれを輪切りにし、焼いて醤油で薄味に煮る。煮しめなどとともに皿につける。田植えのごちそうとして出す。日野郡日野町（撮影　小倉隆人『聞き書き　鳥取の食事』）

ぬたあえ　枝豆をゆでてつぶし、砂糖、醤油で味つけし、ぬたをつくる。なす、こんにゃく、さつまいもなどをゆでて、このぬたであえる。秋祭りのごちそうである。 多紀郡篠山町
（撮影　小倉隆人『聞き書き　兵庫の食事』）

呉汁　大豆を一晩かし、すり鉢と、さんしょの木でつくったすりこぎで大豆をよくすりつぶし、泡のようにする。たくさんつくる場合は、石臼でひくと細かくひける。このとき、水を少し入れるとつぶしやすくなる。乳色の細かいねばりのある泡のようになるまですりつぶす。あらかじめつくっておいたいり干しだしの味噌汁の中に、すった大豆を少しずつ入れる。少し褐色がかった色になり、大豆のくさみがなくなると、小口切りのねぎをちらして火からおろす。真庭郡中和村
（撮影　千葉　寛　『聞き書き　岡山の食事』）

ひしお　大豆と小麦それぞれ二升（元石二升という）を別々に大釜または三升なべで炒って、石臼で粗めにひき（大豆が三つ割れになるくらいまでひく）、せいろで蒸す。五十度くらいまで冷ましたとき、醤油の花（購入）一つまみを入れて、もろぶたに移し、こたつに入れて黄色い花が全体につくと、ひしおこうじができる。ひしおこうじを塩で溶く場合（三合塩の場合）は、水四升と塩一升二合で溶くとよい。真庭郡中和村
（撮影　千葉　寛　『聞き書き　岡山の食事』）

豆腐八杯　八杯もおかわりして食べられるくらいおいしいといわれる料理で、夕食などによくつくる。いりこでだしを出し、醤油で澄まし汁より少しからめに味をつける。豆腐を一人四分の一丁用意して拍子木に切り、汁の中に入れて少し煮るととてもおいしい。鳴門市（撮影　小倉隆人　『聞き書き　徳島の食事』）

うちご汁　白大豆を水にかしておく。ひき臼でひいて粉にし、水を入れて練って、手で小さく丸くもんで、だんごにする。味噌汁に野菜と一緒に入れて煮る。麦飯のおかずにするが、おいしく、腹もちがよい。井原市
（撮影　千葉　寛　『聞き書き　岡山の食事』）

うちごだんご　うちごだんごは、田植えのごちそうに必ずつくる。白大豆をよく乾かして粗びきすると、皮がとれる。板箕でさびて（あおって）皮を除く。これをもう一度臼でひき、もち米の粉と半々に混ぜて、ぬるま湯でこねる。耳たぶくらいのやわらかさにする。これを棒状に丸めて串にさし、直火で回しながら焼く。ときには円形に丸めてゆでることもある。家によっては蒸すこともある。また、ゆりいの熱灰の中に棒状に丸めたものをそのまま入れて焼き、とり出して洗って使うこともある。これを適当に切って、醤油、砂糖で味つけしたり、煮しめに入れて食べたりする。神石郡油木町（撮影　千葉　寛　『聞き書き　広島の食事』）

冷や汁　季節を問わずつくられる、代表的な郷土料理である。魚はなんでもよいが、ほとんどいわしを使う。いわしを焼いて頭と骨をとり除き、味噌と一緒によくする。念を入れてするほど、また魚は多いほどとろっとしておいしい。すれたら水を加えてきざんだねぎを浮かし、炊きたてのおばく（丸麦だけの飯）にかけて食べる。おばくと冷や汁はよく合う。「今晩は冷や汁じゃ」というと、子どもらは飛び上がって喜ぶ。南宇和郡西海町、宇和島市
（撮影　千葉　寛　『聞き書き　愛媛の食事』）

すぼ豆腐　「すぼ」の中に豆腐をくずして水気をしぼって入れる。豆腐がはみ出さないように、もう一方もわらでしぼる。これを煮たった大なべに入れて煮る。ゆであがった豆腐は、北側の日の当たらない軒下につるし、二、三日もたせる（保存する）。新わらの香りが豆腐に移り、一度ゆでてしまった豆腐は煮しめにしても形がくずれず、見た目もよくておいしいものである。秋祭りの煮しめには欠かせない一品である。わらでくるむので、豆腐のまわりはぎざぎざになる。五分くらいの厚さの斜め切りにして、醤油で煮しめる。玖珂郡錦町
（撮影　千葉　寛『聞き書き　山口の食事』）

金銀豆腐　盆や仏事の大変大切な精進料理である。豆腐二丁をまないた二枚の間にはさんで一時間おいて水気を切る。きれいな油で、豆腐を一丁丸ごとゆっくり三十分ほどかけて静かに素揚げにする。周囲がきつね色になったら、とり出す。上等のだしこぶをなべの底いっぱいに敷きつめ、揚げ豆腐を入れる。上等の酒二、三合を上からかけて、細めの火でくつくつと一時間以上、二時間近く静かに炊く。ごく上等の醤油を少し入れ、味をみながら塩を少し入れる。冷めるまで一、二時間おいて横二つに切る。上皮が金色、切口が銀色に仕あがり、淡味で、なんともいえないよい味である。
（撮影　千葉　寛『聞き書き　山口の食事』）

つし味噌　はかまをとったわらですぼ（つと）をつくり、この中へ大豆のだんごを五、六個入れ、だんごとだんごの間をわらでしばる。これをつし（納屋の天井）へつるす。　一か月もすると、だんごの表面にかびが生える。これを台唐で細かく砕き、塩、水、小麦（炒ってひき割ったもの）を加えて再びよく搗き、味噌桶に詰め、押しぶたをして、軽く重石をする。一か月してからそれをもう一度台唐で搗いて塩ならしをし、元の味噌桶に詰めて押しぶたをして、軽く重石をする。そのまま二年間ねかせる。高岡郡佐川町
（撮影　千葉　寛『聞き書き　高知の食事』）

干しこる豆　菊池地方では、こる豆をたくさんねせて塩漬けし、重石をのせて四、五日おき、そば粉をまぶし、天日に干してからからにする。これをかめに詰めておき、夏場のお菜にする。これを干しこる豆という。鹿本郡植木町（撮影　千葉　寛『聞き書き　熊本の食事』）

豆腐のからす　「からす」は塩辛の意である。生豆腐の水を切り、二、三日おいてねばりを出させる。つまり、腐らせるのである。ねばりが出たら、塩を適当に入れて手でよく練るとできあがり。行事のさいに豆腐をたくさんつくり、残ると、豆腐のからすにして保存食として少しずつ食べる。八重山郡与那国町
（撮影　嘉納辰彦『聞き書き　沖縄の食事』）

豆腐の料理　（左から）あまゆー（豆乳）、豆腐粕いーき、ゆー豆腐、生豆腐。宮古郡下地町
（撮影　嘉納辰彦『聞き書き　沖縄の食事』）

はじめに

豆は、麦や稲と並んで、最も古い作物の一つだ。豆は根粒菌と共生して空中窒素を固定するので、窒素の少ない土壌でも育ち、麦や稲と輪作することで地力を維持することができる。日本列島でもきわめて古い時代から豆が利用され、近年の研究では、在来種の黒大豆や小豆の原産地は日本列島という説が有力である。味噌、醤油、納豆、豆腐など、豆が日本人の食生活に重要な食材であることはいうまでもない。

ところで、現在、世界の大豆生産量は年間約二億トンで、生産量が多い国は、アメリカ、ブラジル、アルゼンチン、中国の順である。アメリカやブラジルで生産されている大豆の多くは、油脂に利用され、搾り粕の「大豆ミール」は、家畜の飼料にされる。BSEの発生によって肉骨粉を家畜に与えることができなくなったため、大豆ミールの需要が高まり、世界の大豆生産量は年々増加している。

日本の年間の大豆消費量はおよそ五三〇万トンで、六割以上はアメリカ産である。国産大豆の生産量は約二〇万トンで、自給率はわずか四％である。大豆は日本人にとっては主食の一つであり、小豆も行事食や菓子作りには欠かせない。いくら自給率が低くても、大豆や小豆が、日本人にとってきわめて大切な作物であることには変わりはない。

本書では、大豆をはじめ、小豆、エンドウ、インゲンなど、豆の食べ方や栽培についての知恵や工夫を収集しました。

小正月の小豆がい　一月十五日は小正月。前日むら（集落）で神さんのしめ飾りを燃すとんど（どんど焼き）があり、その火種をとって帰って小豆がい（小豆がゆ）を炊く。小豆がいは、かやでつくったはしを使って食べることになっているが、長くて食べにくいので、一口だけ食べるまねをして、実際にはふつうのはしで食べる。ひるまには、病気にならないといって油揚げ飯や揚げのおかずを食べる。添えてあるかやのはしは、四月の御田祭のとき、杉の葉とともに水口に立てて豊作を祈る。吉野郡吉野町（『聞き書　奈良の食事』より、撮影　小倉隆人）

農家直伝

豆をトコトン楽しむ——食べ方・加工から育て方まで

目次

〈カラーページ〉

PART 2　豆の栽培法

あっちの話こっちの話

レイアウト・組版　ニシ工芸株式会社

晩秋のかや刈りのころに味噌つくりがはじまる。この地域の味噌は、こうじを使わず、大豆と塩だけでつくる独特の玉味噌である。大豆を洗い、一晩水につけたあと、一日かかってよく煮る。あめ（煮汁）は塩を加えて煮たたせて冷まし、保存しておく。煮あがった豆を唐臼で搗《つ》き、直径二寸くらいの玉に丸める。乾きやすいように、中が空洞になったおわん形に形づくる。大豆一升で四、五個の玉ができる。

おわん形の玉を二つ伏せあうように合わせて、わらで十文字にくくり、さらに縄で振り分け荷物のようにし、おくどさん（かまど）の上に丈夫な横木を渡し、そこにかけてつるす。十二月から二月まで、煙突のないおくどさんの上につるしておくと青かびが生え、煙でいぶされて、からからになってひび割れてくる。「三つ味噌玉かびのくるのが便り」と歌にも歌われる。

これを初午の一、二日前に下ろして唐臼ではたき、とおし（ふるい）で通して細かい粉にする。初午の日に、一斗の大豆に一斗の水（とっておいたあめも加える）、塩六、七升の割で合わせ、桶に仕込む。ここまでは男手も借りるが、これ以降は女が毎日、この桶をかき回し、桶の淵やふたを清潔に保つために、ぴかぴかになるほどふかねばならない。これは年中続き、とくに夏はいっそう手を入れてかき回す。この味噌が口に入るのは一年たってからである。

こうしてできた味噌は、色が濃く、こくのある味で、桶に竹筒をさしこんで上澄みをとると、たまり醤油として使うことができる。たまり醤油は、もちにつけたり、醤油のかわりに煮炊き、おひたしにも使うが、あまりとるとそれだけ味噌の味が落ちるといわれている。

奈良県宇陀野御杖村（『聞き書　奈良の食事』より、撮影　小倉隆人）

健康漬け

滋賀県
甲賀市信楽《しがらき》町
竹永幸子

❷ 漬け床をバットに移し、そこへキュウリとニンジンを入れる。

ニンジンは
四ッ切りにして
入れる

❸ ラップで表面をしっかり覆い、
冷蔵庫で10～24時間
寝かせれば できあがり。

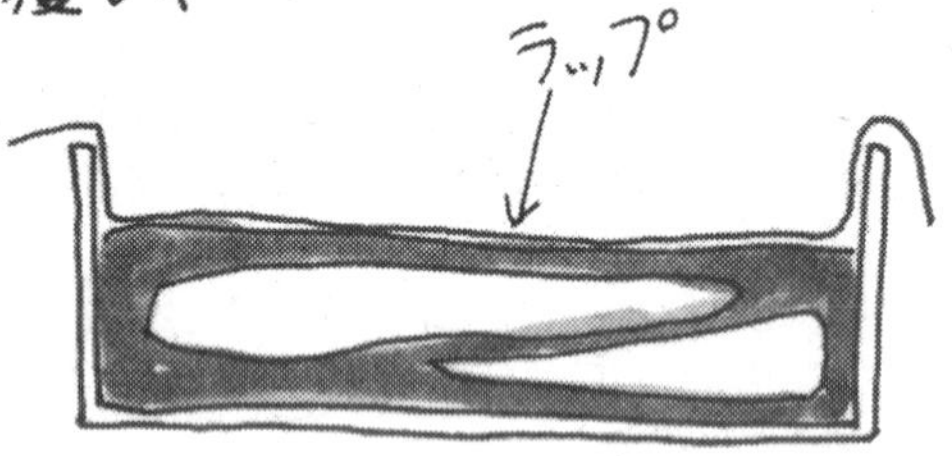
ラップ

色もキレイに仕上がって
おいしいよ！

漬け床は 3回くらい使えます。
水分が出てきたら、キッチンペーパーで
吸い取ってやります。 味が薄くなって
きたら、味噌汁に使ってもいいし、
炒めものの味つけに使っても
おいしくなりますよ。
床に ねりカラシを入れてみたら、
またちがう味がして おいしく
食べられました。

え・近藤泉

漬け物お国めぐり

ヨーグルトと味噌の

私の住む信楽《しがらき》は山里なので 昔から漬け物を 多く食べますが 脳梗塞などで亡くなる方も多く、塩分の摂りすぎが心配されます。そこで、できれば塩分の少ないおいしい漬け物を広めたいと思いました。考えたのが 味噌にヨーグルトを入れることです。少ない塩分でも まろやかで コクのある漬け物を作ることができました。

〈材 料〉

ヨーグルト（プレーン）……200g
味噌……400g
キュウリ……3～4本
ニンジン……1本

① ヨーグルトと味噌をよく混ぜて漬け床を作る。

ヨーグルトと味噌のハーモニー

味噌・粕漬け

宮崎県
延岡市
高森 勊

❸ 塩漬けしたコールラビを
水洗いして半日干す。

水気をとばすと
シロカビが生えにくくなる

1番上だけ
漬け床を少し厚めにする。

中ブタ

❹ 漬け床とコールラビを
樽に交互につめてゆき
本漬けする。

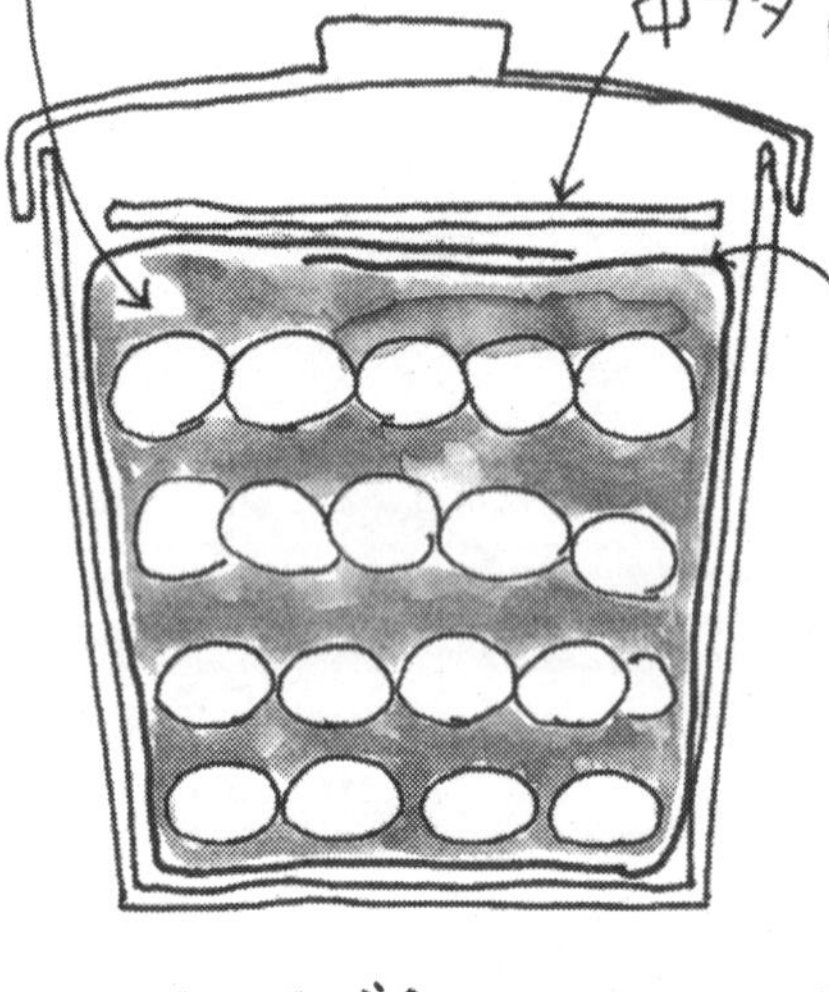

樽の中にビニールを敷いて 密閉度
を高める。 ビニールの端を重ねて
閉じた上から 焼酎をコップ半分くらい
まいて 雑菌が入るのを防ぐ。

2〜3ヵ月で食べられるが
長く漬けた方が味は良い。

味噌・粕漬けなら
塩分は控えめ。
粕漬けが苦手な人でも
"これなら食べられる"と
言ってくれます。

え・近藤泉

漬け物お国めぐり　コールラビの

漬け物の研究を続けること50年。40種類以上の漬け物を作ってきました。コールラビは、中国で多く作られているキャベツの仲間で、肥大した茎の部分を食べます。

酢の物、煮物、油炒めなどで食べますが、味噌・粕漬けにすると、ほんのりキャベツの香りがして、シャキシャキ感もありおいしいのです。

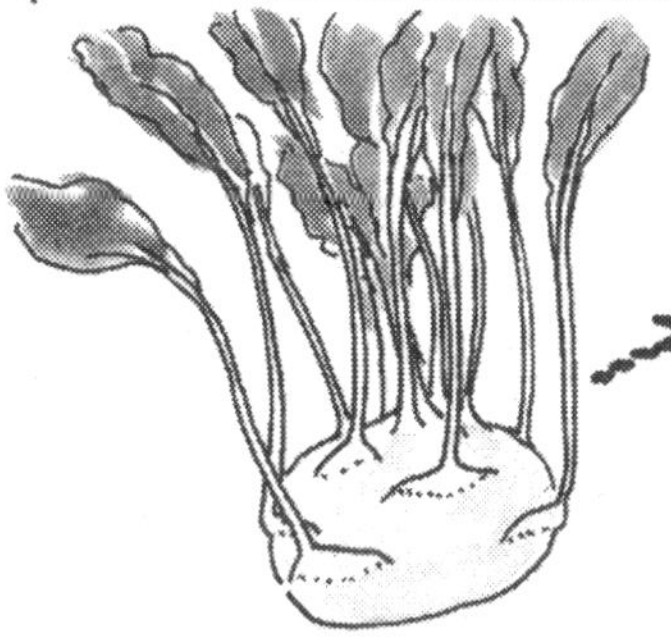

❶ コールラビを葉つきのまま10日くらい干す。

生のままでもいいが、干した方が長持ちする。

❷ 茎葉を切り落とし、4~5日塩漬けする。

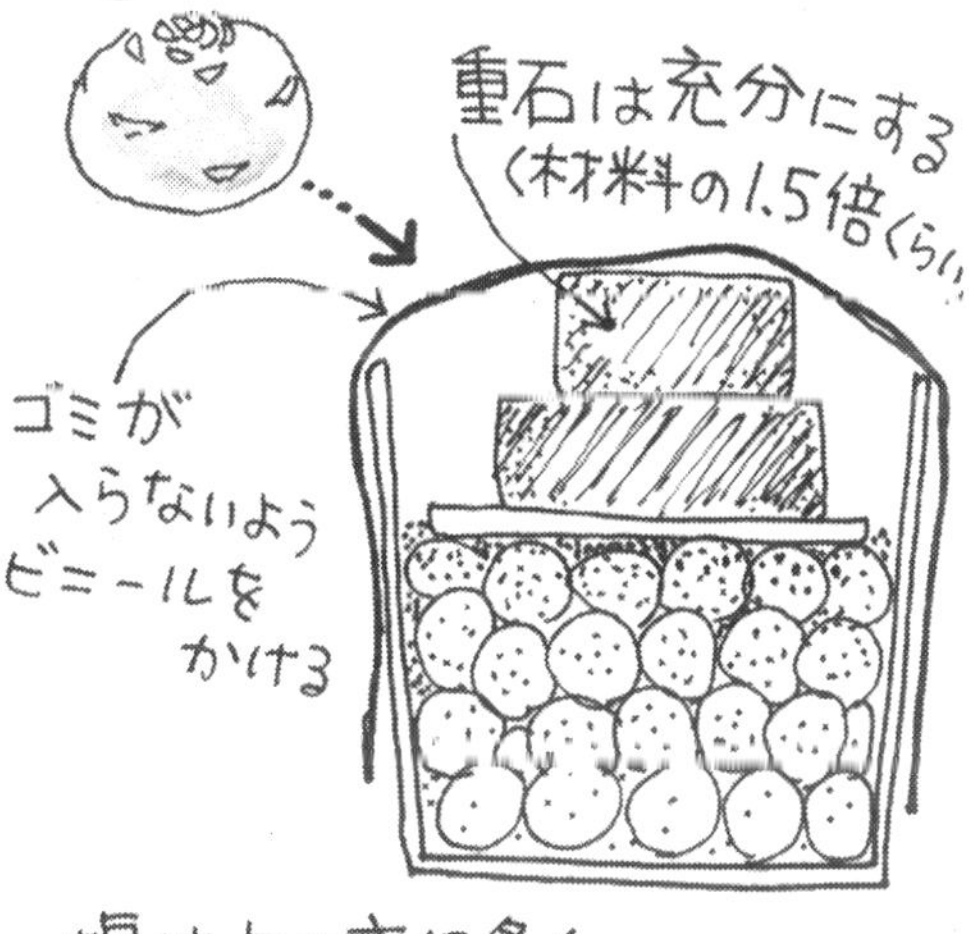

重石は充分にする
(材料の1.5倍くらい)
ゴミが入らないようビニールをかける

塩は上の方に多く下の方に少なくした方がバランスよく漬かる

〈材料〉

コールラビ(干したもの)	15kg
塩	750g(5%)

漬け床（混ぜておく）

味噌	5kg
酒粕	10kg
みりん	20cc
砂糖	750g
焼酎	200cc

味噌玉製法

伝統的製法による味噌作り

長野県木曽福島町　唐沢尚之（小池糀店）

小池糀店は一八七九（明治十二）年創業。当時味噌は各家庭で作るものとされており、どの家庭でも自家製味噌を作っていた。そのため当店は「糀《こうじ》」を地域の方がたに販売していた。代々蓄積した経験と長年使い込み引き継いできた麹室によって、良質の糀を現在も製造する。木曽地域では「味噌玉製法」で作る伝統があり、その後当店もこの製法で味噌製造を始め、現在もその伝統を守り続けている。この製法により独特のこくと香りが生まれる。

原料

大豆　長野県産のツブホマレを使用。このツブホマレはほどよく甘味があり、また加工しても味の劣化が少ないため味噌玉製法に適している。仕入れは松本市の穀物業者から行なっている。これとは別に原材料にこだわった味噌を製造しているため、農薬を使用していない大豆は契約栽培を新潟県の農家に依頼し、直接購入もしている。

米　原料米は味噌組合を通して仕入れている。品種は特定していないが、国産丸玄米（くず米ではない、通常の食用米と同じもの）の新米を指定して仕入れている。このほかに米についても、千葉県・山形県より契約栽培で、いずれも無農薬のものを仕入れている。

塩　塩は天日塩を使用している。

製造工程（図1）

大豆の洗浄　洗浄は洗穀機を使う。水流の力で洗浄し、原料に傷が付かないものを使う。また原料研磨は行なわない。これは大豆のおいしい部分を損なわないためである。

大豆の浸漬　浸漬は一五時間ほど。大豆が十分水を吸うまで浸漬する。水の量は、大豆が吸水して膨らんでもまだ十分水に浸かっている状態を維持できるくらいにたっぷり準備する。水切りは一時間ほどである。水切りが不十分だと蒸したとき大豆が泡を吹いてしまうので注意する。

大豆の蒸熟　大豆は蒸熟（蒸すこと）する。煮熟（煮ること）するより手間はかかるが、大豆の旨味を逃がさないためである。かまどで水蒸気を発生させ、その上に桶をのせてその中で蒸熟する。一度に大量の大豆を入れると蒸しむらが起きてしまうので少量ずつ（一度に手桶四杯ほど）入れていく。蒸しむらを出さないことが大切である。

蒸上がりの大豆の硬さは、上皿時計秤上で押し潰すときの力が五〇〇gほどになるとよい。一〇粒ほど試してみて平均値をとる。また食してみて口の中で二つに割れないで潰れる程度がよい。

味噌玉作り　蒸し上がった大豆を一時間ほど蒸らしたあと粉砕機で潰し、味噌玉にする。味噌玉は、直径一五cm、高さ一五cmほどの円柱形である。その表面に種麹菌を付着させて棚に並べる。
熟成させる場所は、適度の通気性があり、また気温の変化が少ない部屋を使用している。

味噌玉の熟成　棚に並べた味噌玉を五～一〇日ほどかけて熟成させる。常温の部屋で熟成させるので気候により出来上がりまでの時間が異なる。麹という発酵のスターターが外側にしか付いていないため、豆のたんぱく質の変化はきわめてゆっくりと進む。周りに麹のカビが生えてきた頃が目安である（写真1）。この工程により独特のこくと風味が生まれる。また常温で発酵させるこの作業は、寒すぎず暑すぎずといえる四～五月の時期に行なう。

味噌玉の洗浄　熟成し終わった味噌玉を洗浄する。カビは無害だが洗浄せずに仕込むと出来上がりの味噌が黒っぽくなってしまうからである。

味噌玉を潰す　洗浄した味噌玉を潰す。かなり硬くなっているので粉砕機を使う。

製麹工程

米の洗浄　洗浄機は大豆と同じもの。原料

図1　製造工程

《原料と仕上がり量》
原料：大豆13kg，米10kg，塩5.5kg，水3ℓ（麹歩合①の場合。水分量は変化するので一つの目安である）
仕上がり量：44kg

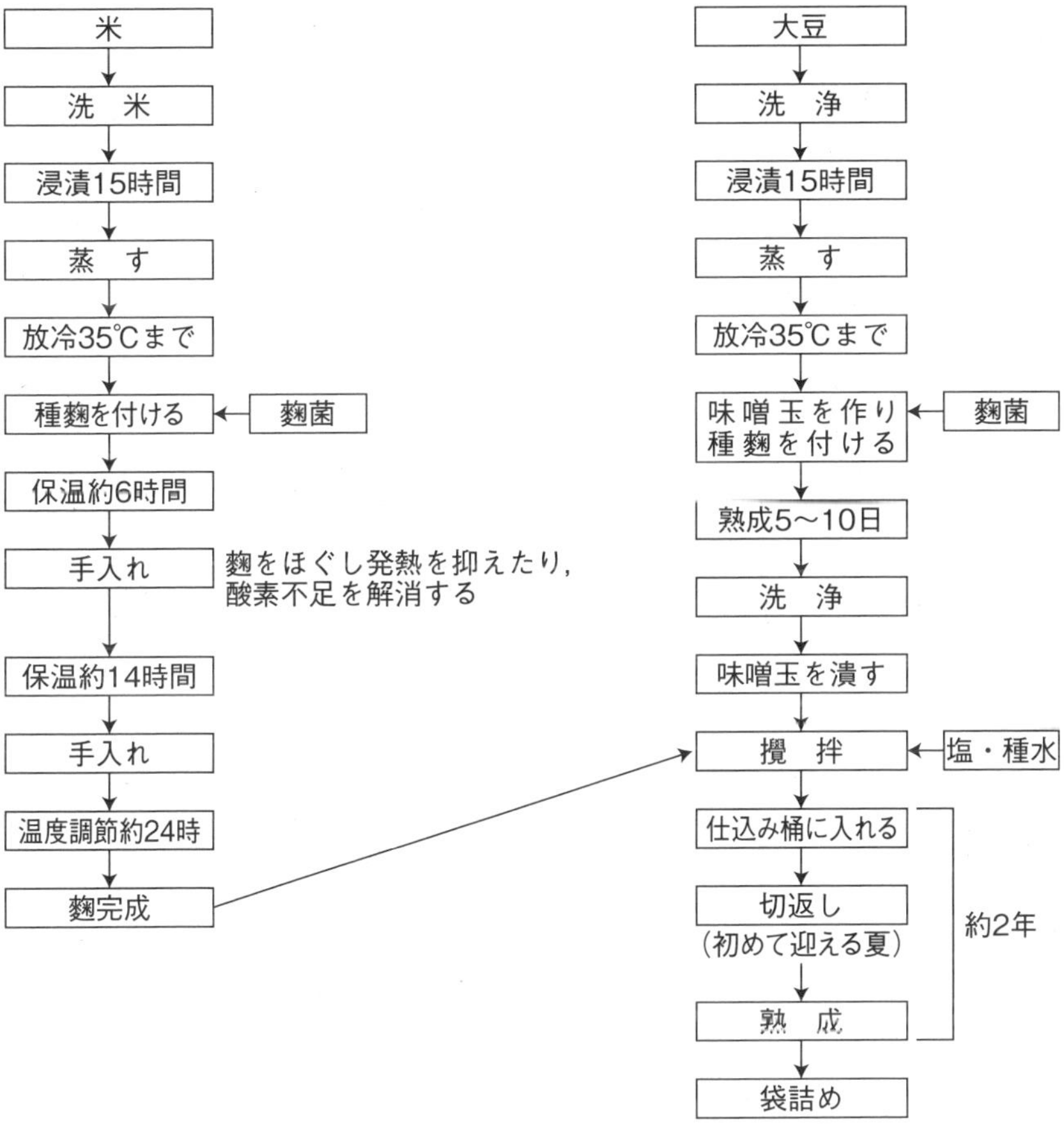

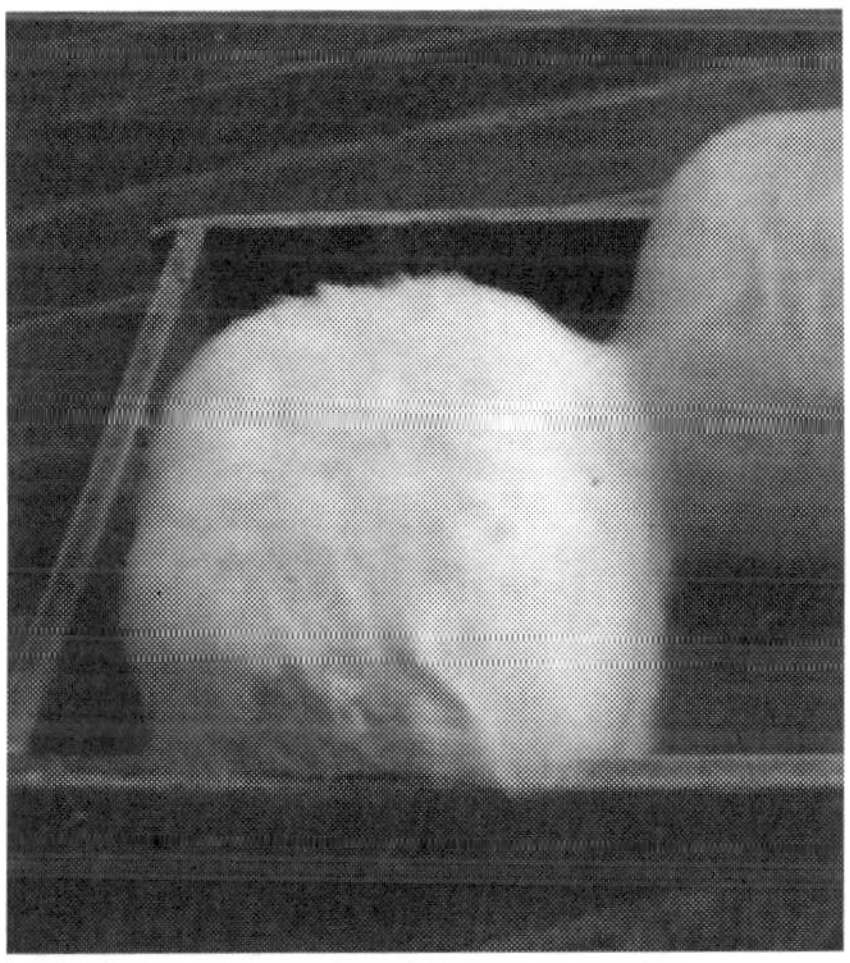
写真1　熟成した味噌玉

に傷が付くことなく洗浄できる。

米の浸漬　浸漬時間は約一五時間である。水分が少なすぎても多すぎてもよくない。

米の蒸熟　方法は大豆と同じでかまどを使う。蒸上がりの目安は米の中心まで蒸し上がっていること。心が残っていてはいけない。また米どうしがベタベタとくっ付いていないことである。ちょうどよいタイミングを見計らう。

種麹付け　蒸し上がった米を麹室に移し人肌まで冷ましたあと、種麹を一粒一粒に植え付ける（写真2）。これは手作業で行なう。ここで手を抜くと良質の麹ができない。種麹付けが終了した段階で三一～三二℃になるようにする。種付けした蒸し米を山にして、布で包んで一次発酵が始まる。麹室の温度は二五℃くらいになるようにする。

種麹について　種麹は大阪の業者より仕入れる。種類は白もやしといわれるもの。麹菌の種類はいろいろあるが、色の濃い種麹を使うと出来上がりの麹も色がついてしまう。味噌もこの麹の色がついてしまうので、白い麹菌がよい。

麹の増量剤には大豆かす（ビーンフラワー）を使う。麹菌は袋詰めになっている状態でいくらかまとめて仕入れる。保管は冷蔵庫にて行なう。米一八〇kgに対して使う麹菌は一八〇gである。

切返し　種麹付けが終わってから六時間ほど経ったら切返しを行なう。ここでいったん空気に触れることによって、麹菌の働きが活発になることが目的である。品温は直接温度計を入れて測る。

手入れ、二次発酵　品温が四〇℃になったら手入れ（切返しと同じ作業）を行ない二次発酵に移る。二次発酵は製麹機を使用する。品温を時間ごとに三五℃、三八℃、四〇℃となるよう調節していく。この段階ではたいてい時間帯は夜になるが機械を調節する。麹の発酵の進み方を見ながらすべての作業をする。

写真2　種麹付け

出麹　出麹の目安は品温が四〇℃になってからの時間と麹の表面、割ってみて中を見て決める。しっかりと発酵していること、割ってみて中まで麹菌が入り込んでいることが条件である。

仕込み工程

潰した味噌玉、米麹、塩、水（種水）を混合する。混合には攪拌機を使う。味噌玉の発酵時期によって味噌玉に含まれる水分量が違うため、種水使用量はほとんど勘によって決まる。粘土ぐらいの硬さが目安になる。

仕込み配合　麹歩合は製品の特徴を決めるものなので、以下のような三つの製品設計にそってその配合を変えている。

①麹歩合七…この味噌は調味料として使うのを目的にしたものである。大豆、麹、塩のバランスをよくした製品である。塩分濃度は一二～一三%。

②麹歩合一一…これは麹の甘さを存分に生かした味噌になる。きゅうりなどに直接つけて食べると絶品である。塩分濃度一〇～一一%（写真3）。

③原材料に無農薬のものを使用した製品

は、麹歩合七にしており、製造方法は同じ。ただしNaCl九五％の天日塩を使用しているため、塩分濃度は一一～一二％である。

なお、当店は自然が作り出す味をモットーにしており、種味噌、酵母は使っていない。

仕込み混合　仕込み混合の段階で注意することは、勘によって製造しているので、出来むらが生じないように細心の注意をすることである。硬さだけではなく、機械の中での味噌の動き、また機械から出すときの状態などをよく観察しながら行なう。混合の際にはバラツキができやすいので少量ずつ原材料を量り、しっかり混ざるまで時間をかけて混合する。

写真3　麹歩合11の「極上味噌」

仕込み容器に移す　仕込み容器はホウロウのものを使う。比較的温度が一定なのと清潔さを保てるためである。仕込み容器に移し、厚さが三〇cmほどになるたびに、踏込みを行なって余分な空気を抜く。全部入れ終わったらフィルムシートで覆い、その上に重石をのせる。

発酵・熟成

熟成　熟成は天然醸造で行なう。蔵は麹、味噌玉を作っている工場よりも標高の高い高地に設置する。なるべく涼しい場所でゆっくり熟成させることによって、大豆・麹・塩がよくなじみ、まろやかな味になる。夏場は部屋の温度が二八℃を超えないように屋根に水をまくなどして気を付ける。

切返し　仕込んでから初めて迎える夏に行なう。発酵に伴うガスを抜くことと空気に触れて再び発酵を促進するのが目的である。仕込んでから二年かけて熟成させる。

製品調整

調整は行なわない。仕込み段階までの工程でむらを作らなければ、製品には大きなむらは生じない。また大豆のおいしいところをそのまま味わってもらいたいので味噌こしはしない。添加物は一切使わない。包装後は冷蔵庫に入れて保管し、大きく発酵しないようにする。

失敗対策Q&A

Q　夏場に蔵の室温が高くなってしまった。

A　気候の変化が著しく、昔のようには室温を保てなくなった。屋根の内側に断熱材を施し、また屋根の上にスプリンクラーを設置し水を散布する。それによって二八℃以下に保てるようになった。

Q　仕込み桶にカビがたくさん出た。

A　重石をした上などに余分なものが付いていたことが原因。重石、壁面をよく洗浄し、アルコールを浸した布で拭くことでほとんどカビは付かなくなった。

（有限会社　小池糀店　長野県木曽郡木曽福島町五八三一　TEL／FAX　〇二六四—二二—二四〇九）

食品加工総覧第七巻　味噌　二〇〇六年

米味噌

風味づけに種味噌も活用

小清水正美（元神奈川県農業技術センター）

大豆と米麹、塩を配合して作った米味噌には、甘味噌、甘口味噌、辛口味噌がある。また、色もさまざまで、京都の白甘味噌のような白味噌、信州味噌に代表される黄色みを帯びた淡色味噌、仙台味噌や江戸味噌のような赤味噌などいろいろな味噌がある。味噌の色の違いは原料や成分、加工工程、熟成期間、温度などの違いによる。

原料と器具

大豆　大豆の品種は津久井在来である。津久井在来は神奈川県津久井地域に残る在来系統大豆の栽培特性や品質特性から選抜を行ない、津久井五号を優良系統として、昭和五十年代に県内に普及が試みられた。現在、大豆栽培の衰退とともに幻の大豆となり、津久井地域の農家で在来大豆として細々と栽培されている。

津久井五号は糖分が多く、たんぱく質、脂質が少ないという特徴がある。味噌に仕込んだ場合には色とてりが良く、味噌適性は非常に優れている。煮豆や納豆に加工したときは、甘味が強く味の良い加工品となる。豆腐加工の場合は、たんぱく質が少ないので津久井五号だけで豆腐を作ると豆腐の硬さが出にくく、歩留りも低くなる。しかし豆腐用の大豆に三割くらい加えると、豆腐用大豆のみで作ったものと硬さや収量は変わらないが、甘味が強くなり風味の改善効果は大きい。

米麹　信州味噌タイプの味噌仕込みには、大豆と同量の米を使う。大豆一五kgに対し米一五kgを使う。米一五kgで一六kgくらいの米麹ができる。米麹を購入する場合は、大豆一五kgに対し、米麹一五kgを使うことにしている。

塩　塩は並塩を使う。並塩は海水を膜濃縮したもので、業務用として広く使われている。味噌にミネラル分を増強するなら、並塩の三〇%量を粉砕塩に換えてもよい。粉砕塩は粗製の海水塩（塩田で濃縮結晶した輸入塩）を砕いた大粒の塩で、ミネラルが多く含まれ、価格は並塩と同じくらいである。並塩と混合して使うときはよく混ぜる。

仕込み容器　仕込み容器は食品用に作られたものを使う。木製の酒樽があれば最高だが、次善のものとしては味噌用あるいは漬物用に製造されたステンレス製やプラスチック製の容器がよい。ホウロウやガラス製のものは材質は良いが、味噌の仕込みに向くような大きい容量のものが製造されていない。

大きさは五〇～六〇kgの味噌が入る容器がよいが、味噌を入れた容器の移動、運搬を考えると重量はもう少し軽いほうがよい。小さい容器であっても一五～二〇kgにしたい。小さい容器ほど上面の風味が劣る部分の割合が多くなるので、できるだけ大きな容器にしたい。

製造工程（図1）

大豆の洗浄　大きな容器に大豆と水を少し入れ、すぐに大豆をすり合わすようにして手早く洗う。大豆の皮はすぐに水を吸って、皮が伸びて膨れてくる。皮の伸びた大豆に強い力をかけてすり合わすと、皮が剥けてしまう。

一部の皮だけが剥けたのでは、大豆の吸水速度が違ってくるし、皮には着色にかかわる

図1　米味噌作り工程

《原料と仕上がり量》
原料：大豆15kg，米麹15kg，塩6.5kg
仕上がり量：54.5kg

洗　浄	手早く洗い上げる
浸　漬	大豆の4倍以上の水に浸ける
水切り	小石などの異物混入に注意
水　煮	水を入れた大鍋で大豆を加熱する 沸騰後火を弱め，軽く沸騰させながら30分間加熱 → 味噌の赤みを抑えるなら水を換えて加熱をくりかえす 白い泡がブクブクと出てくるが豆がこぼれないなら，泡は煮こぼす
水切り	ざるにとりあげ，ざっと煮汁をきる
加圧蒸煮	加圧蒸煮釜に入れ，1気圧で15分間加熱。常圧になるまでゆっくり冷却する。加圧釜を常圧まで下げる（加圧蒸煮釜で水煮した後，水を抜いて，蒸気で加圧加熱もできる）
冷　却	釜から出し，品温40℃くらいまで冷却
蒸煮大豆	
混　合	← 塩（→ ふた塩用の塩100gを取り分ける） 混合用の大きな容器（80～100ℓ） 大きな容器がないときは小分けして混合する。全体がなるべく同じ配合割合になるようにする ← 米麹
攪　拌	手早く攪拌しないと塩が溶けてベチャベチャになる
擂　砕	ミンチや味噌すり機で蒸煮大豆・麹・塩の混合物を砕く ミンチを塩でいためたくないときは大豆と麹を砕き，混合用ミキサーを用い潰した大豆と麹に塩を混ぜ込む
容器充填	ミンチにかけながら，発酵，熟成用の容器に詰め込む （← ふた塩用の塩）表面を平らにし，ふた塩を振る。上面にプラスチックシートを敷く
押しぶた・重石	味噌全体に荷重がかかるように重石を置く
覆いをする	容器に異物が入るのを防ぐ
分解・発酵	
大地返し	土用前に行なう。たまり液が出ていれば取り除く。もとのように押しぶた，重石をのせる
発酵・熟成	
口切り	容器から取り出し，計量・包装する
出荷・販売	

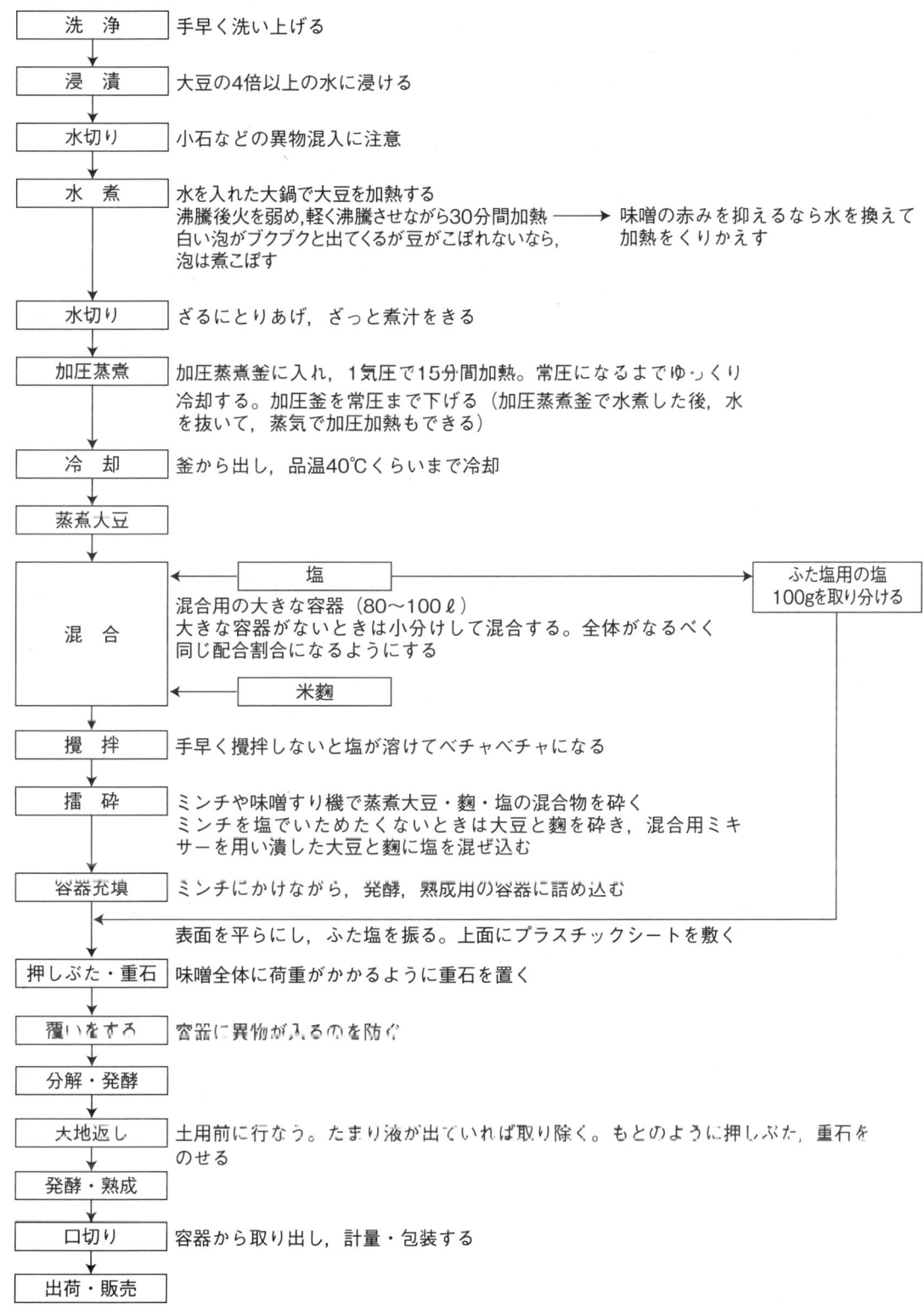

成分が多く含まれているので、出来上がった味噌の色も変わってくる。

　大豆の量が少ないなら、手で洗うのがよい。手で洗うと大豆の感触もよくわかる。一五kgの大豆を手早く洗うには、まな板を大豆の中に静かに差し入れ、グリグリと攪拌すると、大豆に不要な力がかからずにすれるのできれいになる（写真1）。

　よくすったら水がきれいになるまで、水を交換しながら洗う。容器の底とまな板の間に入った大豆を割らないように、まな板をやや持ち上げ気味にして攪拌する。

写真1　大豆の洗浄

写真2　大豆の浸漬。左は十分に吸水した大豆。右は吸水不足

大豆の浸漬　大豆は水を吸って、一・二〜二・三倍の重量になり、カサも増える。大豆浸漬の容器は大きめなものを使い、水の表面から大豆が出ることのないよう、水は大豆の四倍量くらいを入れる。

　大豆はその大きさと水温によって水を吸う早さが違う。温度が一〜五℃と低いなら最短でも二四時間くらいは浸ける。二四時間以上浸けても、温度が低いときは浸けすぎにはならない。一〇℃なら二〇時間程度、一五℃でも一二時間程度の浸漬時間は必要である。

　粒の大きな大豆は、小さい大豆に比べて浸漬時間が長くなる。大豆が水分を吸うと胚乳の外側から膨張し、内側の水を吸っていないところがくぼんでくるが、水分を吸うにしたがってくぼみが小さくなり、最後は一本筋状のくぼみから全面が平たくなっていく。浸漬の具合が良い大豆は皮を剥いて、胚乳の内面を見ると一本筋状から平たくなったばかりの状態である（写真2）。

写真3　大豆の煮上がり

　大豆を浸漬すると、大豆に混ざっていた小石や土砂が容器の底部に落ちてくる。浸漬容器の底部に残った大豆を水切り用のざるに入れるときは、小石や土砂を入れないように注意する。

大豆の水煮　大豆を水煮することで水溶性成分が煮出される。水溶性成分には味噌を赤褐変させる成分も含まれているから、色を明るく薄めにしたいときには水煮は有効である。より赤い味噌にしたければ水煮を軽くするか、水煮をせずに蒸気だけで加熱する。赤みを少なく、黄色にしたければ水を換えながら水煮を繰り返す。時間をかけて煮汁を大豆に含ませてしまう事例があるが、このときは煮汁の成分が残るので、赤色の強い味噌となる。

　色だけでなく味も変わってくる。水煮をし

ないと大豆のもつ渋味が残ることがある。渋味のない味噌にするには、水煮をしたほうが無難である。

大豆一五kgを炊くには大きな鍋が必要となる。大きな鍋釜がないときは、小さな鍋を用い、数回に分けて炊き上げる。蒸気を熱源とする二重釜と加圧釜のセットがあれば最適である。大鍋と加圧釜を併用することで短時間にいろいろなタイプの味噌を仕込むことも可能になる。

味噌用に煮上げた大豆は軟らかいものである。蒸煮大豆を薬指と親指で挟んでも、スーッと抵抗なく潰れる（写真3）。硬い豆でも味噌にはなるが、仕上がった味噌には大豆の形が残る。

種味噌の混合　味噌の発酵には乳酸菌と酵母が関与する。高濃度の食塩が含まれた環境の中でも生育が活発な乳酸菌と酵母を添加すると良好な風味が醸成されるため、食品企業ではこれらを添加している。酵母や乳酸菌が添加された種麹で作った米麹を使うならよいが、一般には自家醸造味噌では乳酸菌と酵母を添加してはいない。そこで風味良好に熟成された味噌を種味噌として入れるとよい。種味噌は、蒸煮大豆、米麹、塩を攪拌混合するときに、一〇〇～二〇〇g程度入れる。

重石　二〇～三〇ℓ容器ならば一〇～二〇kg、六〇ℓ容器なら二〇～三〇kgの重石をのせる。大きな漬物石でもよいし、専用の重石を用いてもよい。二〇～三〇ℓ容器の小さな容器では、小砂利をプラスチック袋に入れて使うほうが、味噌の表面全体に置くことができる上に、扱いやすい。一部分に偏らず、味噌の表面全体に加重するようにする。

保管場所　仕込んだばかりの味噌には雑多な微生物が入っている。少し涼しいところに置いて、雑菌の増殖を抑制しつつ、麹菌のもつアミラーゼによって原料に含まれる澱粉や多糖類を単糖類に分解する。この反応で水分も生成するので、味噌が軟らかくなる。重石が軽いと水分が容器下部にたまり、下部の味噌は水分の多い味噌となる。

単糖類の生成後は乳酸菌を徐々に活動させなければならない。乳酸菌は単糖類を利用しながら乳酸を生成し、pHが下がる。pHが下がると雑菌の活動は抑えられる。

建物の北側は気温が低く、仕込んですぐの味噌の容器を置くには都合がよいが、雨やほこりが舞い込む心配がある。味噌の容器の外側にもう一枚ポリエチレン袋を使って、容器全体を包み込み、口を縛って閉じ、その上に小さなポリエチレン袋をかぶせておく。二重二重に味噌の容器を包み込むと空気の流通がないので、むれてしまうと心配する人がいるが、味噌作りでは空気（酸素）が四六時中必要ということではない。

天地返し　夏の土用前に味噌の切返しを行なう。味噌の成分、品質を均一にするとともに、味噌の中に空気を入れることができる。空気がわずかに入ることによって、酵母の活動が促進される。酵母は温度が高いと活発に増殖、活動する。酵母はアルコール発酵をし、糖分と酸素から炭酸ガスとアルコール、水、そして香気成分を作り出す。また、天地返しによって、味噌の着色も進む。

天地返しのとき、味噌の上部にたまり液が出ているなら全部取り除く。たまり液を味噌の中に混ぜ込むと水分が多くなる。取り除いたたまり液は、調味液として用いる。

熟成、保存　夏の高温期を過ぎたばかりの味噌は、生成した旨味・香気成分がなじんでいない。風味をなじませる熟成の時間が必要で、秋に口切りとなる。

食べ頃となった味噌は品質の変化を防ぐため、冷蔵庫や地下の収納室のような低温環境に置く。低温環境に保持すれば味や香りなどの風味の低下は防げるが、色調の変化は抑えることが困難で、味噌は赤褐色から黒褐色へと徐々に変化する。

食品加工総覧第七巻　味噌　二〇〇六年

八丁味噌

豆麹で仕込み、二夏二冬熟成させる

浅井信太郎（株式会社まるや八丁味噌）

岡崎城から西へ八丁

八丁味噌は、大豆を主原料とした豆味噌で、杉桶に原料を仕込み、重石を積み上げて、二夏二冬以上の歳月をかけて熟成させる。

八丁味噌の名は、岡崎城から西へ八丁（約八七〇m）の距離にある旧八丁村で製造されたことに由来する。この地は、矢作川の舟運と東海道が交わる交通の要所であった。江戸時代には土場（船着き場）や塩座（塩の専売）もあった。また、矢作川の良質な伏流水と、この地の気候や風土が八丁味噌を育んできた。

まるや八丁味噌は、延元二年（一三三七年）、大田弥治右衛門が醸造業を始めたことをもって、その創業としている。戦国時代には、徳川家康の兵食となり珍重された。

江戸時代から今日に至るまで、「まるや八丁味噌」と「カクキュー八丁味噌」の二軒の味噌蔵が、東海道を挟んで競い合い、協力し合って育て上げてきた。品質への高い信頼を、現在まで保ち続けていられるのは、このお互いに切磋琢磨する気概によるものである。

味噌玉、豆麹

図1に製造工程を示す。八丁味噌は豆味噌で、米麹も麦麹も使わずに、蒸した大豆だけで味噌玉をつくり、それに麹がついて醸造される。

大豆は水分量が高く、好気性の枯草菌に汚染されやすい。このため、より嫌気的な環境となる大きな味噌玉（直径六〇㎜）をつくって製麹を行なう。ただ、大きな味噌玉は熱せられにくく、冷めにくいため、品温の経過や湿度、風量の調整を綿密に行なう必要がある。品質を下げる枯草菌などに汚染されずに、必要な麹菌・乳酸菌などを多く増殖させるには、歴史の中で培われ、受け継がれている麹を制御する蔵人の技量が必要になる。

仕込み、「踏み」

八丁味噌はすべて「木桶」に仕込む。大きな木桶の中で豆麹、塩、水分の配合を微妙に変化させて、三層に仕込みながら、出来上がった味噌は全体がほぼ均一になっているように仕組まれている。このような製法は、すでに創業のころには出来上がっていた。そのことは江戸時代から伝わる「仕込帳」によってもわかる。

仕込みは、塩、水と混合された豆麹とともに、木桶の中に必ず職人が入り、足裏で硬さを確かめながら均一に踏み固める。この単純な作業が八丁味噌づくりの基礎となり、石積みの土台づくりが始まる。八丁味噌の仕込み混合（麹・塩・塩水）では、混合直後に品質（塩分・水分）のムラが起こりやすいため、仕込み桶内部の品質を平均化するために踏込み作業を丹念に行なう。また、しっかりと踏むことで大量の重石を積めるだけの地盤づくりも行なわれている。

創業以来の数百年間、同じ場所で八丁味噌を醸造してきたので、蔵内に生息する微生物群も、いわゆる「蔵ぐせ」をつくり上げる大きな役割を果たしている。

重石

木桶一つに仕込む味噌はおよそ六ｔであるが、この上に積む重石は五ｔにもなる。この重石をかけて桶の中を嫌気的な環境にするのが大きな特徴である。

重石は川で採取した自然石で、これを味噌の上にただのせただけでは、味噌に均等に圧力をかけることはできない。石を崩れないように円錐状に整然と積み上げ、最後に丸石を頂点に積む。味噌に必要な重さの自然石を積み上げられるのは、熟練した技術をもつ蔵人だけである。

オーガニック八丁味噌

一九八九年に、有機認証を受け、四ｔの有機八丁味噌を仕込んだ。翌年八ｔ、翌々年には一二ｔと増やし、海外にも出荷するようになった。作業工程すべてにおいて、慣行栽培大豆と有機栽培大豆の混合（コンタミネイション）をしてはならないので、当時の製造現場では容易には受け容れ難いものだった。しかし、岡崎の小さな旧八丁村の一角で生産される八丁味噌が、この地球上のどこかで、それを求める人と出会える喜びがあった。

まるや八丁味噌は、世間に必要とされている企業でありたい。この社会で私たちが数百年間育て上げてきた八丁味噌の商標とその文化を、世界の消費者が信頼し、「これでよかったのだ」といわれるようにしたい。そして未来にわたって日本の食文化が継続し、次世代へ受け継がれるように祈りながら、変わらぬ品質の八丁味噌を醸造し続ける覚悟である。

（株式会社　まるや八丁味噌　愛知県岡崎市八帖町往還通五二番地　ＴＥＬ○五六四—二一—○二二一）

食品加工総覧第七巻　味噌　二〇〇六年

図1　八丁味噌の製造工程

《原料と仕上がり量》
原料：大豆1石（129kg）
仕上がり量：200kg

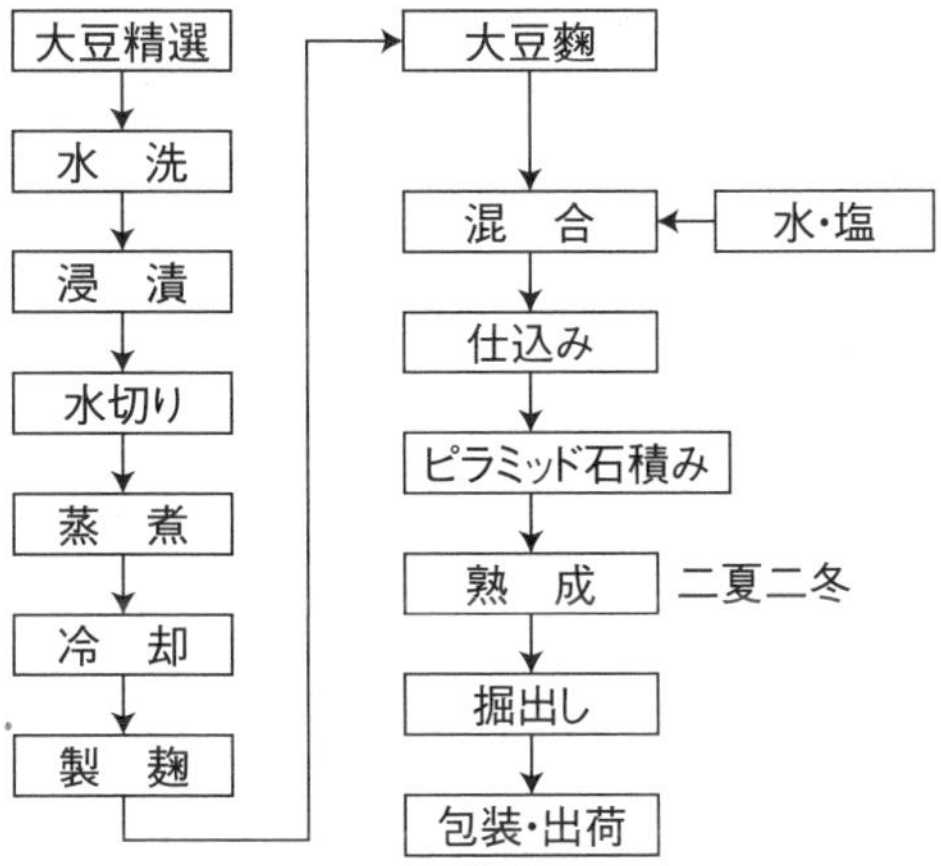

石積みには熟練の技が必要

手作り米味噌

山口県防府市　石野十郎　一九九五年記

初めての方でも、楽に味噌が作れます。味噌作りの一回の所要延べ時間は約三時間。家事の合間にできます。お試しください。なお、原料穀物はいわゆる「元石《もとごく》一升分」で紹介します。農家の方は一〇倍の「元石一斗分」が適当でしょう。

材料

白米　一・五kg
大豆　一・五kg
米味噌用種麹　約二～三g
塩　漬物用塩五一〇g（食塩一〇％味噌の場合、食卓塩は不可）

出来上がる味噌の見込み量は五・六一kgです。原材料の米、大豆、塩の配合割合は非常に大切です。

器具・容器

麹蓋《こうじぶた》（麹箱）二つ（一升盛り）
普通には入手困難です。寸法図をもとにすれば、日曜大工で代用品が製作できます。各部の寸法比率は長年月の経験により編み出されたもので、重要な意味を持っています。
味噌容器　一〇kg容器（食品用プラ樽でもよい）
サランラップ　仕込んだ味噌の表面に張る。
温度計　一個　できれば温度計測部と表示部が離れたデジタル隔測温度計（電気部品店で約三〇〇〇円）がほしい。
天秤　家庭用台秤

味噌作りの手順

一日目

米の吸水　白米一・五kgを水洗い（研ぐ）し、たっぷりの水に浸漬します。容器はあり合わせのもので結構。洗い水は冷たい井戸水が最高です。浸漬時間は二四時間くらいほしいので、午前中に洗い、これを明朝まで置きます。夏季は水温が上昇しやすいので、途中一～二回水を入れ替えてください。米は長時間浸漬しても、吸水過多とはなりません。一kgの米は充分吸水して一・三kgになり、これを蒸すと一・四kgとなります。

二日目

米の蒸し　朝早く米をざるに打ち上げて、約二時間ほど十分に水を切ります。水切りが

麹蓋（麹箱）寸法図（1升盛り）

◎材質は杉材で底板は「杉のソギ板」が使われます。日曜大工ならば底板は1～2mmの耐水ベニヤ板でよいでしょう。

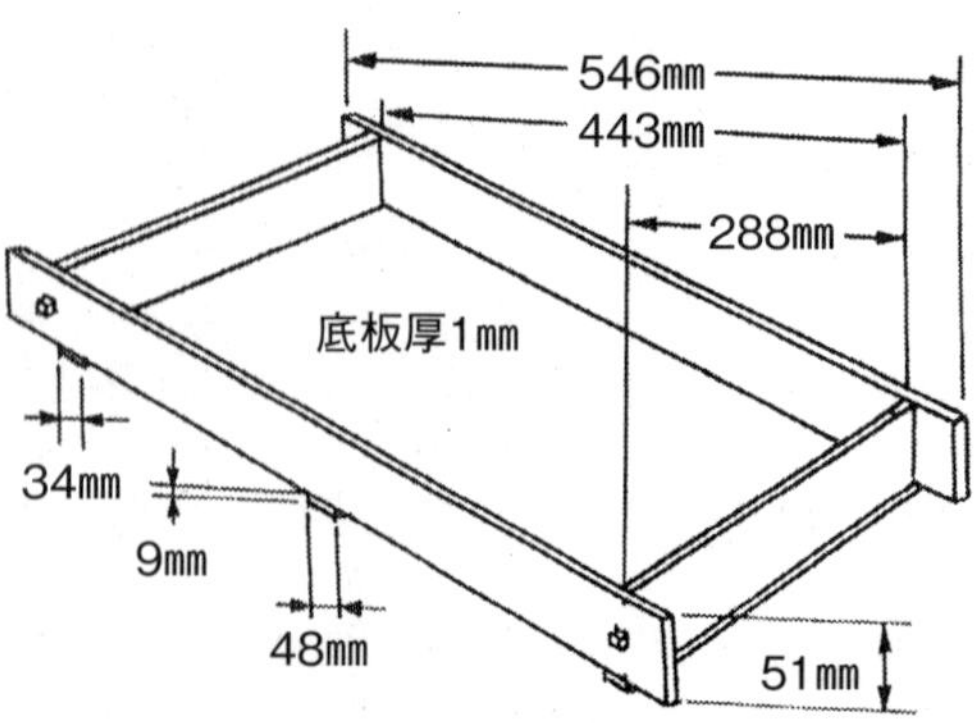

不十分だと、蒸し米が付着水分のため、粒どうしがくっついて団子状になり、よい麹になりません。またざるに打ち上げた米を直ちに洗濯機用ネットに入れて脱水すると、蒸した後の米粒がパラパラとなり、まことに良好です。蒸籠（セイロ・蒸し器）でセイロの表面から蒸気が吹き抜けてから約四〇分間強火で蒸します。蒸し終わったら、直ちに、テーブルに広げた大風呂敷の上に取り出し、しゃもじで小割りして、広げていきます。このとき、扇風機をかけておくと、米粒どうしが離れやすくなり、製麹に適した状態の蒸し米になります。

すばやく操作して、米粒を小丘状に集め、温度計で中心部の温度を測ります。約四〇℃に冷めていればＯＫです。

種付け　四〇℃になったら種麹（麹菌）を振りかけ、米粒の丘を揉むようにして手早く崩したり、また盛り上げたりして、全粒に菌を付着させます。麹菌の量が多いと急発熱してよい麹になりません。

盛り込み　「種付け」した蒸し米をボールにとり、一枚の麹蓋に丘状に盛り込み、頂上にエクボを付け、温度計の感温部を丘の中心部に挿入し、もう一枚の麹蓋を被せてふたをします（これを「共蓋《ともぶた》をする」といいます）。

このとき、温度計が三〇℃くらいを示していれば理想的です。

引き込み　盛り込んだ麹蓋を保温室（麹ムロ）に運び込むことを「引き込み」といいます。家庭では、部屋の温度が終始二五～三〇℃ならば結構。ルームエアコンで二七℃に保てれば理想的です。「引き込み」は午前十時頃か十二時前には終わります。「引き込み」時の米の温度は少なくとも二五℃以上になるよう暖めてやります。電気毛布と普通の毛布とを利用するとよい。二〇℃になったら電源を切ります。

三日目

一番手入れ　室温が適温（二五～三〇℃）ならば、「盛り込み」、「引き込み」後、約二〇時間で米の温度は三五℃付近に上昇し、米粒には白い斑点が散見されます。朝八時頃、デジタル温度計が三五℃付近を示していれば（これ以下ならば上昇するまで二～三時間待ちます）、米の丘を崩し、かき混ぜて広げた丘とし、手先でへこみ条を一条つけ、「共蓋」をします。手入れ後の温度は約三〇℃ならばＯＫ。温度が下がりますから「冷まし」ともいいます。

二番手入れ　「一番手入れ」後、約四～五時間経ち、四〇～四二℃に上昇したならば（上

盛り込み…エクボを付け共蓋をする

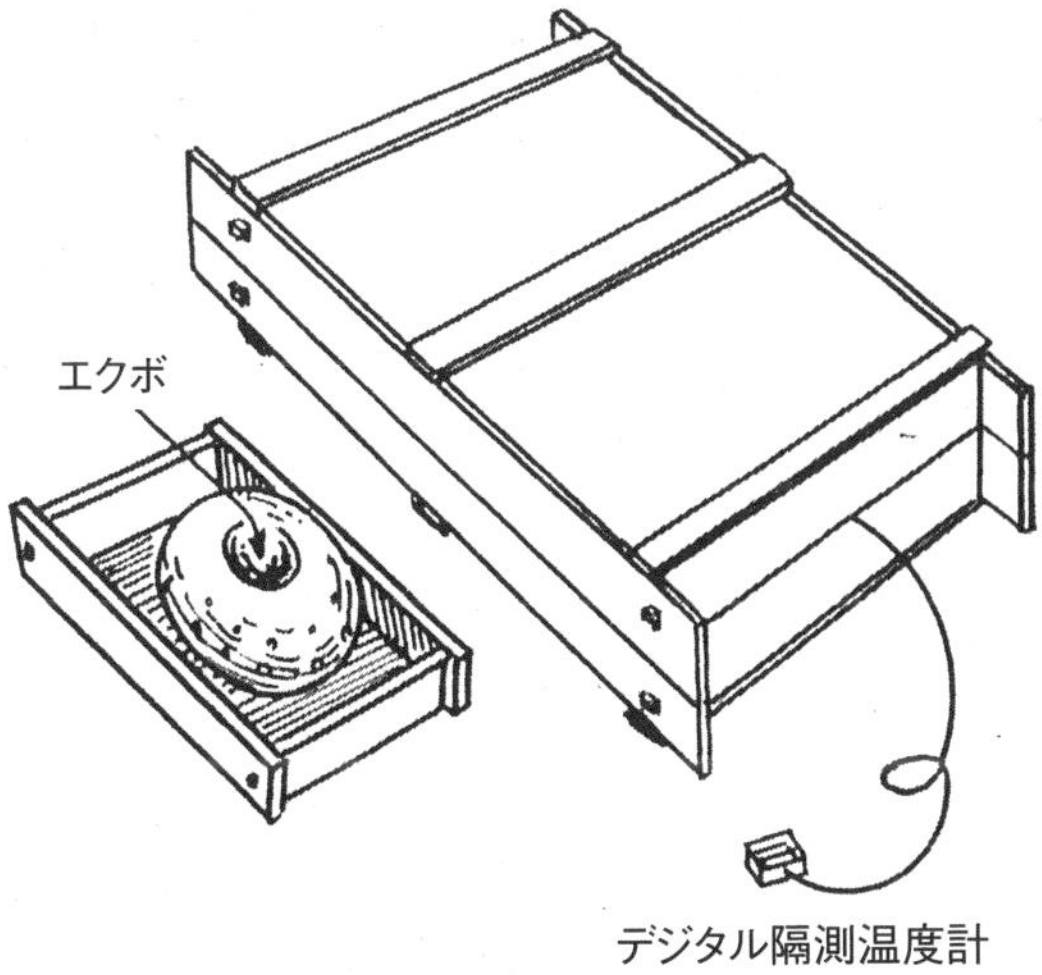

引き込み…電気毛布と毛布で保温する

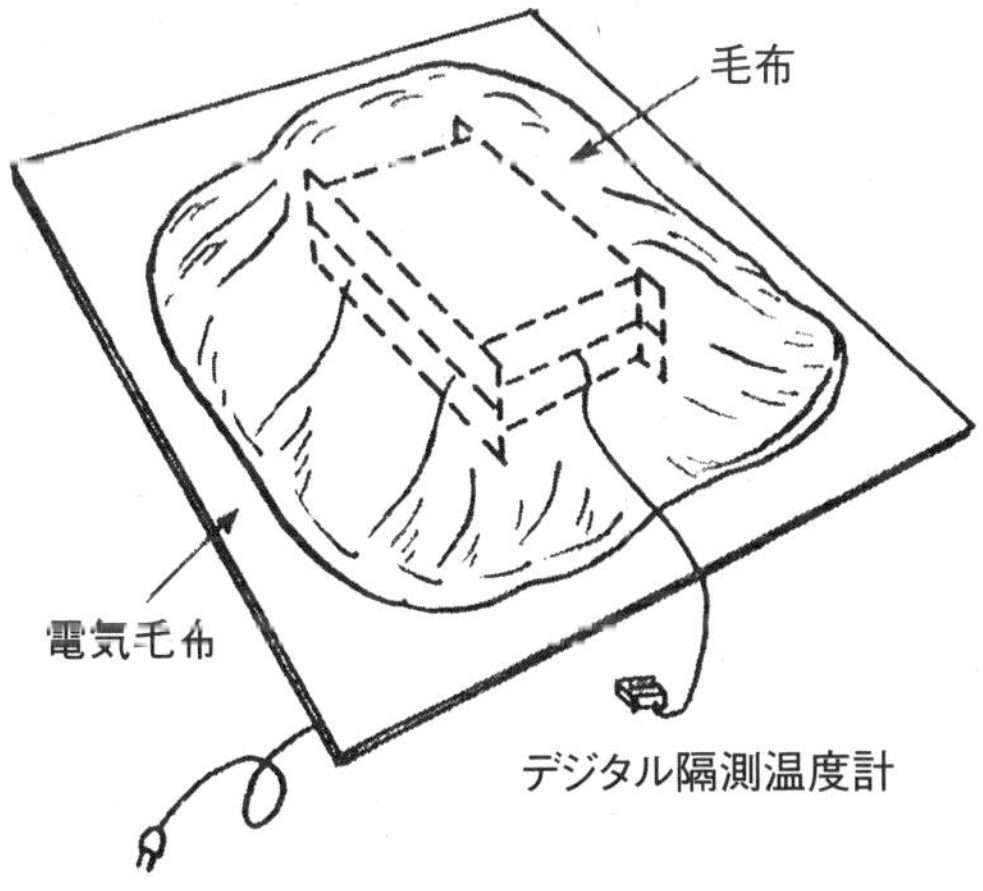

一番手入れ…へこみ条は１条

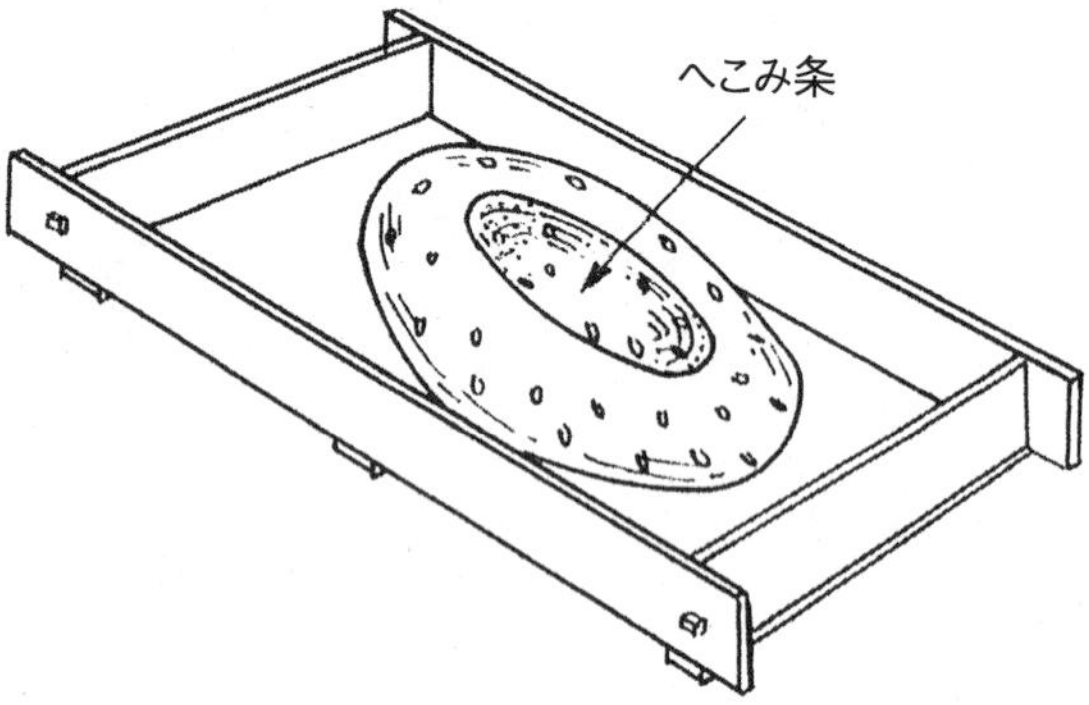

二番手入れ…へこみ条は2条

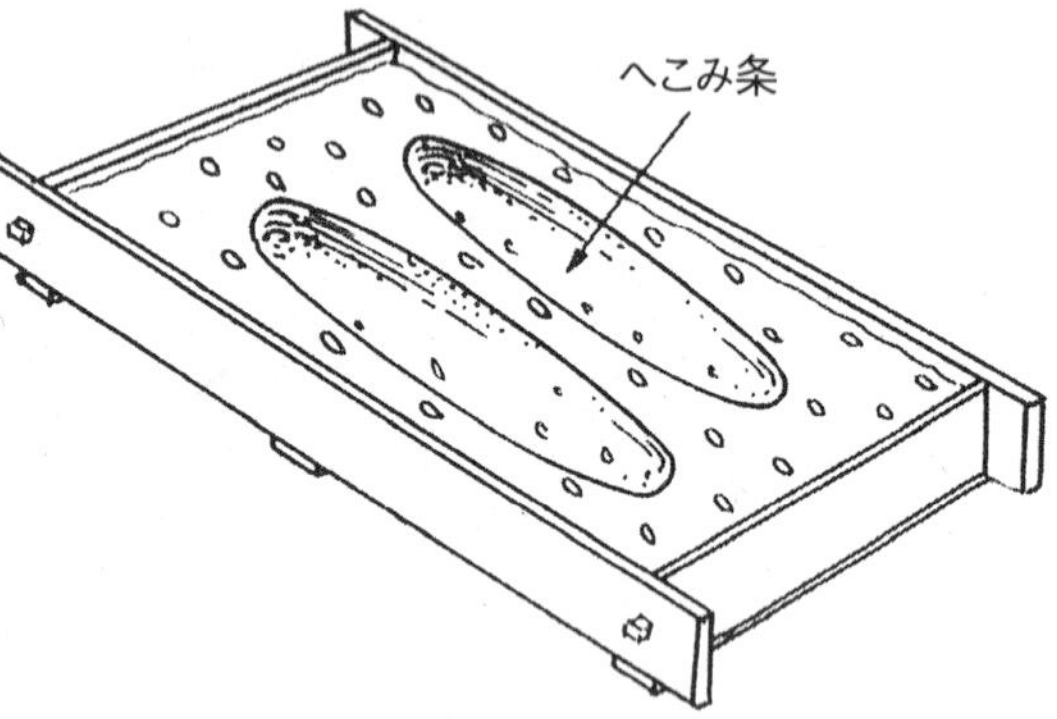

がらなければ待ちます)、「一番手入れ」同様に冷まし、今度は麹箱一杯に広げ、へこみ条は二条にします。手入れ後の温度は三五℃付近が適当です。

仕舞い仕事　「二番手入れ」以後は「仕舞い仕事」となります。「二番手入れ」は通常午後三時頃に終わります。夕刻には三八～四〇℃付近に上昇してきますが、それ以後は温度が上がり過ぎないように室温を二五℃付近に下げてやります。米の温度が逐次下がり、明朝八時頃に三五℃付近に下がれば理想的です。

大豆の浸漬　準備した大豆を作業の合間に、たっぷり(約三倍容量)の水に浸します。夕刻に行なってもかまいません。

四日目

出麹・塩切り　麹は「盛り込み」後、約四〇～四五時間で出来上がります。麹箱から取り出し、大きめのボール、たらいに入れ、かたまりになっている麹をほぐし、重量を量ります。一・八kgなら理想的です。もしも一・六kgだったなら、きれいな水二〇〇ccをまいて一・八kgにします。次に、準備した塩を投入して、麹粒によくなじませます。これが「塩切り麹」です。

大豆を煮る　昨日水に浸けた大豆の容器に水道の水を注ぎながら攪拌し、浮いてくる大豆の皮を流水で除きます。皮が取れたら、水切りして蒸すか、煮てください。圧力釜を利用するのもいいでしょう。豆が煮えたら、煮汁を除いて目方を量ってみます。通常は三・三kgになっているはずです。冷めないうちによく潰します。チョッパーがあれば利用します。少量ですから、手で握り潰しても結構です。なお、塩切り麹になっておれば、大豆の処理は数日遅れてもかまいません。

仕込み　潰し大豆と「塩切り麹」とをムラなく混合し、味噌容器に空気が混入しないように、丁寧に詰めます。ただし、このとき、麹粒は決して潰してはいけません。(大豆、塩、麹を混合してチョッパーを通す場合、漉しアミは、必ず太目である「二分目」を使用してください)

そして、味噌の表面に空気が触れないよう、サランラップをぴったり張り付けます。

仕込んだ味噌の一部をプラスチックの弁当箱に取って、電気コタツ、電気毛布などを利用して、四～七日くらいの間、約四〇℃に保温すれば、食べられます。

一九九五年十一月号　天然米味噌をつくる

あっちの話こっちの話

味噌のカビをワサビで予防

高橋佐知子

味噌樽を久しぶりに開けてみたら、白カビがビッシリ生えていてギョッとしたことはありませんか。味噌はもちろん、醤油も手作りのたまり醤油にこだわる岐阜県飛騨市の岩塚眞喜子さんは、白カビ予防にいろいろなものを試しています。以前は朴葉や酒粕、塩などを使ったそうですが、最近友達に教わってとくに効果があったのは、ワサビです。

使うのはチューブ入りの練りワサビで十分。納豆の空きパックに一本丸々絞り出し、味噌にかぶせたラップの上に置いて、そのまま蓋をします。眞喜子さんも最初は「こんなのでホントに効くかな？」と思ったそうですが、見事にまったく白カビが生えなくてびっくりしたそうです。「ワサビの殺菌効果ってスゴイのね」と感心する眞喜子さんでした。

二〇〇八年一月号　あっちの話こっちの話

焼酎で手作り味噌はカビ知らず

須田陽介

立派な茅葺き屋根の家が今も多く残る神戸市北区の宮崎芳子さんから、手作り味噌にカビがまったく生えなくなる工夫を教えてもらいました。

まず、仕込んだ味噌の上に直接ピタリとラップをかぶせます。次に、ラップのすぐ上に三五度の焼酎に浸して軽く絞った手ぬぐいをすき間なくかぶせます。最後に、樽の上からビニール袋をかぶせ、しっかり紐で縛って蓋をします。

芳子さんは一月末に味噌を仕込み、十月初めに樽から味噌を出します。以前は夏場にカビがたくさん生えてしまい、捨てる部分が多くて困っていましたが、五〜六年前からこの方法をとるようになって、まったくカビが生えなくなったそうです。

二〇〇五年十二月号　あっちの話こっちの話

塩分2％ 低塩味噌の作り方

太養寺真弓（新潟県食品研究センター）

味噌の用途はほぼ味噌汁に限定されています。総菜や菓子などに利用される場合もありますが、使用量はごく少量です。その理由は、味噌が塩分を多く含んでいるからです（一般的な米辛口味噌で一二～一三％）。

そこで、機能性・栄養性を活かした味噌の新しい用途への拡大を目指し、食塩使用量を極端に減らした超低食塩米味噌（塩分二％以下）の製造開発に取り組みました。

アルコール二％添加、四〇℃で仕込む

超低食塩味噌は、糀《こうじ》歩合（原料大豆に対する米の重量割合）八歩、水分五〇％、塩分は二％（通常の味噌の六分の一）または〇％に設定し、これにアルコールを二％添加し、さらに有用酵母を多量に（一g当たり一〇〇万個）加えて混合し、熟成させました。酵母を多量に添加することで、酵母によるアルコール発酵と酸を作る微生物（生酸菌）に対する生育拮抗阻害の効果があります。

塩分を安易に減らすと、味噌は酸っぱくなります。これは生酸菌の働きによるものです。味噌中の生酸菌のうち主要なものは、四〇℃以上ではほとんど生育しません。一方、有用酵母は四〇℃程度でも生育できます。そこで、大豆が熱いうちに米糀と混合し、仕込み時の温度を四〇℃程度に設定して、一～二日保ちます。その後は酵母のよく働く三〇℃付近で熟成を行ないます。ようするに、温度が下がる前に生酸菌の生育を抑制し、酵母が先に働いてアルコール発酵を行なうようにするのです。

ただ、四〇℃程度でも生きられる雑菌がいるため、最初にアルコールを二％添加し、初期の雑菌の生育を抑えます。アルコールは飛散しやすいため、混合して容器に詰めた後、上部を密閉します。

酵母を入れず、アルコールだけを多量に添加しても超低食塩味噌はできますが、香味の点で多少難が出ます。味噌の香味は酵母の発酵によるものが多く、また、酵母が味噌熟成中に機能性成分を作ります。

味噌風味のドレッシングや洋菓子に！

発酵タイプと消化タイプの二とおりの作り方

通常の米辛口味噌は、自然状態、または三〇℃程度の発酵室で数か月から一年熟成させます。熟成中に微生物の発酵のほかに、大豆のたんぱく質や米のでんぷんなどが分解して、旨味や甘みなど味がのってきます。これ

らの熟成には各種の酵素が関わっています。その力は塩分の多少によって変わってきます。塩分〇％および二％では、通常の味噌中とは異なって、早い分解、熟成が進み、色も早く付きます。仕込んだ直後は大豆や米糀のにおいがありますが、熟成するにつれ酵母の発酵による味噌らしい香味を感じるようになります。この時点が熟成の終了となります。

　また、味噌は熟成しすぎると苦みを感じるようになります。苦みはおもにたんぱく質が分解したペプチドやアミノ酸によるもので、塩分が低いとたんぱく質の分解が早いために、超低食塩味噌の場合苦みが生じやすくなっています。発酵香が付いたら苦みを生じる前に熟成終了することが肝要です。

容器に詰めた後、上部を密閉して熟成させる

　これまでの研究から、三〇℃で数週間熟成させることで酵母の発酵香のある味噌ができることがわかりました。

　いっぽう、少し高めの四五℃で熟成することでは酵母の発酵による香りや機能性は期待できませんが、数日間で甘みのあるくせのない味噌が作れました。前者を発酵タイプ、後者を消化タイプと呼んでいます。

甘くて酸味が少ない、冷蔵庫で保存

　このようにして製造した超低食塩味噌には次のような特徴があります。

　①甘みが多い…消化タイプの味噌は、酵母発酵がないため、糖が酵母によって消費されません。つまり、甘みの多い味噌になります。また発酵タイプの味噌も塩分が少ないことで甘みを強く感じます。

　②酸味（有機酸）が少ない…普通の味噌と比べて生酸菌の働きを抑制するため、酸味が少ない味噌になります。

　③常温で保存できない…塩分が少ないため常温で分解・熟成が早く進みます。熟成を終了してからは冷蔵庫で保存しないと色が変わったり、早く苦みが生じたりします。

洋菓子やパン、ピザなどに

　さて、超低食塩味噌は塩分がふつうの味噌の六分の一以下と極端に少ないため、味噌汁には不向きですが（味噌汁の塩分は一％程度）、従来の用途とは異なる新しい利用が可能です。

　たとえばマドレーヌを作る際に、味噌を小麦粉の半分量加えて、味噌風味のある洋菓子を作ったり、パンに混ぜてみたり、ピザのトッピングなどさまざまな用途に味噌を調味料としてでなく具材として使用できます。

　また、従来の用途にあっても、塩分が少ないぶん使用量を増やして、ひと味違ったものができます。味噌を全体の三分の一使用した（残りは酢と油）味噌ドレッシングや胡麻と混ぜたり、甘みをつけて団子や田楽のタレなどに使えます。味噌の量を多くして少し風味を強調したり、味噌の持つ栄養性、機能性を増強したりすることができるのです。

二〇〇〇年十一月号　洋菓子に使える甘い？超低塩味噌ができた

熟成が進んだ味噌は、変わり味噌に

野口忠司（千葉県我孫子市「花囲夢」）

個人で直売所を開いており、地元千葉産の大豆と米麹で作った田舎風手作り味噌を並べています。最低でも十か月以上熟成したものを出していますので、風味もよく評判は上々です。

熟成度合いが丁度よくなった時点で低温保管ができればよいのでしょうが、設備がないため、新味噌ができる頃になると、古いものは熟成がさらに進んで、色みが悪く黒っぽくなってしまいます。

こうなってしまうと、古い味噌と新しい味噌を並べたとき、古い味噌はあまり売れません。もちろん古い味噌が好きな方もいらっしゃいますが、往々にして明るい色みが好まれます。味噌独特のオレンジがかった色合いも商品の価値のうちのひとつです。

熟成が進んだ味噌で、落花生味噌、エゴマ味噌、くるみ味噌を作ることにしました。

落花生味噌…落花生味噌はドライに仕上げています。おつまみには最適です。売るときの試食にもピッタリで、普通の味噌と並べて置いておけば「この味噌で作ったんだ」とすぐにわかります。落花生味噌も普通の味噌も売りやすくなります。

エゴマ味噌…『現代農業』で連載していた小池芳子先生の本の中にエゴマ味噌のレシピがあったので、挑戦してみました。手作り感を残す意味でエゴマもゴマも粗めに粉砕しましたが、もう少しエゴマの素材の形を残したほうが喜ばれたようです。お客さまの中には、エゴマの粒がそのまま入っていたほうがよいという意見と、エゴマの葉を入れるとさらに風味がよくなるのではという意見がありました。

くるみ味噌…くるみ味噌にも挑戦してみましたが、くるみ自体に油分が多いので、ゆるめになりすぎてしまいました。水分を控えたほうがよかったみたいです。

エゴマ味噌。こんにゃくと一緒に試食に出すと喜ばれる

（農園『花囲夢《かいむ》』千葉県我孫子市布佐八二六
TEL〇四―七一八九―二八二五）

二〇〇八年三月号　ラッカセイ味噌、エゴマ味噌、クルミ味噌

落花生味噌

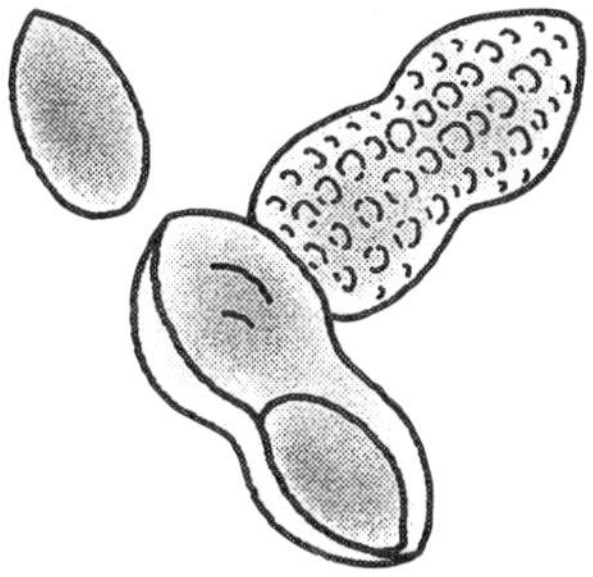

【材料】170g入り×8びん程度
落花生（生）…1kg
味噌……………150g（おたま1杯）
上白糖…………100g（おたま1杯）
　　　　　　　＋適量（200g弱）

【作り方】
①皮をむいた生の落花生を弱火でじっくりと炒る。焦がさぬように、薄皮がむけないように気をつける。冬場の石油ストーブなどでもよいが、1時間ほどかかる。自動の炒り機があれば効率的。
②別の鍋で、味噌と上白糖をおたまに1杯ずつ混ぜ、煮溶かしてペースト状にする。砂糖が溶ければよい。
③①を火から下ろして、②を加えて冷めないうちに手早く混ぜる。
④粗熱をとる。冷めすぎると固まるのでやや熱め（30℃くらい）のうちに上白糖をさらに加えてざっくりと混ぜる。一気に加えず、少しずつ加えて、冷めるまで何度か繰り返す。白い砂糖の粒が若干残る程度にする。
※一回に作る量は少なめがよい。あまり多いと冷ますのに時間がかかり、何回もかき混ぜないといけないので、落花生の皮がむけて見た目が悪くなる。
※②のペーストを増やすと出来上がりが「こってり」としたものになる。ただ、④で使用する砂糖も増えるうえに冷めにくくなるので、加減が難しい。

エゴマ味噌

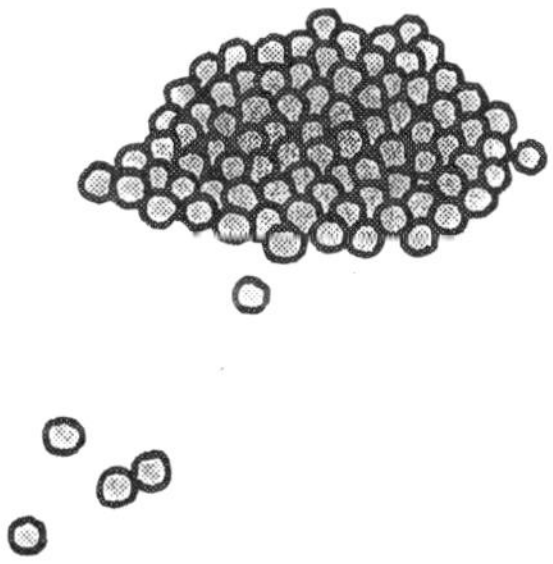

【材料】150g入り×31びん程度
エゴマ…………300g
ゴマ……………125g
味噌……………2.5kg
みりん…………250cc
砂糖……………800g
水………………1.2ℓ

【作り方】
①ゴマとエゴマは別々に炒っておき、香りを引き出す。
②ゴマはすり鉢で粗めにする。
③エゴマは少量ペパーミルで挽き、残りはミキサーで砕く（②と③は冷めないうちに行なう）。
④すべての材料を鍋に入れ、照りが出る程度まで煮詰める。
⑤熱いうちにびん詰めし、滅菌。
※もっと香りをよくするために、ナツメグや黒胡椒を入れてもよい。

農家レストランで好評な変わり味噌

山形県河北町　今田みち子（季節の味彩　楽舎）

毎日味噌汁を欠かせないわが家。以前は、味噌を自分で作る余裕がなかったので、たっぷり麹を使った甘口一二分味噌なるものを求め、食べていた。多少時間に余裕を持てるようになったので、味噌作りに挑戦してみた。

蒸した米にはぜ（種麹）を合わせ、新品の米の紙袋に入れ電気毛布で保温。ときどきかき混ぜながら手入れをし、真っ白な麹が出来上った。

大鍋で煮た大豆は、もちつき機を使ってつぶした。大豆、麹、塩をよく混ぜ合わせ、仕込み桶にたたきつけるように味噌玉を投げ入れ、重石の代わりに、ポリ袋に入れた塩をのせた。こうして仕込んだ味噌は予想を超えた出来栄えで、本当においしい味噌ができた。手前味噌とはよくいったものだ。

大豆三〇kg、米四〇kgで仕込んでしまった。家族で食べきるには多すぎる。私は田舎料理を提供する農家レストランを開いているので、この味噌を活用することにした。

シソ巻き…シソが出始めると、味噌にもち粉、片栗粉、ゴマ、砂糖、酒などを混ぜて練り味噌を作り、シソ巻きにする。これを冷凍保存しておき、油で揚げて随時出す。酒好きの方の肴にあう。

ふきのとう味噌…春、雪解けとともに顔を出すふきのとう。炊きたてのご飯にふきのとう味噌を添え、春の旬の香りを味わっていただく。

梅味噌…梅の季節には、完熟の実でジャムを作っておく。この梅ジャムを利用して、梅味噌を作る。用途に応じ、練り加減も変えている。ナス、インゲン、カボチャなど素揚げの夏野菜にかけるときは、普通のやわらかさ。肉料理の付け合わせの野菜やサラダのドレッシングに使う場合は、練る時間を短くしてやわらかめに。酢味噌和えの和え衣にするときは、硬め。

熟しすぎて、皮が破れた実は梅干しには使えないが、この梅が、たいへん重宝になった。

豆味噌…昔、祖母がよく自家野菜を使い保存食を作り置きしてくれた。豆味噌などもその一つである。炒り豆を使い、歯ごたえのある出来上りだったような気がする。どちらかというと硬いものは今、敬遠されがちである。そこで、揚げ豆にしてカリッと仕上げ、練り味噌と合わせてみた。これなら歯が弱くなった人でも食べられる。揚げ豆の香ばしさもなかなかの評判だ。

ただ残念なことに練り味噌と合わせ長時間おくと、豆が味噌の水分を取り込み、カリッとした食感がなくなってしまう。そこで、産直に出す味噌豆は、揚げ豆と、練り味噌を分けて詰め、「練り味噌と揚げ豆を混ぜてお召し上がりください」と注意書きを添えてみた。

季節の味彩　楽舎（らくや）　河北町大字田井一三三
TEL〇二三七―七二―四三七六　完全予約制

二〇〇八年三月号　手前味噌がうまくできたら変わり味噌にも挑戦

ふきのとう味噌

【材料】
ふきのとう………40g
味噌………………80 ～ 100g
砂糖………………20g
酒…………………少々
【作り方】
① ふきのとうは塩を入れたたっぷりの湯で茹で、すばやく冷水にとる。
② 味噌、砂糖、酒を火にかけ練り味噌を作る。
③ ①のふきのとうをきつくしぼり、細かいみじん切りにする。
④ 練り味噌に③を混ぜ合わせる。

梅味噌

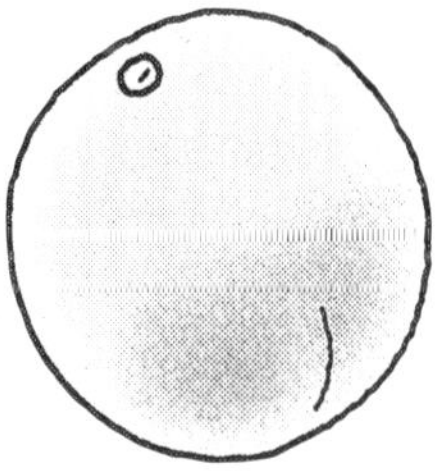

【材料】
梅（完熟したもの）……1kg
砂糖………………………800g
味噌………………………1.6kg
【作り方】
① 梅は蒸して、裏ごしをし、種を取り除く。
② 鍋に①と砂糖を加え加熱し、煮溶かす。
③ 味噌と②をミキサーにかけクリーム状にし、さらに火にかけ好みの濃さに煮詰める。
※②の梅ジャムの状態で冷凍保存をしておけば、いつでも作れる。

豆味噌

「秘伝まめみそ」（土屋清美撮影）

【材料】
乾燥大豆…………500g
味噌………………500g
砂糖………………250g
ねぎ………………1本
揚げ油……………適宜
【作り方】
①大豆は洗って水浸けし、十分にふやけたら水切りし、油でよくかき混ぜながらカリッとなるまで揚げる。
② 厚手の鍋に味噌と砂糖を加え入れ、火にかけて練り合わせる。
③ ねぎはみじん切りにし、②に加えさらに加熱する。
④ ③の味噌に好みの量の①を加えていただく。

ご飯に合う「おかず味噌」

滋賀県甲賀市　竹永幸子

私の変わり味噌はご飯によく合う「おかず味噌」です。季節感のあるものを入れると、なおいいです。

山菜などは、あくを抜いてから使わないと、味噌が黒くなって、味もまずいようです。ふきのとうやアケビなどは、あく抜きしたものを冷凍しておくと、いつでも使えて便利です。また、干し椎茸も年中使えておいしいです。

味噌は、甘口や辛口、お好みで変えるのがミソ！　マヨネーズやチーズを入れて洋風に味付けても美味ですし、ポン酢や酢を加えれば和風に。

二〇〇八年三月号　私の変わり味噌大集合

変わり味噌	材　料	作り方
黒ゴマ味噌	黒ゴマ100g、味噌100g、砂糖50g、酒50mℓ、みりん50mℓ	黒ゴマはよく炒り、すり鉢でする。すべての材料を混ぜながら火にかける。
ドングリ（マテバシイとスダジイ）・クルミ味噌	マテバシイ50g、スダジイ50g、クルミ50g、味噌100g、砂糖50g、酒50mℓ、みりん50mℓ	マテバシイとスダジイはフライパンで炒って皮をむく。クルミと一緒に、フードプロセッサーに入れ、細かくする。以降は同様に。
干し椎茸のからし味噌	干し椎茸30g、黒すりゴマ70g、味噌60g、砂糖30g、酒100mℓ、みりん100mℓ、からし少々	干し椎茸は水に戻して甘辛く煮付け、水気をよく切る。以降は同様に。
ユズ味噌	ユズの皮60g、塩分控えめ味噌250g、砂糖50g、みりん100mℓ	ユズの皮は細かく刻む。以降は同様に。
アケビの皮味噌	アケビの皮100g、砂糖100g、白炒りゴマ少々、砂糖50g、酒50mℓ、みりん50mℓ、ゴマ油小さじ1	秋、アケビの皮を湯がき、アク抜き（この状態で冷凍しておいてもよい）。細かく刻み、ゴマ油で炒める。以降は同様に。
ちりめんじゃこ・ゴマ・クルミ味噌	ちりめんじゃこ50g、白炒りゴマ大さじ1、クルミ100g、砂糖50g、味噌100g、酒50mℓ、みりん50mℓ	ちりめんじゃこは鍋でから炒りする。以降は同様に。

あっちの話 こっちの話

味噌作りの秘訣は塩の重石

川口美奈子

茨城県小川町の「あじさい会」では、毎年一二人のお母さんたちが楽しく味噌を作っています。近所でも評判のこの味噌、美味しさの秘訣を、メンバーの藤岡典子さんに教えていただきました。

その秘訣はなんと重石にありました。土用の日までは空気を好む菌が多いので、重石の周りにできるすき間にはどうしても白カビが生えてしまいます。そこで、そのすき間をなくそうと考えついたのが、塩をビニール袋に入れた重石です。これなら、平らにして、すき間なく味噌の上に載せることができます。

なぜ、塩袋なのかというと、塩には温度を一定に保つ力と、殺菌力があるからだそうです。ビニール袋に入れた塩でも効果があるようで、これを使うと、味噌に入れる塩を減らしてもカビを防止できる、とも。それに、重石を洗う手間もいらないし、味噌作りの後は、普通に塩を料理に使えます。

四斗だる（味噌五〇g）に対して土用の日までは塩袋一五kg、土用を越すとその半分の重さでいいそうです。もちろん、この重さも調節も、塩を減らすだけだから簡単です。

みなさんもぜひ、この塩袋重石で、美味しくて体にいい味噌を作ってみてください。

一九九七年一月号　あっちの話こっちの話

塩分をなるべく使わず味噌のカビを防ぐ法

松本学

梅雨はいろんなものにカビが生えてくる時期ですが、岐阜県恵那市三郷町に伝わる、味噌のカビ予防法を紹介します。

一般的には、塩を一面にぬりつけるといった方法がありますが、最近は塩分をひかえたいという気持から、できるなら塩をたくさん使うのは避けたいという人が多いようです。

三郷町のお母さん方は、まず、桶の味噌の上に竹の子の皮を一面に敷き、その上をビニールで覆う。そして小石を一面に敷きつめ、その上をさらにビニールで覆い、ゴムヒモなどで密閉する、とのことでした。

このように厳重に密閉すると、桶のふちなどに若干カビが生えてくるていど、ときどき取ってやればすむ、とのことです。

一九八六年六月号　あっちの話こっちの話

たまり醤油の醸造法

井上昂（財団法人醤油検査協会）

たまり醤油の先駆的調味料はすでに八世紀初頭の古文書に記述があり、その後も味噌を加工した「垂れ味噌」、醪《もろみ》の溜まり汁を採取して調味料とした事例が古文書に見られる。このようにたまり醤油は、現在日本国内で最も生産量の多い普通の濃口醤油が出現する前から使用されていた、長い歴史をもつ液体調味料である。

素材

大豆　たまり醤油の主原料は大豆、または醸造用脱脂加工大豆であり、他の醤油類がたんぱく質原料として大豆または醸造用脱脂加工大豆および澱粉質原料として小麦をほぼ同量使用している点と比較して、きわめて特徴的である。大豆から食用油を抽出した残渣が脱脂大豆である。

たまり醤油は元来味噌を仕込んだ醪の表面に溜まる液体を汲み取って調味料とすることから始まったものである。現在ではたまり醤油と味噌は別々に醸造するから、主として大豆たんぱく質の加水分解によって生成する旨味成分の濃厚なたまり醤油を得るためには、単位原料当たりのたんぱく質含有量が高い（約五〇％）醸造用脱脂加工大豆を使用した方が有利である。

しかし、品質の特徴を打ち出したい場合には、有名銘柄大豆を選択して、商標に「丸大豆使用」と表示する方法もある。

小麦　醸造用脱脂加工大豆を主原料とした場合には、味噌玉の成形を容易にするため、普通の濃口醤油製造に使用するものと同品質の小麦を少量ではあるが併用する。もちろん、よく煎って割砕したものである。また、小麦をよく煎って粉砕した香煎を種麹の増量材として使用する。これは、蒸煮処理した大量の原料に対して麹菌を植え付ける際に、麹菌の胞子を均一に撒布するためである。

加工工程

原料配合の伝統的な数値基準は、大豆一石（一八〇ℓ）を容積でなく重量換算して三五貫（一三一kg）と決めこれを元一石とした。現在のメートル法では大豆七二〇kg、脱脂大豆六〇〇kg、小麦七五〇kgを元一kℓと定めている。仕込むときの汲水（食塩水）量は原料元一kℓに対して最も少ないもので五分（五〇％）から六分、八分、一〇～一一分（一〇～一一水）と、たまり醤油の用途によって変えている。もちろん汲水割合の少ないものほど旨味成分の濃度が高い。また、たまり醤油の主原料は大豆または脱脂加工大豆であるが、素材選択の項で記したように醸造用脱脂加工大豆を使用する場合は少量（全原料の約一〇％）の煎って割砕した小麦を併用する。醸造工程は図1に示し、以下に要点を解説する。

①前処理　大豆の場合まず風選および水洗により夾雑物を取り除き、重量で元大豆の一・六～一・八倍まで吸水させる。吸水速度は大豆の種類、新旧、粒の大小、乾燥度、水温によって異なるから、予備実験を行なって吸水を打ち切る時間を決めるのがよい。吸水打ち切り時間がきて排水が終了したら、一夜放置して大豆粒の内部まで水分が均等に行きわ

たるようにする。

醸造用脱脂加工大豆を使用する場合には、大量の水に浸漬すると成分が溶出するので、原料重量の約八〇～九〇％の水を均等に撒水して全部吸収させる。小規模に行なう場合の方法は以下のようである。計量した脱脂加工大豆を浅い箱型の容器に入れて均一に広げ、あらかじめ計算した量（原料重量の八〇～九〇％）の水を八〇℃以上に加熱したものを散布しながら、大きい角形スコップで四～五回切り返して水分が十分しみ込むようにする。その後、布で覆って脱脂大豆片が柔らかくなるまで三〇分～一時間放置する。

②蒸煮　大豆たんぱく質を完全に変成させて、麹菌の酵素による分解度を高くすることが目的である。最近では高温（約一六五℃）短時間（二〇～三〇秒）の蒸煮処理が大豆たんぱく質の酵素による分解にとって理想的であることが解明され、その条件を満たす装置が開発されている。しかし、装置が高価なため小規模生産には向かない。一般的には回転式の加圧釜を使用し一二〇℃で約二〇分蒸煮したら、すぐ減圧冷却装置を使用して約四〇℃まで冷却する方法が採用されている。

農山村事業では定置式の加圧蒸煮缶が適当であるから、以下ではこれを使用する場合の蒸煮方法について解説する。なお定置式の加圧蒸煮缶の側面下部には蓋を開閉できるマンホールを取り付け、蒸し上がった原料を掘りだすときに使用する。

〔丸大豆を使用する場合〕

蒸煮缶の下部から少量の蒸気を送り込みながら吸水させ、一夜放置した丸大豆を蒸煮缶に投入して蓋をしっかりと閉めた後、蓋に取り付けた排気弁から蒸気が勢いよく吹き出すまで待機する。この操作により蒸煮缶内の空気が排除される。空気が残っていると蒸煮缶内の蒸気圧を上げても、その蒸気圧に相当する温度にならないから注意を要する。次いで排気弁を閉じて缶内の蒸気ゲージ圧力を一・二kg／cm²まで上げた後約二〇分間保持して蒸気を止めただちに排気する。排気が終わったらできるだけ早く蒸し豆を掘りだして約四〇℃以下に冷却する。

大豆の蒸し上がり程度を判定するには、次のような方法が便利である。蒸し上がって冷却した大豆一粒を上皿バネ秤の皿にのせ、静かに押しつぶすのに要する力が四五〇g～五〇〇gであればよく蒸せていると判断できる。一〇粒くらいを繰り返し試験して、平均してこの程度の値になればよい。

〔脱脂加工大豆を使用する場合〕

蒸煮缶の下部から蒸気を少しずつ送り込みながら、吸水した脱脂大豆を缶内へ均等に投入する。この際、投入した脱脂大豆の全面から蒸気が均等に吹き上がってくるように注意しながら投入しなければいけない。このような原料の投入方法を、抜掛け法といっている。蒸気の吹き上がり方にむらがあると、部分的に蒸気の通り道ができて、蒸煮不十分の部分

図1　たまり醤油製造工程

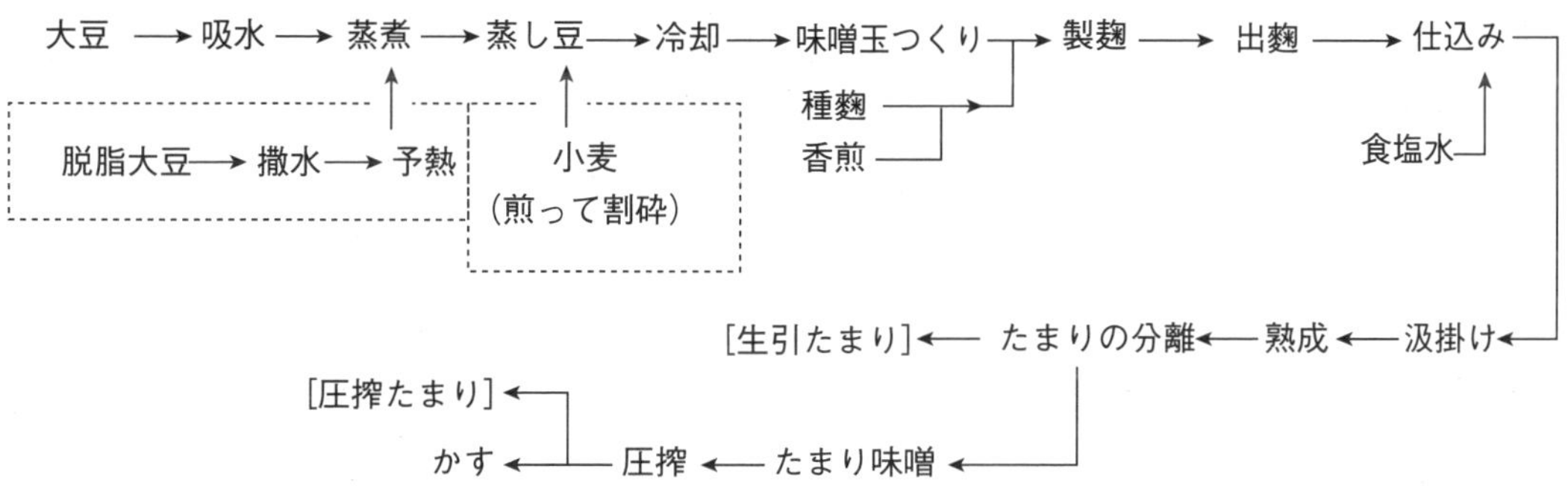

ができる。原料の投入が終わったら蒸煮缶の蓋を閉じ、以後は丸大豆の場合と同様に加圧蒸煮する。

たまり醤油の麹は麹菌以外の雑菌に侵されやすいので、これを避けて品質の良い麹をつくる吸水方法が提案され実用化している（西井・奥野、一九七一）。すなわち、大豆や脱脂加工大豆に吸水させる水に、〇・二～〇・五％の酢酸溶液を使用する方法である。これにより雑菌の増殖を確実に防ぎ品質の良い麹を得ることができる。

製麹

蒸した大豆は枯草菌や馬鈴薯菌等に侵されやすく、一度これらの細菌群が増殖すると麹菌の生育は強く抑制されるとともにアンモニア、アミンなどの発生を伴う。このような現象を防ぎ良質な麹をつくるため、古くから味噌玉状の成形麹が考案され、これが日本列島へ伝えられた。醸造用脱脂加工大豆を使用する場合は、味噌玉の成形を容易にするため、炒って割砕した小麦を併用する。

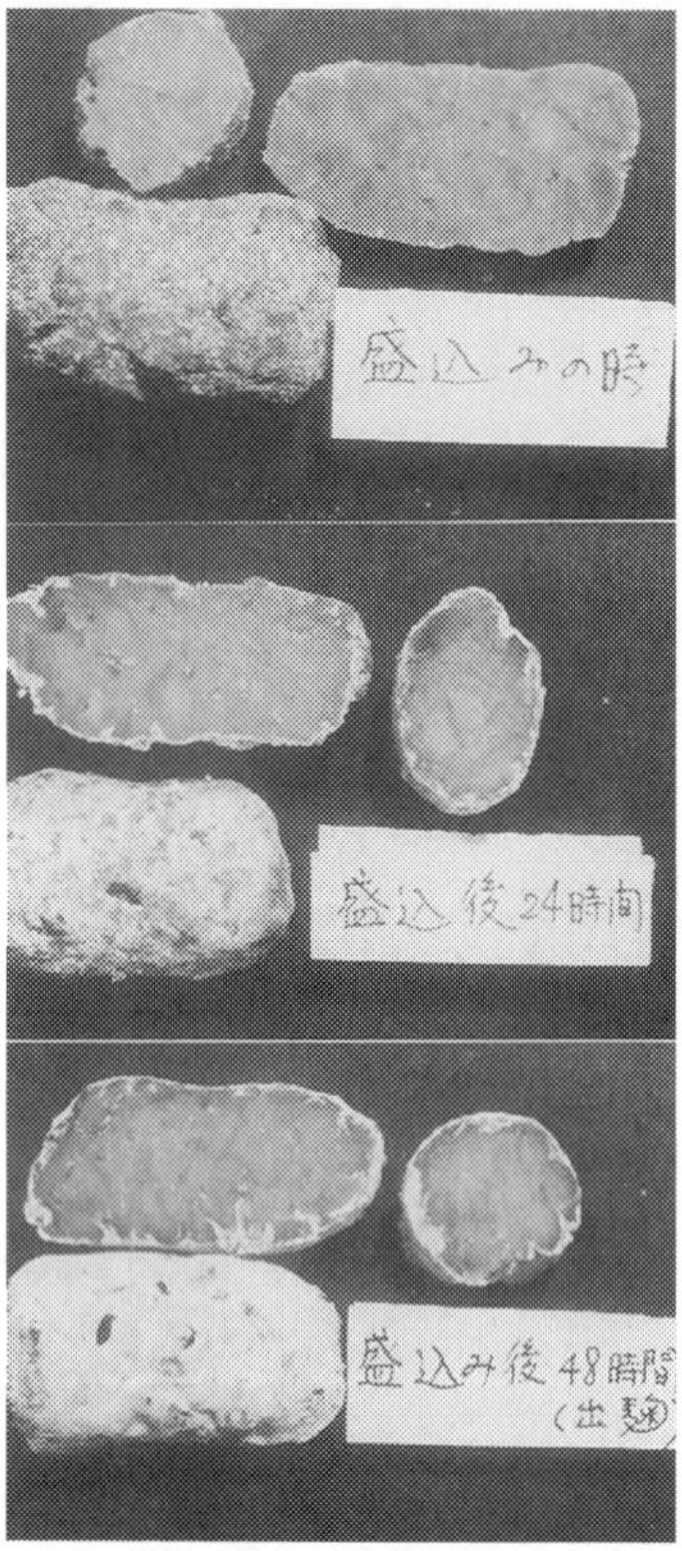

味噌玉麹の断面　麹菌の菌糸が味噌玉の内層部へ侵入していく状況。上段：盛込み時、中段：盛込後24時間、下段：盛込後48時間

味噌玉には香煎で増量した種麹を振りかけてから麹蓋に盛り込み、麹室へ引き込む。種麹はたんぱく質分解力の強い酵素を産生する種類を選んで使用する。

麹室へ引き込んだときから二四時間以内の温度は二八℃以下に保つ必要がある。この間に高温にさらされると枯草菌、馬鈴薯菌、納豆菌などBacillus属の雑菌が優先的に増殖し、麹菌は増殖を妨げられてしまう。

この時間帯を雑菌に侵されることなく過ごせば、麹菌の胞子は順調に発芽して菌糸を伸長させ旺盛な生育をする。そのとき発生する呼吸熱により自動的に温度が高くなるのを防ぐために手入れを行なう。通風製麹装置を使用する場合は手入れと同時に低温の空気を大量に送り込み、麹の温度を下げる。とくに麹室へ引き込んでから二四～四八時間の間は麹菌のたんぱく質分解酵素産生が最も盛んな時期であるから、麹の温度は三〇℃以上にならないような管理が必要である。放置すると麹の温度は三五～四〇℃になり、たんぱく質分解酵素の力が極度に低下する。

麹菌が順調に生育すると味噌玉の表面部を菌糸で覆い、さらに菌糸を水分の多い内部に侵入させ（写真）酵素を分泌する。内層部では乳酸菌群が増殖して旺盛な乳酸の生成が行なわれるから、雑菌類は増殖せず良質な麹ができる。よくできた味噌玉麹は、表面が麹菌の白い菌糸で覆われて黄色の胞子が着生している。味噌玉を割ってみたときには納豆のような粘質物の糸を引くことはなく、乳酸発酵による芳香を感じるとともに爽やかな酸味を味わうことができる。

仕込み、熟成

食塩水を計算量の約半分送り込んだ仕込み容器に麹を入れ、全量の麹が仕込み容器に入ったら残りの食塩水を送り込む。この際仕込み容器には図2に示した簡単なたまり醤油の分離装置および汲掛け用の汁液を溜める挿籠を設置しておく。仕込みが終了したら、醪の表面に麻布を敷いて重石をのせ、塩水が表面をわずかに覆うようにしておく。

仕込み後一か月くらいは毎日二回挿籠に溜まった汁液を醪の表面に汲み掛ける。その後は毎日一回の汲掛けを続け、熟成が進んできたら隔日に一回程度とし、表面にカビが生えないように注意しなければならない。この作業により仕込み容器内の汁液が循環して熟成反応が良好に進行する。

醪の温度は仕込み当初はできる限り低くするのがよい。古くから寒仕込みのたまり醤油は品質が優れているとの伝承もあることから、仕込み用の塩水をマイナス一〇℃に冷却して使用する方法をたまり醤油の分野でも実用化している企業が増えている。一か月以上経過しながら徐々に温度を上げて二八℃くらいに保持すれば理想的である。

熟成が完了する時期は天然醸造では汲水の割合および仕込んだ季節にもよるが、一～二年とされている。醪を二八～三〇℃に加温する温醸仕込みでは六～八か月である。熟成の一応の目安としては、色が赤味を帯びた濃褐色となり、麹香が消えてたまり特有の芳香に変わり、生塩の塩から味がなくなって旨味が口中に広がるように感じられればよい。しかし、仕込みの初期から継続して、汲掛けを行なった後で挿籠に溜まった液汁を採取し、少なくとも全窒素分、アミノ態窒素、食塩分の分析を行なって官能検査の結果とともに記録を残しておくことが大切である。

図2　たまり醤油の仕込み状態

（吉原,1961に加筆）

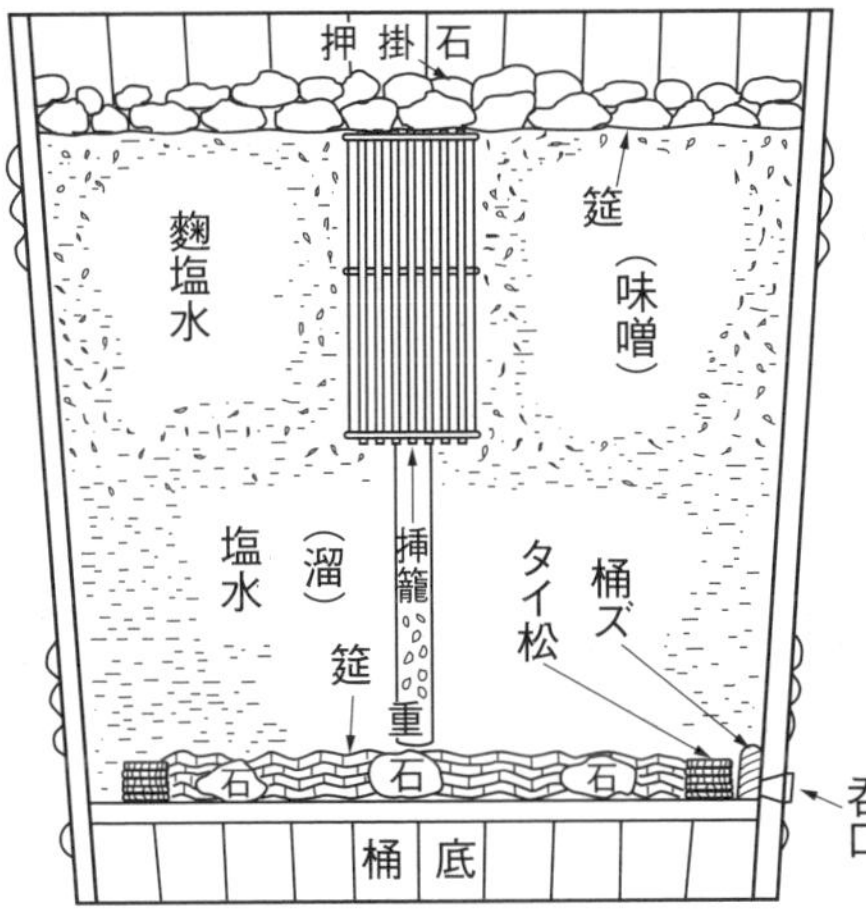

熟成後たまり醤油をもろみから分離するため仕込み容器の底面には，細い竹筒を束ねて網で巻いたもの（通称タイ松）を呑口に向けて置き，呑口に当たる部分に簀の子状の桶ズを設置する。もろみ面には挿籠を差し込んでおき，中にたまった汁液をもろみ面へ汲み掛ける。もろみ液汁の循環を良くするため，挿籠の底から仕込み容器の底面に置いたタイ松まで届く太いパイプを取り付ける

分離・圧搾

熟成が完了したら仕込み容器下部の呑口を開放してたまり醤油を採取する。これを生引たまりという。生引たまりの採取は約一週間で終了する。その後ただちに仕込み容器内のたまり味噌を掘り出し、味噌延ばし機という装置で圧搾布の上に約五㎜の厚さに延ばしたものを、一定の高さに積み上げて水圧機で圧搾すると汁液が得られる。これを圧搾たまりという。

仕上げ

官能検査上の相違点を要約すれば、生引たまりは旨味が強いもののさらっとした感じであり、圧搾たまりはまろやかな旨味とこくが特徴といえる。したがって、使用目的によって適宜調合して均質化したものを製品に仕上げる。必要があればさらにろ過あるいは火入れ殺菌をする。火入れはプレートヒーターを使用して、八〇～八五℃にできるだけ短時間の加熱をし、ただちに冷却する。特に汲水割合が少なく成分の濃厚なたまり醤油は、焦げ臭がつきやすいので長時間加熱する方法は避けなければいけない。

参考文献
西井守蔵・奥野悟　一九七一　溜の製麹法　調味科学一八／吉原精行　一九六一　豆味噌と溜　日本醸造協会雑誌五六
食品加工総覧第七巻　醤油　二〇〇〇年

手作り醤油

山口県防府市　石野十郎　一九九五年記

オリジナルの醤油を味わってみてはいかがなものでしょう。なお、座敷でつくるのですから、原料穀物はいわゆる「元石《もとこく》一升分」で紹介します。農家の方は一〇倍の「元石一斗分」が適当でしょう。

材料

大豆　六〇〇g　丸大豆がない方はスーパーの水煮大豆一三二〇g。

水煮大豆はザルで十分に水切りし、別途に準備した煎りでんぷん（パン粉、馬鈴薯でんぷんなど約一〇〇〜二〇〇gをフライパンで十分煎る）をまぶし、篩《ふるい》分けして大豆の表面水分を除くと安全です（納豆菌の繁殖を防ぐため）。

小麦　六〇〇g　小麦が手に入らなければ米屋の押麦六〇〇g。

種菌　醤油用麹菌二〜三g　（元石一升分）

塩　漬物用塩五一五g　食卓塩は純度が高すぎて発酵が悪いので不可。

仕込み水　一・九八ℓ（二ℓから大サジ二杯除く）。五一五gの塩を溶解すると二三％塩水二・一六ℓとなる。

器具

麹蓋《こうじぶた》　二個（麹箱一升用）スーパーなどの家庭用品売り場で求める。なければ適当な代用品でよい。なるべく木製が望ましい（以下のようにタンスの小引き出しでよい）。

醪《もろみ》容器　醪桶、広口四ℓ容器（ガラス、食品用プラダルなど）

網敷布　一m角程度のもの一枚　代用麹箱が大きすぎる場合に必要。

温度計　一個　棒状温度計でよいが、できればデジタル式隔測温度計がほしい（温度計測部と表示部が離れているので都合がよい）。

天秤　家庭用台秤　農産加工にはすべて重量測定を心掛けてください。

手順

種付け　小麦（押麦）をフライパン、電気グリル鍋で煎り、常温に冷ましてから、「コーヒーミル」または「フードプロセッサー」などで粉砕し、麹菌を混合しておく。混合は麹箱で行ないます。これが「種付け」です。

ついで、丸大豆を煮る（圧力鍋ならば簡単）か、蒸し上げます。ザルで煮汁を十分に取り除き、四〇℃程度に冷めたら麹箱の麦粉とよく混合します。水煮大豆の場合もここで混合します。表面の水分を除くことで納豆菌の繁殖を抑えることができます。まさに先人の知恵です。混ぜ合わせ後の温度が三〇℃前後ならば理想的です。

なお以下の手順では、正規の麹箱がない場合を想定して、不要になったタンスの「小引き出し」を使いました。小引き出しでも大きすぎるので「網敷布」を使用しました。正規の麹箱ならば、「網敷布」は不要です。なお、「元石一斗」の場合は「大引き出し」を使用できます。

共蓋《ともぶた》をする　「網敷布」をたたみ込み、裏返した「小引き出し」で蓋をします。温度計のセンサーを原料中に挿入しておけば外部から製麹温度を知ることができます（隔測温度計の一番の長所です）。専用用語では「共蓋をする」といいます。秤に乗せ、総重量を測定しておくと原料の重量変化を知ることができます。

一番手入れ　室温が二五℃以下ならば、座布団などで保温します。室温が二五～二七℃程度ならば、共蓋のままで結構。エアコンの設備された部屋ならば初心者でも四季を通じて製麹《せいきく》できます。

種付け後、約一五時間経過すると品温が三五～四〇℃に上昇してきますから、蓋を取り、手で混ぜ、ほぐします。これが「一番手入れ（冷まし）」です。終わったら共蓋をしておきます。品温は三〇～三三℃になっておればよろしい。

二番手入れ　「一番手入れ」後、約五時間で品温は再び四〇℃程度に上昇し、大豆の表面が菌糸で白く覆われます。そこで同様にして「二番手入れ」を行ないます。以後は時々、温度計を見て品温が四〇～四二℃を超えないように、「共蓋」を取り除くなりして温度が高くなりすぎないようにします。

醤油麹の完成　種付け後、六〇時間を過ぎると、麹菌の繁殖が終わり、発熱が少なくなり、品温は次第に低下してきます。通常約七五時間程度で醤油麹が完成します。品温は三五℃以下となり、麹の内部は黄緑色になり、さわると黄色の粉（麹菌の胞子）が飛び散ります。これで醤油麹のできあがり（出麹＝でこうじ）です。

醪《もろみ》の仕込みと管理

醪容器（醪桶）で塩と仕込み水を撹拌溶解したものに、出麹を投入して、塩水によくなじませて「醤油醪」の仕込みが完了です。容器には軽く蓋をして（密閉しない）、なるべく暖かい場所に置いてください。醪は醗酵して表面が盛り上がってきますから、夏期は毎週二回、冬は一回程度、杓子《おたま》で軽く撹拌してください（混ぜ過ぎて、醪を粘らせないように）。

長時間、撹拌を忘れていると、醪の表面に白いカビが発生することがありますが、これは「産膜酵母」です。撹拌してやれば、溶解して消えます。半年から一年で醤油のできあがりです。三〇℃に保温すれば三～四か月で美味しくなります。

醤油の「搾り」と火入れ

醤油を醪から分離取り出す方法として、熱帯魚飼育用のエアーポンプに使用するストーン（多孔石）付きビニール管を利用すると便利です。

ストーンを醪の底部に挿入し、ビニール管をサイホンとして醤油液汁をとりあえず必要なだけ、醤油さしに取り出し「生揚《きあ》げ醤油」として使用できます。連続して抽出（数日間必要）すれば「元石一升」で約一・八～二・一ℓの「生揚げ」が採れます。

完熟醪からの生揚げは糖分が少ないので、お好みにより砂糖を添加してください。この生揚げ醤油を約二週間冷蔵庫で発酵させると香味がグーンと引き立ちます。おためしください。

なお火入れは、搾った醤油をビンに詰め、ビンごと熱湯の入った鍋に入れて、八〇℃になれば大丈夫です。

一九九五年十月号　天然醤油をつくる

毎日かき回して一年半、べっこう色の醤油ができる

佐賀県伊万里市　森田キトさん

森田キトさんはお嫁にくる前から、料理が好きで、講習会などに通っては、当時はハイカラだったシチューとかアイスクリームなどの作り方を習った。また、醤油、味噌、豆腐、こんにゃく、漬物、お茶、お菓子、饅頭など、基本的な食べ物を自給する技は、親に教えられた。

キトさんの作る醤油はちょっとしょっぱいのだが、それが昔ながらの味だ。その塩辛さが野菜の美味しさも引き出す。

「アミノ酸の入っとらん自然食ったい。芋でん煮ても黒ぉならんで、きれぇなべっこう色になる」。吸い物もきれいな色が出るし、この醤油と水あめとで煮た野菜は、本当に美味しいと夫の弘さんも話す。孫もよく食べるのだと、キトさんは目を細める。

醤油作りでまず必要なのは、「醪麹」を作ることだ。「昔から九月にふとん洗濯（洗い張り）と味噌醤油を作るのが、おなごの仕事たい。盆前はだめ。麹が黒ぉなって、うまくできん」。麹寝せは盆すぎでないとだめだという。手順は以下のとおり。

①小麦一斗を臼で皮をむく。

②①を洗って皮を流し、鉄の平釜で炒る。「色がベッコウ色のごと、噛んでパリッと音のするまで、釜を傾け、木べらですくいながら炒る」。二升を半時間ほど。香ばしい匂いがあたりに漂う。

③同量の大豆（一斗）もいったん平釜で炒ってから炊き、冷ましてからむしろなどに広げておく。前日にこれはやっておく。

④最後が麹寝せで、③の大豆、②の小麦を合わせ「金山麹《きんざんこうじ》」（種麹）をつけて寝かせる。

⑤「金のごと」真っ白に麹がまわった醪を瓶に仕込む。麹にする前の大豆と小麦一斗ずつの計二斗に対して、水三斗、塩七升を入れる（出来上がりの麹の量に対してでないことに注意）。発酵ガスが抜けるよう布でふたをし、木ぶたを重ねる。上をビニールの敷物で覆って、ここまでで一応仕込みは完了。

⑥このあと一か月は毎晩欠かさず木の櫂《かい》（湯かき棒のようなもの）でかき混ぜ、塩水と醪が分離しないようにする。この役目は勿論キトさんだが、いないときは誰かが代わる。

⑦翌年の春に、米麹を五升、水七升五合、塩一升五合を足す。

⑧夏はカビが入るのでとくに注意して、一日も欠かさずかき回す。こうして一年半。べっこう色したきれいな醤油がくめるようになる。竹のカゴを真ん中に立て、しみ出す醤油をすくって容器に移す。一升瓶で二〇本、二斗強の醤油ができる。昔は「百姓は一年半醤油」といって、これをすぐ使った。だが今ではさらにもう一仕込みするあいだ待って、三年醤油を使っている。

文・編集部

二〇〇〇年一月号　森田キトさんの暮らし、加工のワザ

あっちの話こっちの話

魔法びんで豆を煮る方法

編集部

豆を煮るときに困るのが火の番です。火の強さを加減したり、さし水をしたり、意外と大変。忙しい時期に豆を煮るなどなかなかできません。

寝ている間に安全確実に大豆に火を通すには魔法びんを使います。一晩で八分どおりやわらかくなります。さてそのやり方ですが、

①夜寝る前に、豆を洗って魔法びんにつめる。

②沸騰した湯を注ぎこんで、すぐ蓋をしめて一晩放置。

③翌日の昼ごろ蓋を開けてみると、ほぼ八分どおり煮えた状態。田んぼから上がったところで味付けし、ちょっと火にかければ煮豆のできあがり。

これなら火を使うわけでなし、安心して野良仕事ができるというわけです。

一九八五年四月号

インゲンの葉っぱで、おむすびが美味しく変身

細川恭子

神戸市西区に住む藤井かよ子さんは、減農薬の米作りを続けてきた人。かよ子さんの美味しい米の評判を聞き、直接買い付けに来る常連のお客さんもたくさんいます。

その一人、長田区で焼肉屋を営む吉田さんは、食材の利用方法や食べ方にとても詳しい方。かよ子さんも新しい料理を教えてもらうのを楽しみにしています。今回教えてもらったのは「韓国風豆葉味噌漬け」。

用意するものは、洗った後、水をよく切ったサンドマメ（インゲンマメ）の葉。そして味噌一kg、砂糖五〇〇g、みりん大さじ二杯、すりつぶしたニンニク適量を混ぜ合わせた味噌床です。

まず、味噌床をタッパーの底が見えなくなるように敷き詰めます。その上に、サンドマメの葉を五枚一組にしてタッパーに敷き詰めます。味噌床・サンドマメ・味噌床の順に、タッパーが一杯になるまで交互に敷き詰め、蓋をして冷蔵庫で一晩置けば、翌日にはサンドマメの葉っぱの味噌漬けが完成。これでおむすびをくるむと絶妙の美味しさだそうです。

かよ子さんは夏の暑い日、疲れて食が進まず、さっぱりしたものが食べたいときにこのおむすびを食べると、元気が出るそうです。

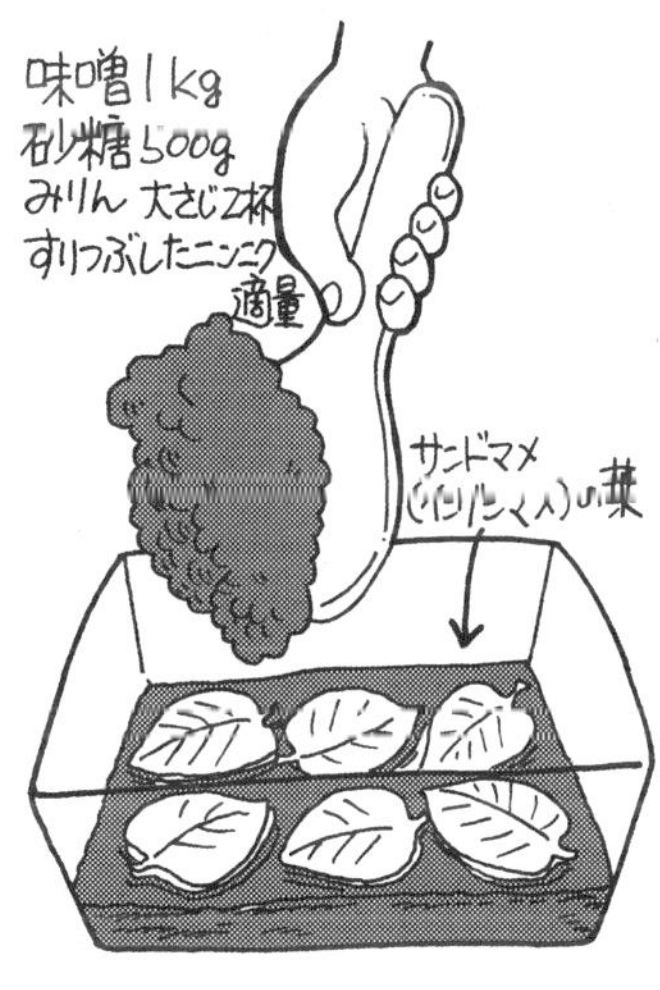

二〇〇一年九月号　あっちの話こっちの話

こう漬け

茨城県つくば市
中島民子

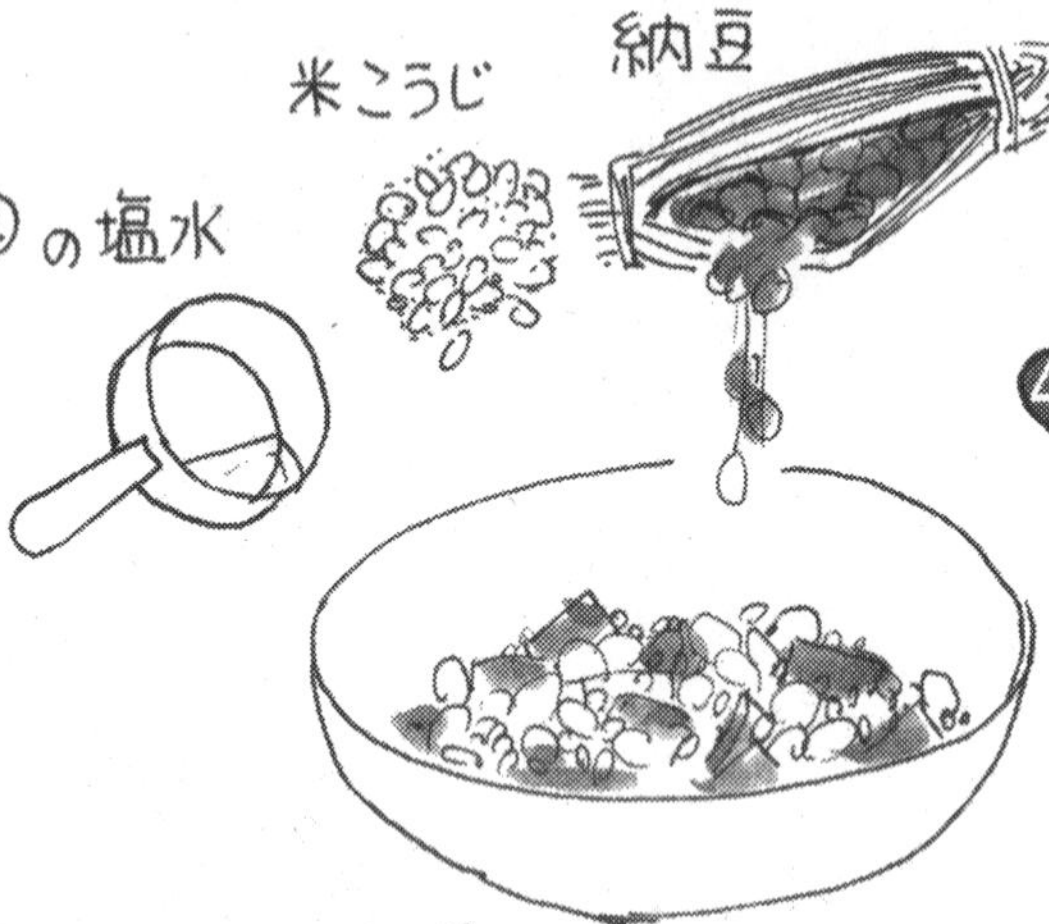

❸ 容器に、塩水、納豆米こうじをいれ、よく混ぜあわせる。

❹ ①のスルメと昆布を入れて 混ぜあわせる。

❺ ④を広口ビンやタッパーに きっちりつめて表面をラップでおおい、フタをする。

冬は冷暗所、夏は冷蔵庫で10〜15日おく。
スルメや昆布がやわらかくなった頃が 食べ頃です。

べっこうのように ツヤツヤとなります

(え) 近藤 泉

納豆のべっ

わが家で 毎年 手づくりしている納豆を、もっとおいしくいただきたくて 一工夫してみました。
お正月に飾ったスルメや昆布を使います。1ヵ月で食べきる量を、そのつど つくるようにしてください。

❶ スルメと昆布は ぬれぶきんで ふき、幅2cm 長さ4cmくらいの短冊に切る。

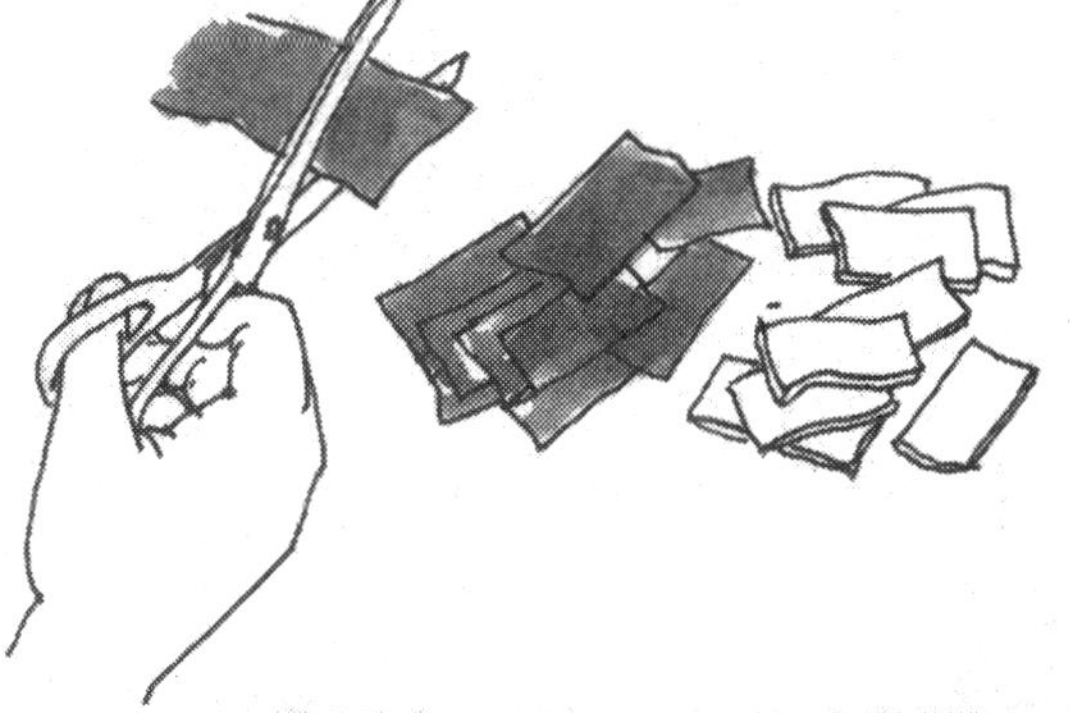

❷ 水150ccに 塩を加え、煮立ててから10分さます。

〈材 料〉

納豆	1kg
米こうじ	500g
スルメ	200g
昆布	30g
塩	50g
水	150cc

手作りの発酵槽で納豆を作る

新潟県笹神村　斎藤剛さん、満子さん

文・編集部

扉に手書きの文字で「斎藤家　納豆工場」とある。納屋の一角にある一坪半ほどの小さな小さな加工場に備えられているのは、大豆を蒸す縦長の鍋とガスコンロ、冷蔵庫、そして冷蔵庫の廃品を改造して作った発酵槽。

新潟県笹神村の斎藤剛さん、満子さん夫婦は、ほうれん草や稲の栽培農家だ。そして、栽培する転作大豆（品種はコスズ）を、ここで納豆に加工している。週に二〜三回、一回に約一二〇パック作っては地元の直売所に並べている。納豆は、味噌に比べて加工の手間が少なく、豆腐に比べると日持ちもするという利点がある。

納豆用の発酵槽を手作り

発酵槽の本体は廃品の冷蔵庫で、温度を保つための熱源にはヒヨコ電球を利用している。

サーモスタットで庫内の温度を四〇℃に保ち、上下の温度が均一になるように、空気を循環させるファンを取り付けた。温度計は、これも廃品にした稲の育苗器に付いていたものを利用。ファンは、トイレの換気筒の先に付けるものだ。サーモスタット、ファン、ヒヨコ電球は、ホームセンターで合わせて一万二〇〇〇円くらいで手に入る。

できあがった納豆を貯蔵しておくための冷蔵庫やその他の備品は、すべてリサイクルセンターで揃えた。納豆製造を行なうには流しや換気扇を設置しなければならないが、どっちも中古品だ。大豆を蒸す鍋やコンロや湯沸かし器、すべてリサイクルセンターで揃えると締めて約四万円。大工さんと左官屋さんの手間賃四万円と水道とガスの工事費七万円を加えても合計一五万円。だいたいこのくらいの出費で「納豆工場」が完成した。

じつはもっと大きな発酵槽を作りたくて、いまもときどき中古冷蔵庫を物色してまわる。しかし小さいのばかりで、現在のものより容量の大きな冷蔵庫はなかなか見つからないとか。

斎藤剛さん、満子さん夫婦

ちなみに納豆製造に必要なのは施設許可のほかに「食品衛生責任者」の資格だが、これは年に一〜二回の講習会へ参加すれば取得できる。また、その際に製品のサンプルを提出して、異常がないかどうか県の食品衛生センターで分析してもらう。

納豆は自然にできる

斎藤さん宅の納豆製造の手順は次のとおり。

①大豆を一晩（一二時間）水に漬ける。
②水に漬けた大豆を一二時間蒸す。
③蒸して耳たぶくらいの軟らかさになった大豆に納豆菌をまぶす。三升五合の大豆に耳かき二杯分ほど（納豆菌の販売先・成瀬発酵化学研究所　TEL〇三―三九九四―三九三九）。大豆が熱いうちに、鍋を両手で揺すりながら撹拌して全体に菌をまぶす。
④計量しながらパック詰め。
⑤発酵槽に入れ、熱を加えないで扉を開けたまま一晩放置。
⑥サーモスタットを四〇℃にセットして一五時間するとできあがり。
⑦冷蔵庫で七～一〇日貯蔵してから販売。

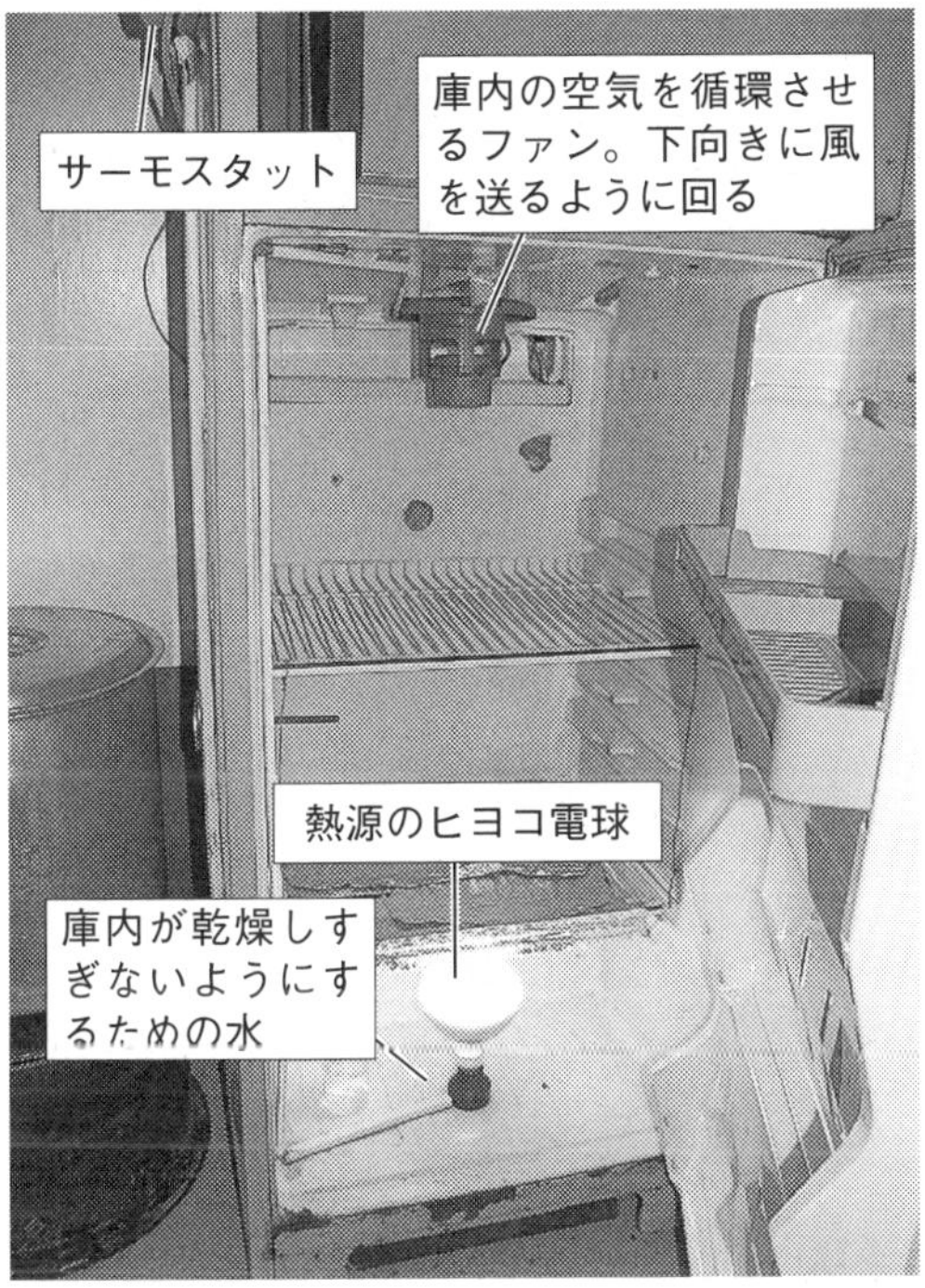
サーモスタット
庫内の空気を循環させるファン。下向きに風を送るように回る
熱源のヒヨコ電球
庫内が乾燥しすぎないようにするための水
冷蔵庫の廃品で作った「納豆製造器」。一度に120パック入る

納豆製造器から出したばかりの納豆はアンモニア臭がする。そのため七～一〇日間冷蔵庫で保冷してからのほうが美味しいのだそうだ。

加工して売れば反当二五万円の売り上げ

三～四反の大豆のうち、納豆用のコスズの作付けは一反に抑えてきたが（他はふつうに農協に出荷するエンレイ）、納豆の原料としてこれだけでは足りなくなってきた。コスズは小粒でもあるので反収は一五〇～一七〇kg。昨年は、その他にエンレイの小粒を一五〇kgくらい購入して納豆にしている。コスズを自分で作っていれば、約二反分を納豆で販売したことになる。二反分の大豆で納豆の売り上げは約五〇万円。

納屋の一角に造った「納豆工場」

地元の笹神村農業青年会議が主催する直売所「ゆうきふれあい即売所」は、五～十一月の半年のあいだ、水曜日と日曜日の週二回営業してきた。とくに日曜日は近隣市町村のほか、新津市や新潟市からもお客さんが集まるほど好評なので、今年は祝祭日も開くことが決まっている。

それにこの五月からは、新潟市内にある総合生協コープ女池店に笹神村のコーナーができていて、斎藤さん夫婦はここにもほうれん草や納豆を出すようになった。

農家が自分で大豆を加工して売るなんて、昔は考えられなかった。だけど最近は、周囲を見渡せば直売所の一軒や二軒はすぐ見つかる。大豆で加工して売ることは、農家にとって難しいことではなくなりつつある。

二〇〇二年七月号　手作り製造器で納豆を作る、売る

プロの納豆屋さんに聞いた

納豆の作り方

協力　長野市　村田商店

①大豆を水洗いし、たっぷりの水に浸し、冷蔵庫で24時間漬ける。

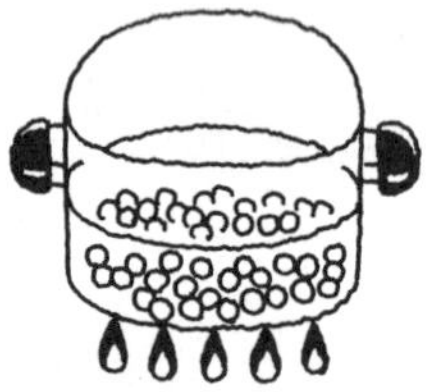

② 5〜6時間、鍋で煮る。親指と小指で挟んで軽くつぶれる程度の煮加減。

③なるべく冷まさないよう、手早く湯切りする。

④湯呑みに熱湯を半分注ぐ。これに市販の納豆2〜3粒を入れ、10分おいたあと、よくかき混ぜる。これを煮豆200g当たり1mℓ以上（1kgの煮豆なら小さじ1杯強）ふりかけて、よくかきまわす。

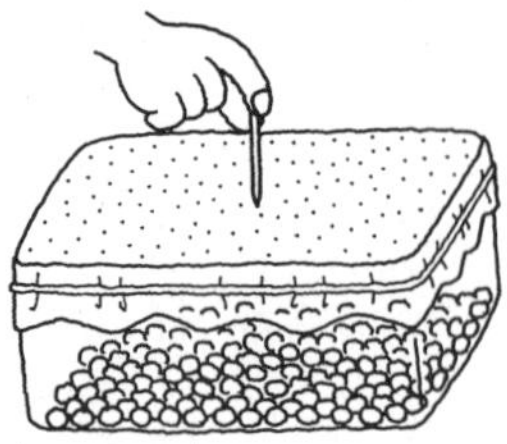

⑤煮豆を熱いうちにタッパーに入れ、空気穴をたくさんあけたサランラップで蓋をし、ゴムで止める。酸素不足になるので、煮豆は底から1cm以上積み上げない。

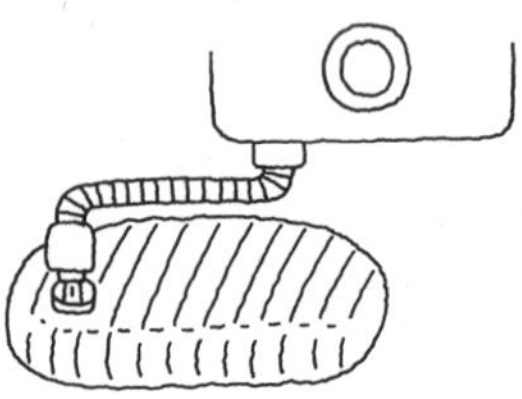

⑥湯たんぽや分厚いプラスチック容器を用意し、一番熱くした給湯器のお湯（約67℃）を注いで蓋をする。

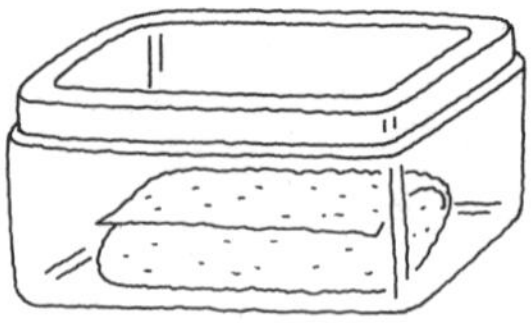

⑦タオルでくるんで、発泡スチロール（またはクーラーボックス）の底に敷く。

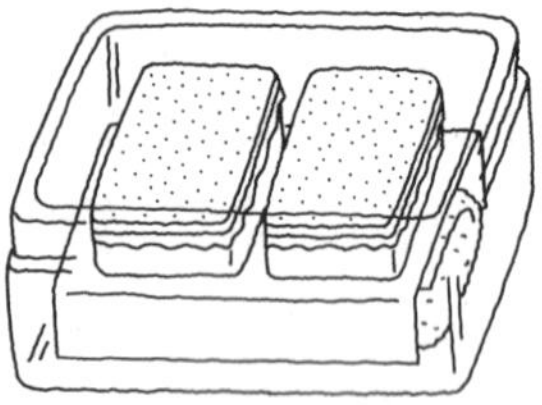

⑧板などを置いて平らな底をつくり、仕込んだ容器を並べる。何段か重ねるばあいは、割り箸などで井桁を組んでやるとよい。

⑨発泡スチロールの蓋に穴をあけて温度計をセット。35℃を目安に湯たんぽのお湯を取り替える。最初の数時間は温度が下がりやすいので、とくに注意。28〜33時間もすれば、糸を引く。冷蔵庫に入れ、半日以上熟成させてから食べよう。

食農教育二〇〇五年十一月号より

※(有)村田商店　〒380-0928　長野市若里一丁目4－8　TEL. 026－226－6771

世界の豆料理と加工

豆は、麦や稲と並び最も古い歴史を持つ作物で、各国で日常の料理はもちろん、保存食品や調味料として大変幅広く使われている。「台所と食卓から世界を読み解く」ねらいで出版されている『世界の食文化』（全20巻＋索引巻、農文協）には中国を始めとするアジア諸国の豆利用はもちろん、イタリアやスペイン、アメリカ、キューバなど、13か国の豆料理が収録されている。例えばイタリアの定番料理「ミネストラ」なども庶民の食生活の歴史とともに学ぶことができる。

豆類の発酵食品作りの技はアジアの独壇場である。下表に、アジア諸国で今も食べられている料理と加工品をまとめた。

（編集部）

表　アジアの大豆加工

国名	加工品名	作り方など
中国	醤（ジャン）	大豆を蒸煮し、炒った穀粉を加えたものに麹菌を繁殖させ、これを塩水とともに壺の中に仕込んで発酵させたもの。醤は固形分を除いていないので、わが国の味噌と醤油の中間的なものでもっぱら調味用。その後、醤は液と固形分を分けて液状部を醤油と呼ぶようになった。中国では昔から畜肉や魚類と食塩を原料にした塩辛様のものが作られ、醤油を穀醤と呼ぶのに対し肉醤、魚醤の名が用いられている。
	乾醤	醤に似た方法で作られ、わが国の味噌と同じくらいの水分で、食塩量は醤より低い調味料。中国では大豆は貴重品であったため代わりに蚕豆（ソラマメ）を発酵食品の原料として用いた豆瓣醤（トウバンジャン）や、小麦だけを原料とした甜麺醤（ティエンミェンジャン）もある。
	豉（シまたはチ）	発酵食品。大豆をよく蒸してうすく広げ、表面にかびが繁殖した時点で食塩を加えて混合し、容器中に密封、熟成させたもの。わが国の浜納豆、大徳寺納豆がこれに似る。
	豆乳・豆腐	大豆を一晩水に浸漬後水挽きして加水加熱したものを豆漿と呼び、わが国の呉汁に相当する。ろ過しておからを除いたものが豆乳。豆乳を原料にして豆腐が作られる。
	豆腐干（羹）	圧力を強くして十分脱水した豆腐を調味、煮込んだもの。
	豆頁（バイイエ）	非常にうすく仕上げた黄色の豆腐で、重ねて細く切り、麺状にして前菜、炒め物、汁物などに。
	湯葉	乾燥前の湯葉を何枚も重ねて作る素火腿（スーホータイ）は植物性ハムの一種。
	乳腐（腐乳）	豆腐表面に微生物を繁殖させてカビ豆腐にし、これをある程度乾燥した後塩水中に漬けて熟成させたもの。乳腐または腐乳と呼ばれる。微生物はケカビ（Mucor属）が主で、時にクモノスカビや紅麹菌が用いられる。
朝鮮半島	豆醤	大豆を軟らかく煮て、臼でよく搗きくずし、これを直六面体か球状に成型して数日間乾かし、室内に吊して表面に麹菌を繁殖させる。晩秋から春までの間にできあがった麹を塩水とともにかめに仕込み、40～50日熟成させる。液状部を汲みとったものが醤油で、残りが味噌。
	コチジャン	唐辛子味噌ともいわれ、米飯かもちを主材料にして上記豆麹の粉末と粉とうがらしと塩水を壺に仕込み、3～6週間熟成させてできあがる。
	清麹醤（チョングクチャン）	わが国の納豆に類似のもので、煮た大豆を稲わらで包み、暖かい部屋で発酵させ、納豆菌によって糸を引くようになってできあがる。
インドネシア	テンペ（Tempe）	大豆を煮てくずし、成型し、バナナの皮で包装して30℃前後で発酵させる。バナナの皮に付着している微生物がスタータとして働き、2～3日で表面が白い菌糸に覆われてできあがる。微生物はリゾープス菌。脱脂ラッカセイを原料としたものはオンチョムと呼ばれる。
	ケチャップ（Kechap）	醤油に似た調味料。煮熟した大豆を放冷し、小麦粉を混ぜた種麹を加え、3～4日保管後、天日乾燥、塩水に30日間浸漬し、次いでろ過、ろ液にヤシ糖、香辛料を加え、加熱、再ろ過して完成。
タイ	タオチコウ（Taochiw）	煮熟した大豆をスタータとよく混ぜ、27～28℃に50時間くらいおいてから食塩を加え、次いで2週間発酵させて完成。スタータは麹菌が主体で、熟成中には酵母も繁殖する。
	トア・ナオ（Thua-nao）	わが国の納豆にちかいもので、煮熟した大豆をバナナの皮で包み、竹簀の上に置いて室温で2日間発酵させ、ペースト状に磨砕し、これを薄いせんべい状に成型し天日乾燥して完成。

（『食品加工総覧』第9巻「ダイズ　加工の歴史・動向と農村加工」（渡辺篤二）より編集部作成）

テンペの作り方

小清水正美（元神奈川県農業技術センター）

インドネシアの市場・マーケットでは調理素材として発酵を終えたばかりのテンペが販売され、家庭で調理されている。また、町中の屋台やひき売りでは、薄く切ったテンペを油で揚げたものも販売されている。テンペは非加熱のまま食べることはなく、必ず加熱調理されて食べられている。これはテンペ製造工程時における微生物汚染・食品衛生的な対応といった面もあるが、加熱処理、とくに油で揚げることによって風味が格段によくなる。

また、油で揚げたテンペと野菜類と組み合わせて、いろいろな惣菜が作られる。テンペは調理素材として優れた特性を持っている。

ここで紹介するテンペ加工は極小規模や、試しにちょっと作ってみるための方法である。

材料

大豆　大豆は普通に手に入る丸大豆を使う。テンペは発酵させ、できたそのままを食べることもあるにはあるが、大半の利用は調理素材として用いることであり、テンペの有する個性を強く発揮するということは少ない。そのため、その調理法にふさわしい素材となる大豆であるかどうかを問われることはあるが、テンペ加工原料に向いた大豆というものはない。インドネシアでは日本にあるような大粒の大豆は少なく、中～小粒の大豆をテンペ原料としていることが多い。大豆の品種はあまり問題にならないので、地域でとれる大豆、手近にある大豆を用いればよい。粒形が小さいなら小さいなりに、大きいなら大きいなりの製品ができる。煮豆として食べたときに甘味が強い大豆はテンペにしても、甘味の強いテンペになるので、原料の個性が生きる。黒豆を使えば黒豆の特性をもった個性のあるテンペができる。

また、成分についても、たんぱく質や糖質の多寡による味の変化はあるかもしれないが、成分以上に味を左右するのは発酵の度合いであろう。

テンペは脱皮した大豆を煮て、テンペ菌を植え付けるが、大豆の脱皮は丸大豆からテンペ菌を植え付けるまでの間のどの工程で行なってもよい。大豆を水洗する前に皮を剥くことができるなら、あるいは脱皮大豆や挽割り大豆を原料とすることができるなら作業は非常に楽になる。

テンペ菌　テンペ作りにはテンペ菌（リゾプス属の糸状菌）が必要である。大豆五〇〇gに対し、種菌は一gで十分である（大豆に対し〇・二%）。種菌を均一に付けるには種菌の量が少ないので、種付けがやりやすいよう、米粉や片栗粉などを加えて増量する。煮た大豆に増量した種菌をまぶしたときによくかき混ぜ、テンペ菌が全体に均一に付くようにするとむらなくできる。

日本でのテンペ菌の入手先は（株）秋田今野商店（TEL〇一八七―七五―一二五〇）、（有）ホットプランニング（TEL〇五四四―二二―一四一五）。（有）ホットプランニングはインドネシアのテンペ菌を輸入・販売している。

食酢　浸漬して十分に吸水した大豆の皮を剥き、茹でるときの水を酸性にするために、原料大豆五〇〇gなら食酢一〇〇㎖を加える。インドネシアでは乳酸発酵させて、乳酸酸性にしているが、小規模加工所や家庭では乳酸発酵を上手に管理することが難しいので、酸液を加えるほうがよい。酸液は乳酸が簡単に手に入るのなら乳酸でもよいが、手近にある食酢（酢酸）を利用するほうが便利である。また、乳酸と酢酸では出来上がったテンペの香りが違う。乳酸ではダイアセチルという香り成分が多くなる。ダイアセチルはどちらかというと不快臭と感じられる成分なので、ダイアセチルの生成が少ない食酢を使うほうがよい。

発酵容器　テンペ菌を接種した大豆は容器に詰めて発酵させる（編集部注：バナナの葉やポリエチレンシートなどで包むことにより、黒色の胞子嚢の形成が抑制され、白色のテンペが作られる）。薄いポリエチレン袋に小さな穴を開けて使うのが最も手軽で、経済的である。ポリエチレン袋の穴は、袋の中に炭酸ガスがたまらないような空気穴があればよい。つまようじや千枚通し、大工道具のキリを使って二×二㎠に一個程度の穴を開ける。ポリエチレン袋のフィルムの厚みは〇・〇二〜〇・〇三㎜あれば強度的には十分である。

二五〇〜三〇〇gの煮大豆なら、一一八㎜×一七〇㎜の大きさのポリエチレン袋がよい。一〇〇㎜×一三五㎜の袋なら一五〇g程度入る。出来上がったらすぐに利用するなら大きさは特段の問題にはならないが、凍結保存して、適宜使うようなときにはやや小さめの使いきりの大きさにするほうが利用しやすい。

製造工程（図1）

大豆の水洗　水洗用の容器に大豆と水を少し入れ、大豆の表面を強くすり合わせるように、攪拌する。少しの水を入れて大豆をすり合わせると、大豆の表面に付いている汚れが剥がれ落ちてくる。テンペでは豆の皮を剥いてしまうので、水洗時に皮が剥けても構わないが、一部の大豆の皮が剥けるとその大豆だけは吸水が速くなり、内容成分が流出する。大豆の表面がきれいになったら、容器の水がきれいになるまで水の交換を繰り返す。

脱皮大豆や挽割り大豆は皮を除いてあるが、混在するほこりや皮の一部を除くために水洗を行なう。脱皮大豆や挽割り大豆の水洗は手早く行なわねばならない。脱皮大豆や挽割り大豆は水を吸いやすく、水を吸った部分は軟らかくなる。時間をかけて水洗すると大豆が削れたり、内容成分が流れ出てしまう。

浸漬　水洗いした大豆を四〜五倍量の水に浸ける。大豆の水浸け時間は粒形と水温で決まる。小粒の大豆は大粒の大豆より、吸水が速くなる。また水温が高いほど吸水が速くなる。五℃くらいの水温なら二四時間は浸けたほうがよい。二〇℃くらいなら一二〜一八時間、三〇℃なら五〜六時間くらいになる。大豆が適正に吸水したかどうかは、水温を確認しながら、浸漬した大豆の中心部を観察する。大豆が水を吸ってくると中心部のくぼみが徐々に平らになってくるが、わずかにくぼんでいる状態からほとんど平らになっているならば適正である。水温が低いときは浸漬水中の微生物の繁殖も遅いので、問題はないが、二〇℃以上になると浸漬水中の微生物の増殖が問題になる。インドネシアではこの水浸け中に増殖する乳酸菌によって、pHが低下することを利用している。そしてこの乳酸がテンペ作りの要点にもなっている。浸漬液中の微生物の増殖を防ぐため、水温が高いときには水一ℓに対し五〇㎖くらいの食酢を加える。五〇〇gの大豆は吸水すると一一〇〇gくらいになる。

脱皮大豆や挽割り大豆を原料としたときは丸大豆に比べて非常に速くなるので浸けすぎ

図1　テンペの製造工程

《原料と仕上がり量》
原料：大豆500g，食酢100mℓ，テンペ菌1g，澱粉（片栗粉，上新粉，はったい粉など）5～10g
仕上がり量：テンペ900～1,000g

大豆	500g
洗　浄	手早く洗う
浸　漬	4～5倍量の水に浸ける 水温が高いときは酢酸を加える
剥皮・除皮	大豆が完全に吸水したら，手で大豆をこすり，皮を剥く 大豆から外れた皮を除きながら，大豆の皮を剥き続け，完全に皮を除く
剥皮大豆	剥皮大豆950g～1kgに，水2ℓ，食酢100mℓを加える
加熱・沸騰	沸騰するまで強火で加熱
加熱・弱火	軽く沸騰する状態で30分～1時間加熱 鍋の水が少なくなるようだったら水を足す 大豆の生の香りがなくなり，生の硬さから少し軟らかくなったら加熱終了
水切り	加熱を終えた大豆をざるにあける
冷却・水分除去	手早くざるの中の大豆の上下を返し，大豆の表面の水分を飛ばす
テンペ菌接種	テンペ菌に澱粉（片栗粉，上新粉，はったい粉など）を加えて，よく混ぜる 40℃くらいに冷えた大豆にテンペ菌を振りかけ，全体をよく混ぜる
容器充填	容器に小さな穴を開ける。包装容器の口を閉じる 容器に詰めた大豆を均一な厚さにする
発　酵	容器を30～32℃の清潔なところにおく 16時間くらいで白い菌糸が見えるようになる 20～24時間で大豆の表面を白い菌糸が覆いつくす ケーキ状に固まり，しっかりしたテンペが出来上がる
保存・流通	1～2日保存は冷蔵，それ以上の期間なら冷凍保存

に注意する。

大豆の皮剥き　十分に吸水した大豆をすり合わせて、皮を剥く。手でもみこすって皮を剥くのをていねいに行なうと、一kgくらいの量の吸水大豆でも一時間くらいかかる。皮が残っていると、茹でた大豆の水の切れが悪く、テンペの発酵がうまくすすまないことがある。大豆をこすり合わせると皮が剥けてくるが、剥けた皮だけを取り除くのは大変だが、大豆を入れた容器に水をたっぷり注ぎ入れると剥けた皮が浮き上がるので、手早く皮を除くことができる。脱皮大豆、挽割り大豆では皮剥き作業は不要。

酢酸を加えて煮る　皮を剥いた大豆は、吸水大豆の二倍量の水に酢酸を加えて加熱する。五〇〇gの大豆は吸水、剥皮後には九五〇～一〇〇〇gとなる。原料大豆五〇〇gならば、二ℓの水に一〇〇mℓの食酢を加えて煮る。大豆は生煮えもよくないが、軟らかすぎてもよくない。生の大豆の香りがなくなり、指でギュッと押してもやや潰れにくいくらいで、加熱は十分である。豆の品種によって異なるが、三〇～六〇分くらい煮ればよい。

加熱している間に水が少なくなってきたら、湯を足して、蒸発した水分を補う。

煮大豆の水切り　加熱を終えた煮大豆はざるにとり、冷やしながら大豆の表面を乾かす。ざるにとった大豆は壊さないように、ざるを振ってざるの中の大豆の上下を返す。ざるの下部、内部にある大豆を上面に出し、大豆の表面を濡らしている水分を飛ばしながら、四〇℃くらいまで冷やす。水分が残ると発酵が遅れることがある。

種付け　四〇℃くらいに冷えた煮大豆にテ

ンペ菌を振りかけ、よく混ぜる。テンペの種菌は煮大豆一kgに対し一gでよいが、煮大豆全体に均一に混ざりにくいので、片栗粉や上新粉、はったい粉で増量し、煮大豆に振りかけ、よく混ぜる。片栗粉や上新粉、はったい粉は主成分が澱粉でテンペ菌の増殖を促進することはあっても、増殖を妨害することはない。

テンペ菌の接種を手軽に、すばやく、均一に行なうには、やや大きいポリエチレン袋を利用するとよい。茹でて水切りした大豆と種菌をポリエチレン袋に入れ、空気を入れて口を閉じ、膨らんだポリエチレン袋を揺すって、袋の中で大豆を攪拌すると、テンペ菌が大豆全体に接種できる。

容器に詰め穴を開ける　種菌を混ぜた大豆を発酵用の容器に入れる。使いやすい量、保存しやすい量を適当な大きさのポリエチレン袋に入れて作る。ジッパー付きのポリエチレン袋は簡単に口を閉じることができる。ジッパーがないものはシーラーを使って口を閉じる。シーラーがないときはやや大きめのポリエチレン袋に種菌を混ぜた大豆を入れ、袋の底のほうに寄せて、口のほうを折り込む。ポリエチレン袋にはようじや千枚通しで細かい穴を開ける必要があるが、ポリエチレン袋を折りたたんで、ようじや千枚通しをさすと手間が省ける。たびたびテンペを作るようなら、生け花で使う剣山のような針の付いた道具を用意するとよい。

テンペは二cmくらいの厚みがあると調理時にもブロックが壊れることなく切ることができ、使い勝手がよくなる。

テンペは冷凍すると長く保存できるので、一〇〇～一五〇gくらいの量が入るポリエチレン袋を使用して、テンペを作り、凍結保存し、必要なときに使うのがよい。

発酵　発酵用の容器に入れたら、三〇～三二℃に保つ。専用の恒温器があるならこれを利用するのが一番よい。断熱性の高いクーラーボックスや発泡スチロールの箱を利用すると特別な工夫をしなくても恒温器の代替となる。種菌を付けた大豆の温度が三〇～三五℃くらいに保てればよい。

種菌を付けた大豆の温度が下がりすぎてしまったら、温度を上げなければならない。電気アンカやこたつを利用したり、風呂の湯を利用したりして温度を上げる。量が少ないなら、使い捨てカイロも利用できる。テンペ菌が増殖を始め、菌糸が見えてきたら温度が上がってくる。このときには温度の上がりすぎに注意し、四〇℃以上にはならないようにする。

発酵を開始してから、一六時間くらいで白い菌糸が見えるようになる。二〇～二四時間で大豆の表面を白い菌糸が覆いつくす。大豆の表面を白い菌糸が覆い、しっかりしたケーキ状に固まり、テンペが出来上がる。

保存　出来上がったテンペはすぐに利用する。そのまま、温度の高い状態でおくと発酵がすすみ、テンペ菌が胞子を作るため黒ずんでくる。冷蔵庫に入れ、低温に保持すると一～二日は良好な品質を保つことができる。さらに長くおくときは冷凍する。冷凍するときはポリエチレン袋から出さず、そのまま、あるいはもう一枚薄いポリエチレン袋をかぶせて冷凍する。利用しやすいように細かく切ってからポリエチレン袋に入れて、冷凍することもよい。

冷凍保存したものを利用するとき自然解凍すると再発酵して味が悪くなったり、胞子ができて黒ずんでくることがある。これを防ぐには凍結前に加熱処理をしておいたほうがよい。加熱条件はテンペの中心温度が八〇℃、三〇分とするのが標準となる。一〇〇～一一〇℃で加圧加熱でもよいが、このときには大豆が軟らかくなるので、テンペらしい食感がなくなることもある。

冷凍したテンペを電子レンジで解凍して、速やかに使うなら、冷凍前の加熱処理は絶対に必要とはならない。

食品加工総覧第五巻　テンペ　二〇〇七年

湯葉の作り方

松永　隆（栃木県食品工業指導所）

湯葉ができるしくみ

湯葉が生成されるのは次のように説明されている（岡本一九七六、渡辺一九九五）。

豆乳製造時の加熱により変性を受けたたんぱく質が湯葉槽で加熱されることによって界面活性と凝固性を付与される。分子表面には、親水性領域に加えてたんぱく質分子の内部から疎水性領域が現われる。たんぱく質分子はさらに対流により豆乳表面にまで押し上げられ、加熱により界面活性を増す。豆乳表面では疎水性の基を空気のほうに向け、親水性の基を液中に向けるよう、ある程度の再配列が起きる。そして、再び液中に戻りにくい形となり、水の蒸発と相まって、しだいに液表面の密度を高めていき、膜が厚くなっていく。

この現象は液温が六〇℃以上で、変性たんぱく質分子どうしが種々の結合力で反応し合うことが必須条件であり、また、液面からの水分蒸発も必要である。液温が六〇℃以下でも、豆乳表面の水蒸気濃度が飽和状態でも湯葉はできない。

できるだけ高温度で迅速に成膜させたほうがたんぱく質、脂肪とも変化が小さい。また、初膜（一番最初にはる湯葉）は品質が悪い。これは、たんぱく質、脂肪の化学的変化が相対的に最も著しいことによる。

製造法

水洗、浸漬　まず原料大豆を水洗いした後、過剰の水に浸漬し膨潤させる。浸漬時間は豆の中心部まで一様に吸水し、膨潤する程度がよい。吸水しておよそ二・四倍になる。時間が短く吸水が十分でないと収率は低下し、また逆に長すぎると湯葉のコシが弱くなる。原料大豆の乾燥度合いによって吸水の所要時間は多少異なってくる。季節による浸漬時間は、夏が六〜七時間、春秋が九〜一〇時間、冬が一一〜一三時間が目安。

磨砕　吸水して軟らかくなった大豆をグラインダーあるいはミキサーで磨砕する。この工程中でさらに原料大豆の約四・六倍の水を加え、大豆と水の比が、約一対一〇になるようにする。この磨砕物を「呉《ご》」とよぶ。

呉の加熱　この生呉にシリコン樹脂などの消泡剤を少量添加して一〇〇℃に加熱する。加熱の方法としては蒸気加熱が多い。水蒸気を呉に直接吹き込み、同時に攪拌する。大豆二袋一二〇kgの呉でも三〇秒程度で一〇〇℃に上げることができる。食品衛生法における豆腐の製造基準では、豆乳は沸騰状態で二分間加熱するかそれ以上の殺菌を行なうことと定められている。

おからと豆乳への分離　油圧プレスによる圧搾、減圧吸引ろ過、遠心分離などが用いられている。機械で搾っている段階では比較的目の粗い粗搾り布を用いているので、これをさらに目の細かい微塵取りろ布で一〜二回濾す。必要があれば再度手作業でこすことがある。こうして分離された液が「豆乳」である。このときの豆乳固形分濃度は五〜六度となっている。ここまでは豆乳製造と全く同じである。

製膜　この豆乳を深さ一〇cm程度になるように湯葉槽（図1）に移す。湯葉槽の湯せんにはボイラーからの蒸気が通るように配管されていて、温度は九九℃に設定されることが多い。豆乳温度は八〇〜八五℃に保持される。ここで豆乳表面に泡が浮いていることがある。泡の部分はそのまま取り込んで製品にすると、そこの部分はたんぱく質がないため乾燥すると穴になる。膜引上げ時にはそこから裂けやすく、乾燥後は細工時、保存および流通時に破損の要因ともなる。泡は膜が張る前に、湯葉引上げ用の串などで豆乳表面を静かに掃くようにして、消すか端によせる。

製膜の際の豆乳温度は高いほど強靱な湯葉ができ、たんぱく質、油脂の化学変性が小さい。食感としては八〇℃くらいで製膜させたものが適当といわれている。

採膜　湯葉の引上げのタイミングは経験的に外観で判断しているが、普通一五分前後で一枚できる。湯葉槽などに付着している湯葉の端の部分を薄いヘラで槽および仕切りから切りはずし、切りはずした部分から引上げ用の串（図２）を湯葉の下にくぐらせ、膜の中央部からすくいだし、湯葉槽の上方にしつらえてある竿に吊して風乾する。この方法だと湯葉は膜が二重に貼り合わさった状態になる（日光湯波）。

また、湯葉膜の一辺に竹串を掛けて、液面を滑らすように手前に引き出す方法もあり、この場合膜は一重である（京都）。湯葉膜の一辺を畳み込むように手で寄せ集め、そのまま広げずに引き上げるたぐり湯葉と称する製品もある。いずれにしろこの操作はほとんど手作業である。

このようにして、一回の豆乳で約三〇枚作ることができる。所要時間は七～八時間である。原料や製法が不適だと、湯葉のコシが弱く、この操作で裂けたりちぎれたりすることがある。

成形と乾燥　湯葉は引き上げてから四〇～五〇分経過すると透明な半乾燥状態になる。この状態が最も細工しやすい。串あるいは竿からはずし、成形する。成形したものは、生、半生あるいは調理品以外はさらに自然乾燥させて乾燥湯葉とする。加熱による急速乾燥は製品が破損しやすくなり、あまり好ましくない。乾燥途中でカビなどが発生しないように湿気には気をつける。

油揚げ　揚巻湯葉は二度揚げするのが一般的である。出来上がりの直径の大きさで巻く湯葉の枚数が異なるが、数枚重ねてしっかりと巻き上げる。日光湯波の場合は巻きはじめに豆乳を塗って止める。それをパン用のスライサーなどで輪切りにする。厚さは二cm前後が多い。まず八〇℃の油槽で一回揚げる。沈んでいた湯葉が表面に浮いてくるのを目安とする。このとき油槽の温度調整が不備で高くなっていると、湯葉と湯葉の間にある空気が急激に膨張して、巻いた湯葉がばらけることがあるので温度には注意する。次いで、一八〇～二〇〇℃の油槽で三～五秒揚げて湯葉表面をしっかりさせる。冷めたら冷凍庫で保存する。

食品加工総覧第五巻　湯葉　一九九九年

図1　湯葉槽（間接加熱）

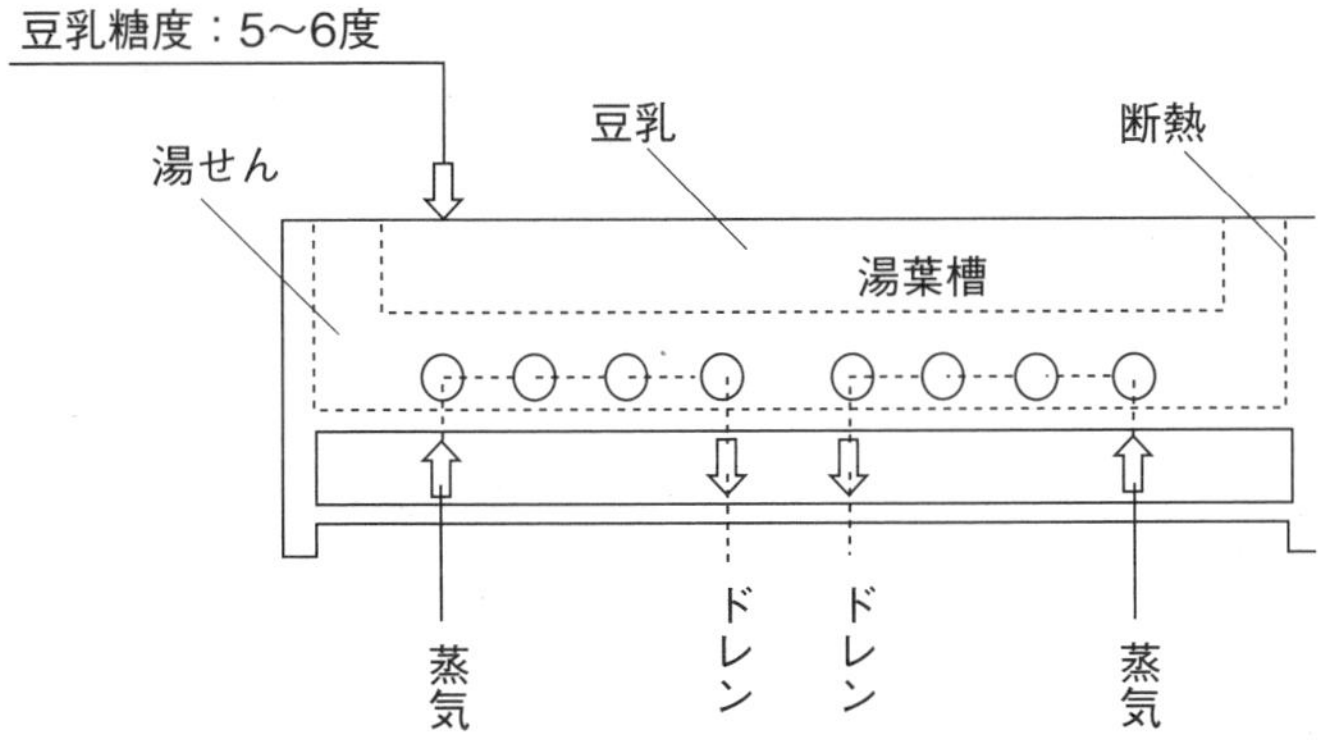

図2　湯葉をすくう串の一例（ステンレス）

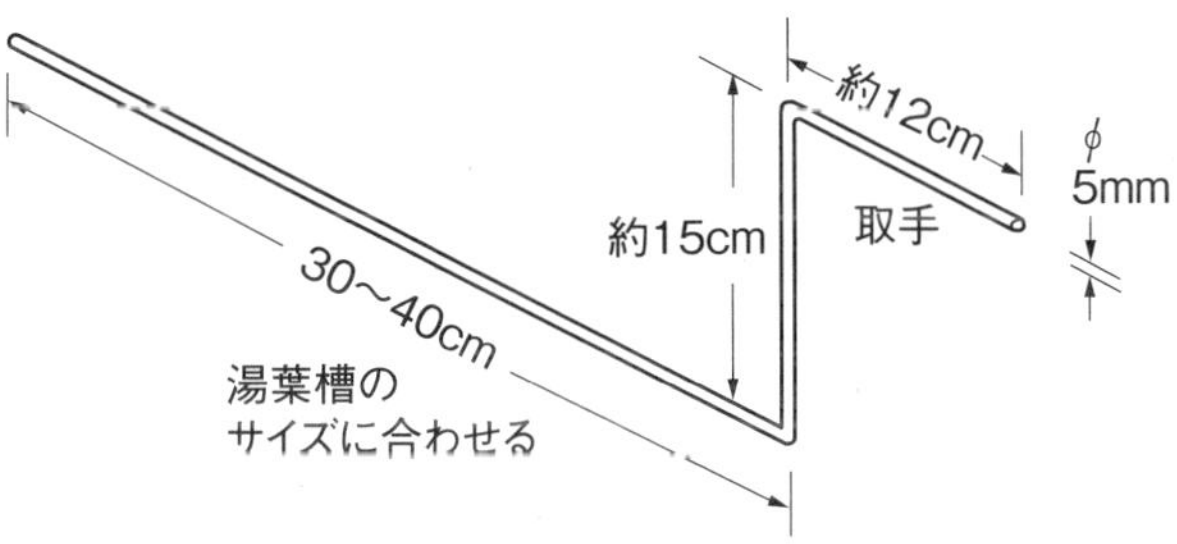

もろみ漬け

熊本県宇城市
藤崎 誠子

❷ 豆腐に塩をすりこむ

手に塩をひとつまみずつつけて豆腐にすりこむ。
豆腐の形がくずれにくくなり、長もちする。

☆もろみは長崎から取り寄せた特製のものを使っています。
が、
☆スーパーで買えるものでも大丈夫。

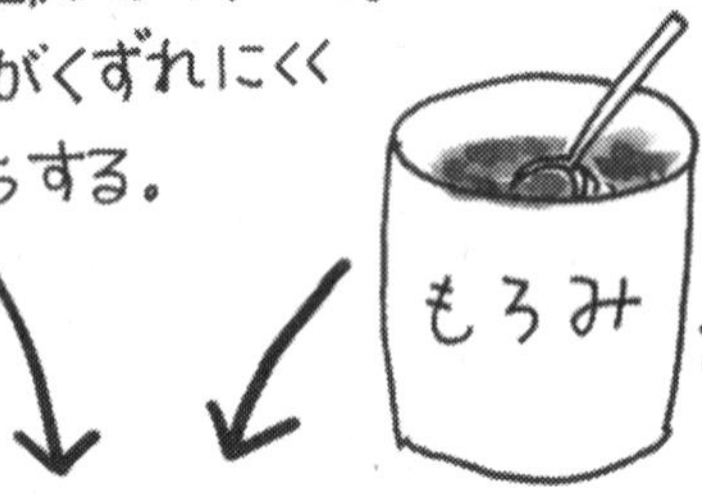
もろみ

☆もろみの代わりに味噌を使って漬けてもおいしい。

❸ もろみと豆腐を交互に漬け込む。

9～13℃が適温

10～14日間もすればできあがり。

18ℓの密閉容器

豆腐から水がたくさん出るのでもろみは1回しか使えません。

同じように作っても
毎回違う味になるので
おもしろいですよ。
熱いご飯にもよし、
酒のつまみにも最高です。

え・近藤泉

豆腐の

豆腐のもろみ漬けは、熊本県の山間部で昔から作られている冬の手作り保存食です。その味はなんともまろやかでまさに和風チーズ。「エッ これが豆腐なの!?」というくらい変身して、ちがう味わいのおいしさです。私は1～5月に直売所で販売もしていますが、冷蔵庫があれば1年中作ることができます。

〈材　料〉	
豆腐	20丁
もろみ	10kg
塩	100g

❶ 豆腐を4等分に切る。

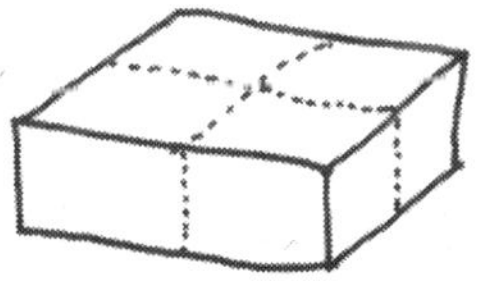

近所のおじいさんの作る昔ながらの木綿豆腐。大豆の香りが口にひろがります。

もろみ漬け用に、箸を立ててもくずれないくらい固くしぼってもらったものを使っています。

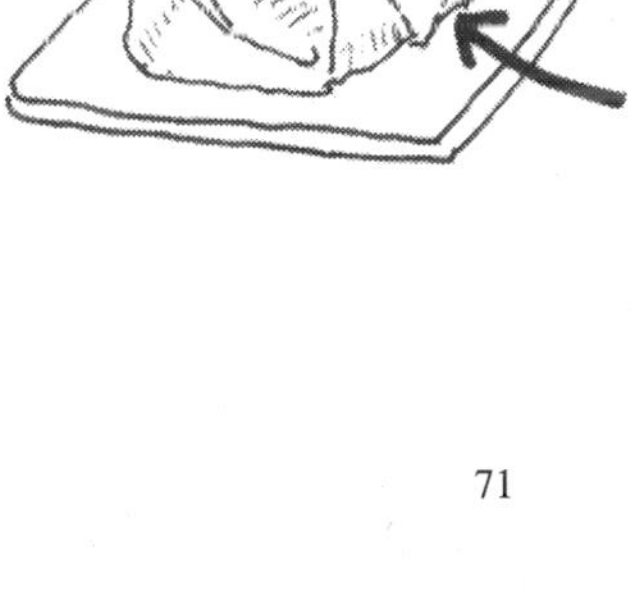

ふつうの木綿豆腐を半日くらい水切りしたものや、厚揚げ豆腐でも大丈夫です。

白山の堅豆腐

川嶋正男（羽二重豆腐株式会社）

白山の堅豆腐の由来

加賀藩の『豆腐小文』によると、加賀藩で豆腐がつくられたのは、古く慶長十（一六〇五）年九月と記されている。『豆腐百珍引准南漬賞』（玉川館蔵）に引用されている、加賀藩御定書によれば、三代目藩主前田利常の頃（一五九三～一六五八）、犀川右岸に豆腐屋与三助という人がおり、豆腐の販売を支配していたといわれている。また、朝鮮の役の頃（一五九二～九七）に渡来した永天斉という者が金沢にきて、七右衛門と称し、寛永三（一六二六）年、豆腐の製造を始めた。その豆腐は朝鮮の製法に似ていたと伝えられている（高井、一九七九）。『豆腐百珍』と加賀藩の豆腐の伝来した歴史的背景から、白山の堅豆腐はそのつくり方を継承しているものと思われる。

白山の堅豆腐産地の中心地は石川県の南西方向の山間地域、福井県境に通ずる石川郡白峰村と、旧桑島村である。旧桑島村は一九七〇年に手取川水源開発事業のために水没し、白峰村に統合された。金沢市郊外から鶴来町、河内村、吉野谷村、鳥越村、尾口村を経て白峰村に達すること六〇㎞。手取川上流の白山郷の峡谷地で堅豆腐がつくられている。白山山麓の典型的な山村農家は、四季折々の山菜、熊肉、野鳥、川魚、穀類、そばなどの料理に珍しい堅豆腐を継承して使っている。

この地域の人びとは条件のよくない山間豪雪地帯で永い歴史を過ごしてきた。田畑の耕作、なぎ畑（焼畑）農業、養蚕と製糸、紬織（牛首紬）、林業などを営んでいた不屈の生活力は「かいこ踊り」の牧歌調のうちにも表現されている。自給自足の食生活は、原始農民の修得した知識と努力から生まれたなぎ畑農業に依存していた。

堅豆腐をつくる原料大豆は、なぎ畑耕作の三年目から栽培して収穫するが、不足分は越前勝山、大野から移入して堅豆腐をつくり、植物性大豆たんぱく質の摂取をはかっていた。

堅豆腐は石豆腐、縄縛り豆腐、または生しぼり豆腐ともいわれる。縄縛り豆腐の名称は、その名のとおり縄でしばって、出作りに持ち歩けるほどの堅さがあることに由来する。また子供が豆腐の角に頭を打ち怪我をしたなどという話にもあるように、石豆腐とも称されている。

堅豆腐は数日間の保存ができ、豆腐本来の濃厚な風味と食感があり、美味しく特有の弾力性と舌ざわりで食通に人気の逸品になっている。日常食や行事食（報恩講、法事）のごちそうとして、また現在でも伝承食として評価されている。白峰と桑島の堅豆腐が独自の製法でつくられていて、そのなかに先人たちの知恵が守られて継承・保存されていることは歴史的にも意義のあることである。

白峰、桑島の白山堅豆腐製法の比較

堅豆腐は、一九四五年頃、桑島村において、図1に示したような古典的な製法によりつくられていた。当時は大豆二升でつくると七～八寸四方、高さ五寸ほどあるものができた。これを一箱と呼び、半分に切ったものを半箱、四つに切ったものをヒトスミまたはヒトマス

図1　堅豆腐の古典的製造法

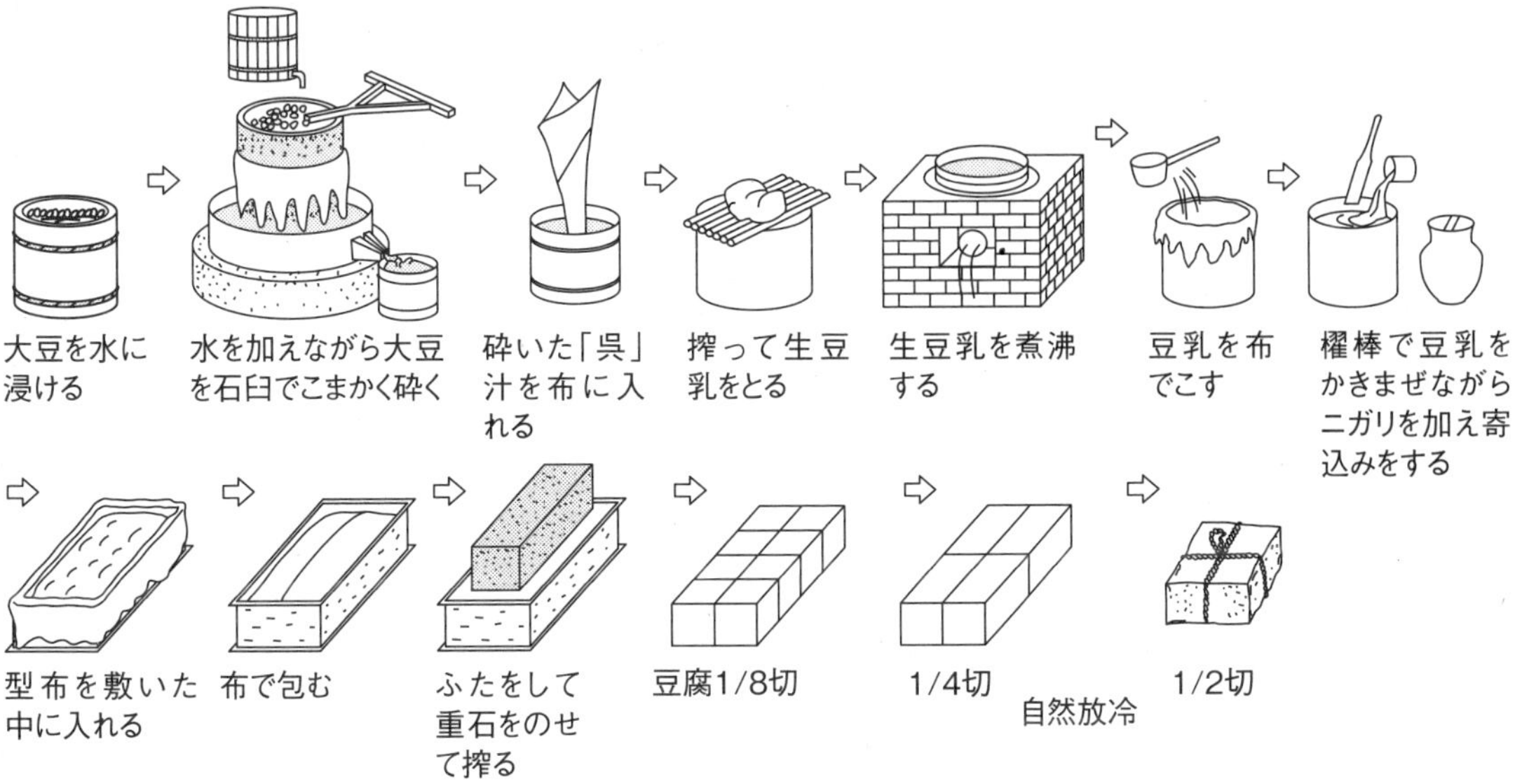

図2　白峰、桑島堅豆腐の製法

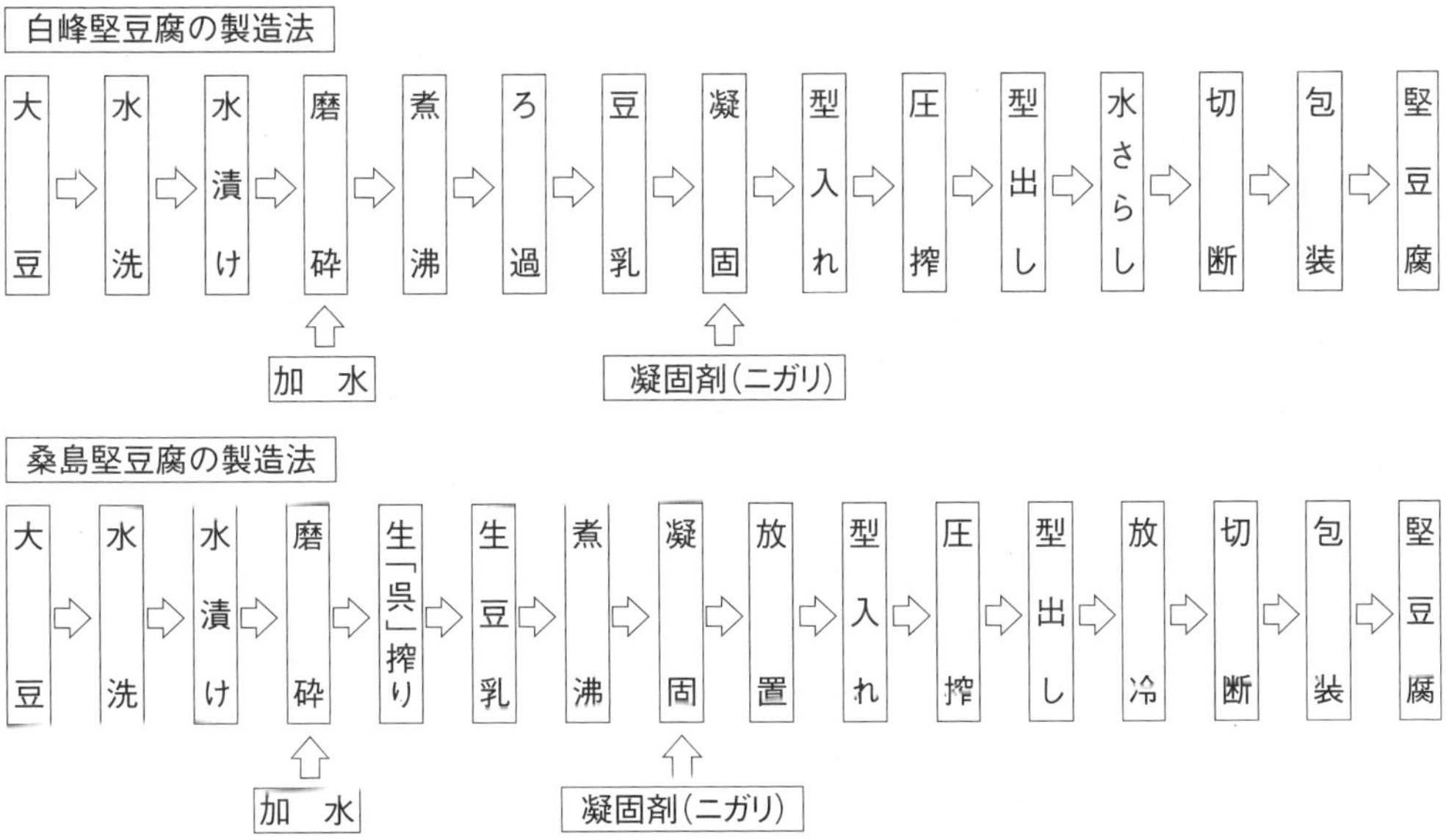

と称していた。

堅豆腐のつくり方は秘伝とされていた。筆者は一九七七年に堅豆腐の調査・研究から、同じ白峰村内でも白峰と桑島では堅豆腐の製造法が異なるものであることに注目した（川嶋、一九七六）。基本的には白峰の堅豆腐は、大豆の磨砕後に「呉《ご》」を加熱しておからを分離し豆乳にするが、桑島の堅豆腐は大豆の磨砕後に呉を搾り、生搾りの豆乳を加熱する。また、白峰の堅豆腐は水漬けし水さらしをするのに対し、桑島の堅豆腐は自然放冷する。白峰、桑島の堅豆腐はこのように製法が違っているが、同じく堅豆腐と称している（図２）。

堅豆腐の製造法

原料　原料大豆は国産大豆（エンレイ種が加工適性が良い）または米国大豆（NONGMO）を用いている。国産大豆、米国大豆の混合は以前には五対

図3　堅豆腐の型箱形状

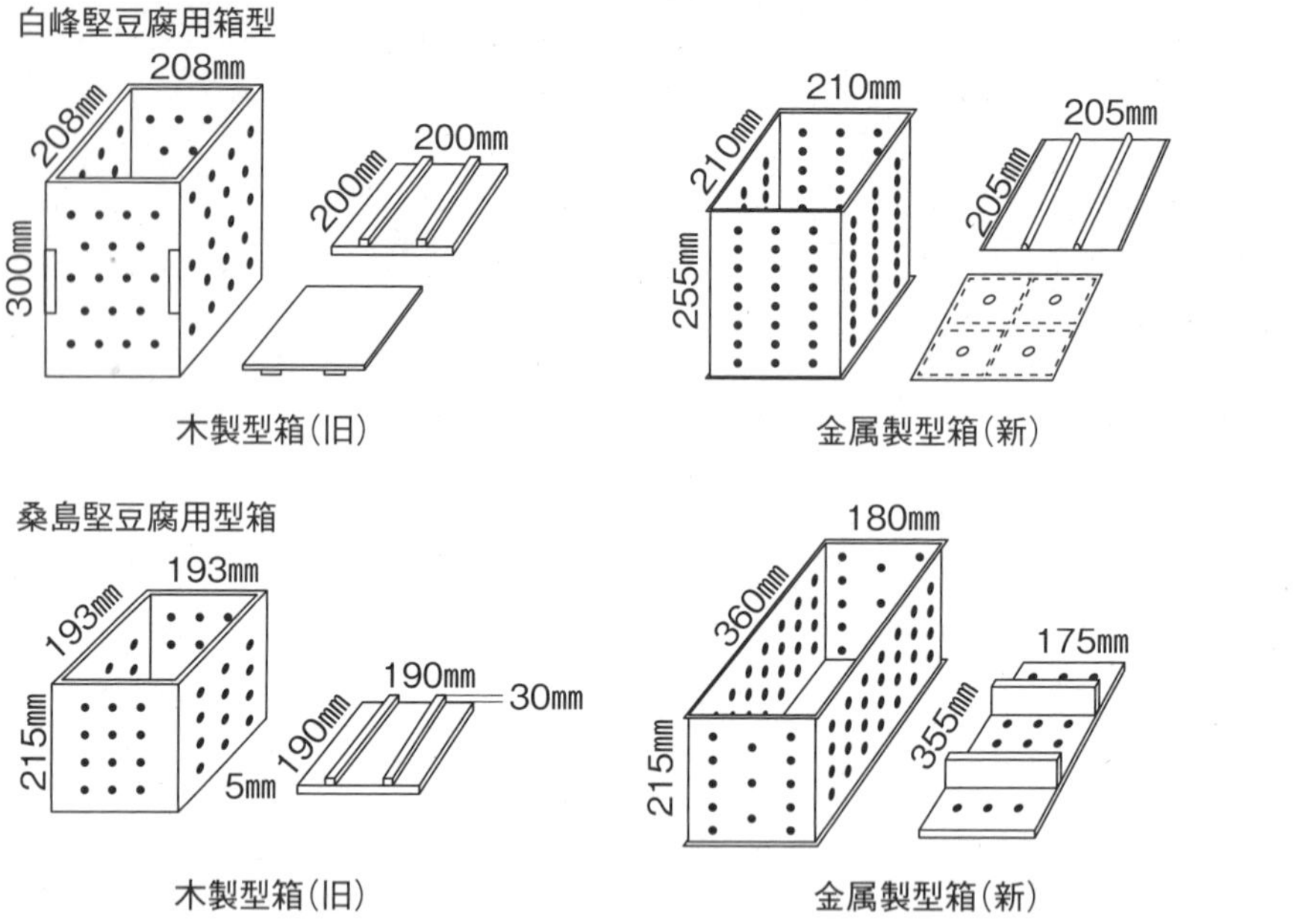

五、七対三の比であったが、現況ではブレンドしないで使っている。

水洗、浸漬　大豆二升、重量にして二・五四kgを水洗して、夏期六〜九時間、冬期は一昼夜水漬けした大豆の水を切る。浸漬大豆五・四〜五・七kg、水漬けによる大豆の吸水量は三・二〜三・四ℓとなる。

磨砕　古くは石臼で磨砕したが、現在はグラインダー磨砕機に投入して、磨砕時に適量の加水をしながら、細かに磨砕する。大豆に対する加水量は元の大豆の吸水量をみて、一七・八〜二〇ℓを加える。原料大豆に対する加水量は八〜九倍量、磨砕呉液量は二〇・三〜二二・八ℓとなる。

豆乳　白峰の工程、方法は以下のようである。磨砕呉液を煮釜に入れて約三〇分煮沸する。燃料は古くは割木であったが、現在は軽油、重油の小型バーナーで加熱している。最近は小規模の豆腐製造機械を導入して、蒸気加熱による煮沸後は、連続豆乳分離機、または木綿袋に入れて、豆乳圧搾器にかけて豆乳を搾る。

一方、桑島では大豆の磨砕呉液を直接木綿袋に入れて、生搾りの豆乳を搾る。あらかじめ桶の上に直径三〇×長さ九〇〇㎜のナラの木棒六本を簀子《すのこ》状にしたものの上に、生呉を入れた木綿袋をのせ、手で押さえながら豆乳を搾り出し、生豆乳とする。搾り出しの方法は手搾りから豆乳圧搾器に変わった。

生搾り豆乳は一一・七ℓで、この生臭い生豆乳を、煮釜に移して弱火で三〇分間攪拌しながら煮沸する方法がとられていたが、現在は生豆乳を蒸気加熱により煮沸している。豆乳固形分濃度は七〜八％で、桑島地域は豆乳濃度が若干濃い傾向にある。

凝固　豆乳を凝固桶（寄込み桶）に移して、温度六五〜七〇℃の豆乳に木のシャモジを回しながら凝固剤を加える。凝固剤は通称、ニガリと呼ばれている。白峰では「にがり」と称して、硫酸カルシウムを用いていたが、近年は大島産の塩化マグネシウムも併用している。桑島では「にがり」と称して塩化マグネシウム、塩化カルシウムが主体の凝固剤（ニガリ）を用いている。

古くは能登地方の揚浜塩田の副産物であったニガリまたは岩塩の潮解した自家製のニガリを凝固剤として活用していた。

このニガリには硫酸カルシウム、硫酸マグネシウム、塩化マグネシウム、塩化カリウム、食塩等が含まれている。

現在は食品衛生法の規格品に該当した凝固剤を使用している。豆乳量に対して凝固剤を〇・二五〜〇・三％の範囲で加え、豆乳を木のシャモジで攪拌しながら、全体が固液分離しないようゲル化状態にして、二〇分程度蓋をしたまま放置する。

成型　次いで凝固した弾力性のある凝固物を型箱に投入する。型箱にあらかじめ敷布を敷き、その中に凝固物を入れ布に包まれた状態で蓋をし、約五・〇～六・〇kgの重量の重石またはテコ式加重器で圧搾する。堅豆腐の型箱は図3に示したように、木製から金属アルミ型箱に改良されている。型箱の圧濾《あつろ》によって豆腐は圧密され、型出し後の重量は白峰の堅豆腐で五・九～六・〇kg、桑島では四・〇kgとなる。

白峰では大豆一kgから二・三六倍の堅豆腐がつくられ、大豆から豆腐になった大豆成分は四六・五%で、大豆たんぱく質の六六・五%が利用される。桑島では大豆一kgから堅豆腐一・六倍がつくられ、堅豆腐には大豆から豆腐になった成分は四三・五%で、大豆たんぱく質の六五・三%が利用される。白峰の堅豆腐に比べて桑島のものは収率がやや低くなっている。

冷却　白峰の堅豆腐は型箱から豆腐を型出しして、冷水に漬けて水さらしをするが、桑島の堅豆腐は型箱から型出しして、自然放冷する。この間に堅豆腐の表面が乾燥して、淡黄色の湯葉状の膜を形成した状態になる。堅豆腐の水分は七二・四%ときわめて少なく、遊離水が流出しないことから持ち運びが簡便であり、通常の豆腐と比較して保存性の効果も高い。そのため夏期でも二～三日、冬期七日間程度は品質を保持できる特徴がある。

白峰、桑島の堅豆腐の比較

桑島の堅豆腐は、水分が少なく、たんぱく質、脂質とも白峰の堅豆腐に比べて多くなっている。白峰の堅豆腐の成分、性状は、凍り豆腐の生豆腐、焼豆腐の成分に似ているが、食感と弾力性は異なり、現代の嗜好型に合った堅豆腐である。桑島の堅豆腐は、古い伝統を継承した堅豆腐本来の性状をそのままもち、栄養成分が多く、特有の堅さ・弾力性があり、わが国の堅豆腐の数多い品目のなかでも、優れた特徴をもった豆腐といえる。

現在、豆腐製造業として堅豆腐の製造を営んでいるのは、白峰村の山下ミツ、桑島の加藤鉄治、上野繁義、鶴来町の加藤豆腐店である。堅豆腐は白峰と桑島では、形態、寸法が違っている。

堅豆腐の料理と食生活

堅豆腐の製法は、白峰、桑島地域で違っているが、当地では日常食として摂取する家庭が多い。堅豆腐の一切れが小さいと、その年が悪いといって、わざわざ大切りにするほど堅豆腐とのつながりは深い。

堅豆腐の料理には、汁物、味噌汁、すまし汁、めった汁、鍋物などがあり、堅豆腐は煮崩れしないことで、寄せ鍋、すき焼き、ちゃんこ鍋、おでんの材料として重宝されている。揚げ物は精進物として広く利用されており、てんぷら、フライ、空揚げと好みに応じて料理することができる。そのほかに堅豆腐のさしみ、バター焼き、サラダ焼き、煮つけ、茶わんむし、炒り豆腐、中華風の料理もでき、弁当のおかずに、酒の肴にと、堅豆腐の料理は古い伝統の食生活の上に築かれた逸品とされている。

堅豆腐のほかに当地では、年の暮から正月にかけ昔から濃い豆乳を凝固させて、プリン状（ゲル状態）にしたものを容器（おわん）にくみとった「くずし」料理を食べる習慣がある。当地の古い伝統の風俗・習慣に根ざし、人びとの知恵を継承した白山の堅豆腐は、食文化の大きな蓄積であり、今後とも存続することを願うものである。

引用文献
高井源雄　一九七九　リポートタカヰ創刊号／川嶋正男　一九七六　白峰地方の食生活と堅豆腐　調理科学
食品加工総覧第五巻　豆腐　一九九九年

生搾りで作る堅豆腐

石川県白峰村　上野　太（上野とうふ店）

豆腐はもともと中国から伝来し、それは奈良・平安時代頃というのが定説になっています。当時の製法が「生搾り」でした。

現在では、呉を煮立ててから豆乳をとりますが、生搾りは、煮立てる前に豆乳とおからを分離させ、豆乳のみを煮ます。豆乳のみを煮るので、甘みが生きた豆腐になります。

当店の堅豆腐は、中国伝来の製法そのままで作る豆腐といえます。その他の地域にも同じような製法の豆腐は残っており、代表的なのは沖縄です。

ここ白山の麓の石川県白峰村に、どうして生搾りの製法が残ったのか、正確なことはわかりません。土地が狭いために出作り農耕の盛んだったこの村では、年に数度、特別の日（正月や報恩講など）に、自家製の豆腐を作る習慣がありました。その作り方が、豆腐屋としてのわたしのところにそのまま残ったものと思います。

煮搾りにくらべると搾りにくいので、豆乳として搾れる量は、手作業で煮搾りと同じようにやると二割以上は落ちると思います。そこで、少しでも多く搾れるよう、水を多めにして薄くします。実際にわたしのところで豆腐を作るときは搾り機を使うので、煮搾りと同じか若干落ちるくらいは搾れます。

（上野とうふ店　石川県石川郡白峰村字桑島四―九六―二九　TEL〇七六―二五九―二七〇七）

二〇〇五年一月号　生しぼり豆腐

【材料】
大豆…………300ｇ
液体にがり…20㎖

【器具】
ざる、綿布、ミキサー、大きめの鍋、ボウル、計量カップ

①大豆300ｇをよく水洗いして、たっぷりの水に浸ける（大豆は約2.5倍の大きさに膨らむ）。浸漬時間は、水温＋浸漬時間＝30（15℃の水なら15時間）が目安。

②浸漬した大豆を半分ずつに分け、それぞれ水500㎖を加えミキサーにかける（2回に分ける）。

③2回に分けて摩砕した呉を合わせて布で搾る。

④一度搾り終えた袋を、1.5ℓのぬるま湯（40～50℃）のなかでもみ洗い（おからに残った大豆成分を取り出すため）。

⑤ ③と④の生豆乳を合わせて、中火で沸騰するまで加熱（泡が出てくるので吹きこぼれないように注意）。沸騰したら弱火にして数分程度加熱。鍋の底に焦げ付かないよう注意。

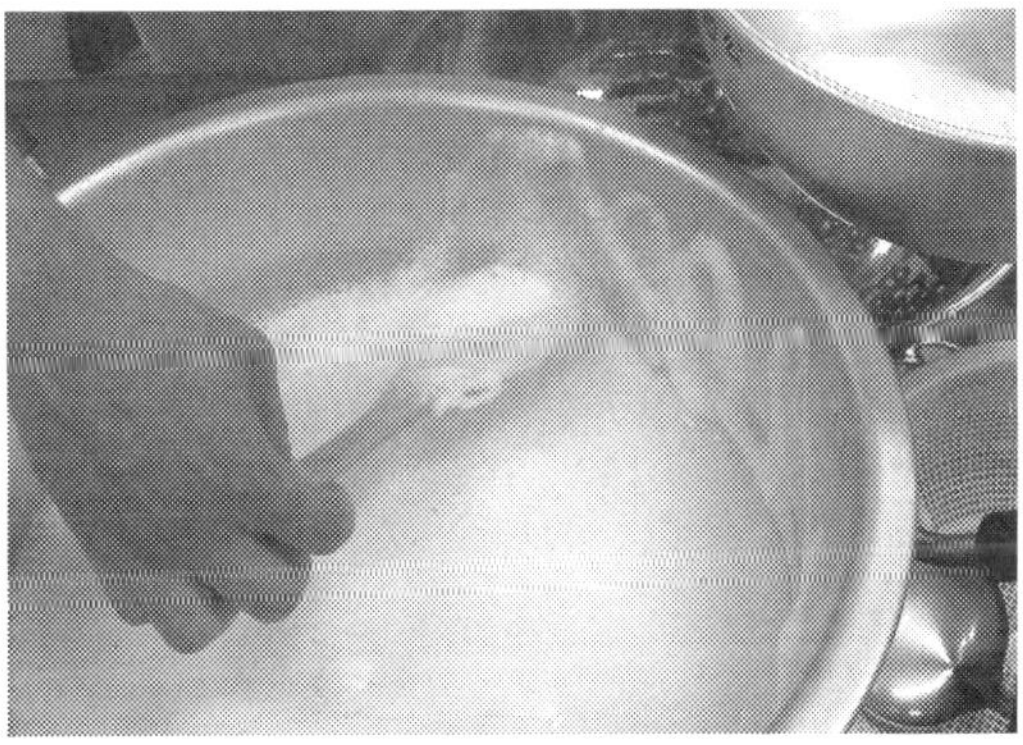

⑥泡を取り除き、加熱した豆乳ににがりを混ぜる。液体にがり20㎖を3倍の水で薄め、その半分ほどを豆乳の中に入れ、全体にゆっくりかき混ぜる。

⑦しばらく放置して豆乳の凝固具合を見てから、残り半分のにがりを加えてゆっくりかき混ぜる。そのまましばらく放置すると凝固して分離してくる。湯が少し黄色くなればＯＫ。

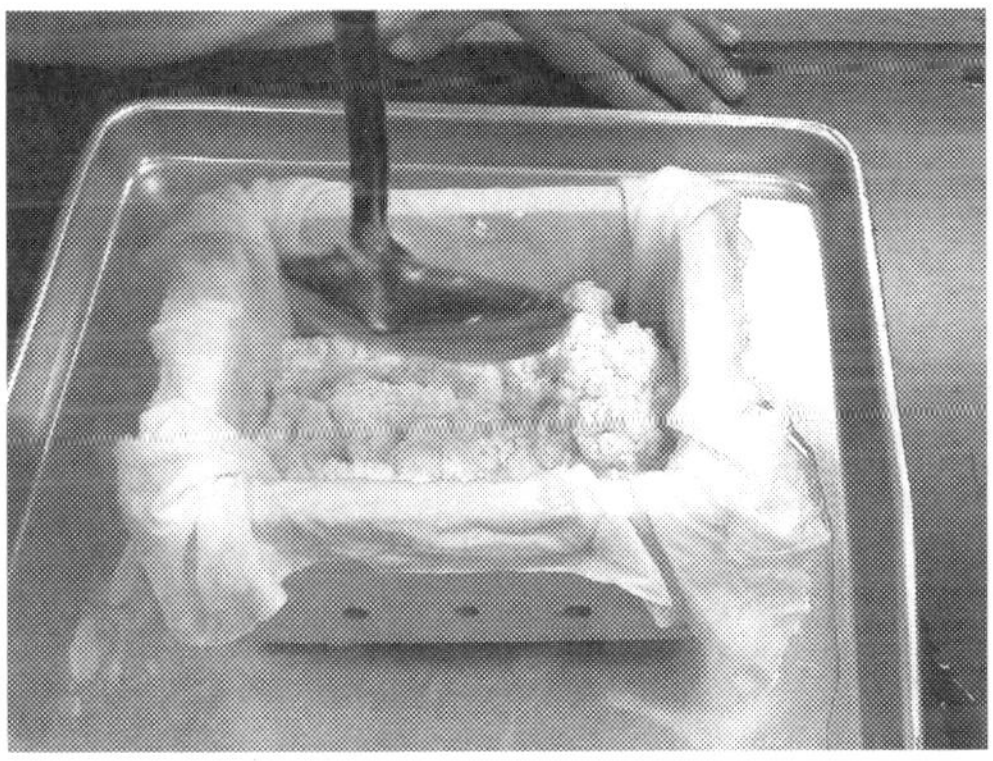

⑧型箱に凝固した豆腐を盛り込む。

⑨重しをのせ30分くらいでできあがり。途中で布をきれいに敷き直すと、しわなどが取れてきれいな豆腐になる。食べた感じをなめらかにするには、豆乳をもう少し濃いめにするといい。また、にがりの混ぜ方をゆっくりめに。

失敗しない豆腐作り

豆乳とニガリの濃度

山形市　仁藤　齊さん

文・編集部

素人の豆腐作り。失敗の原因の多くは、ニガリと豆乳の濃度だ。

ニガリは海水から作るが、その濃度はメーカーごとにバラバラで、同じメーカーでも夏と冬では全然違ったりする。とくに、河口に近く、周囲二〇㎞圏内に川の水が入ってくる産地などは、ばらつきが激しいとか。プロの豆腐屋さんは糖度計で濃度を測るそうだが、素人は仕方ない。商品の表示をもとに正確に分量を計りながら、二～三回失敗して適量を見極めるしかない。

また、ミキサーが回らないからと、ついつい水を多く入れすぎる。大豆一kgに対して、水の量は三・五ℓが限界。一度にミキサーに入れず、少しずつつぶすことだ。その点、やはり石臼はいい。石臼なら濃厚な生呉をとることができる。

さて、「ニガリと豆乳の濃度さえ間違わなければ、誰でも簡単に豆腐ができる」と山形の仁藤齊さん。豆腐作りは、凝固剤（ニガリ）と熱で豆乳中のたんぱく質を固める作業だが、ニガリと豆乳が決まれば、あとは一定の熱を加えるのみ。茶碗蒸しの要領で五～六分蒸せば、中まで均一に八五℃の熱が入る。ニガリは蒸し器に入れる前にていねいに混ぜておけばいいのである。

食農教育　二〇〇六年九月号

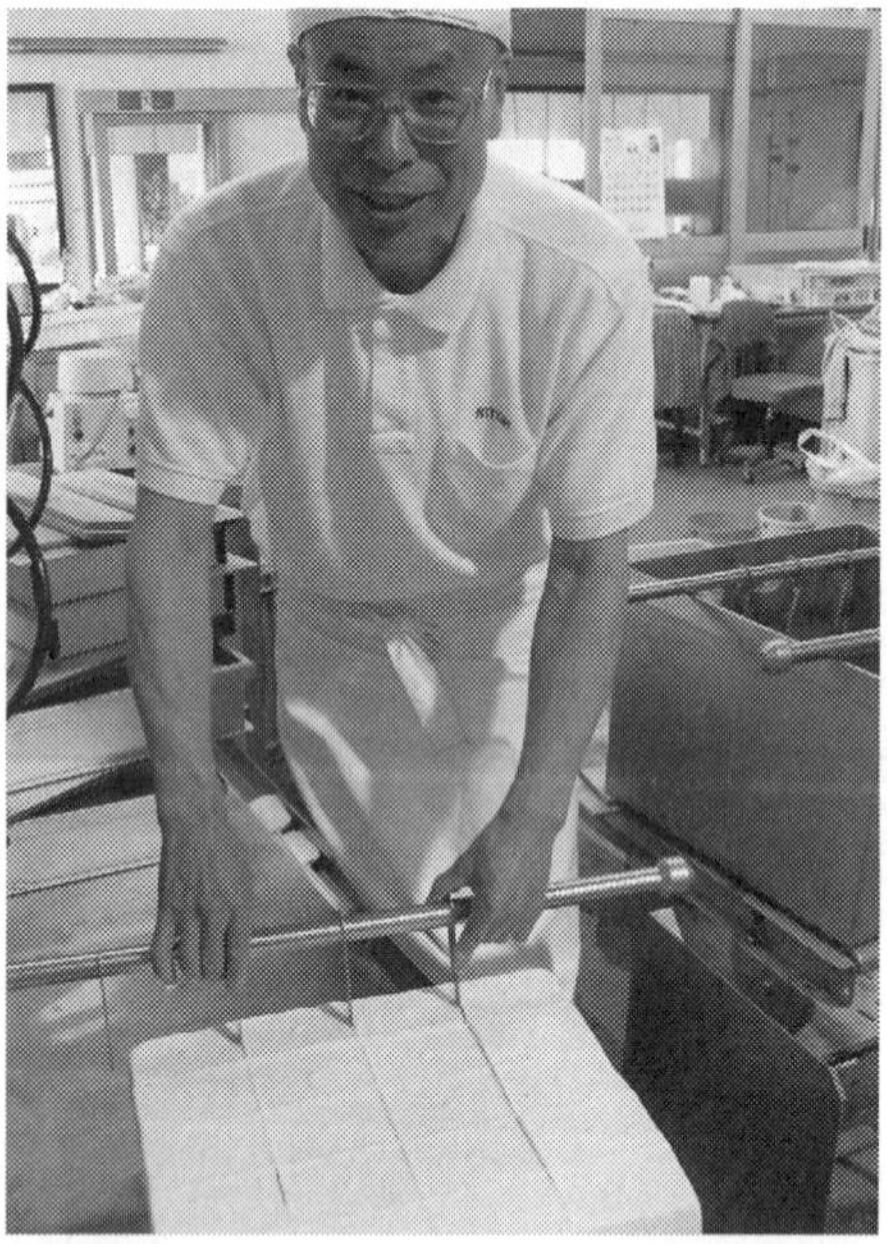

仁藤齊（ひとし）さん
山形市生まれ。（株）仁藤商店代表取締役。県産大豆にこだわった豆腐を作りつづけ、現在、川西町の在来品種である「赤大豆」の復活を、豆腐加工で後方支援するなどの活動も。著書に『つくってあそぼう　とうふの絵本』など多数。

【材料】（茶碗蒸しカップ約10個分）
大豆………450g
水…………1.4ℓ
（豆乳にして、約1.6ℓ分）
ニガリ……6mℓ
＊所要時間1時間、計量は正確に

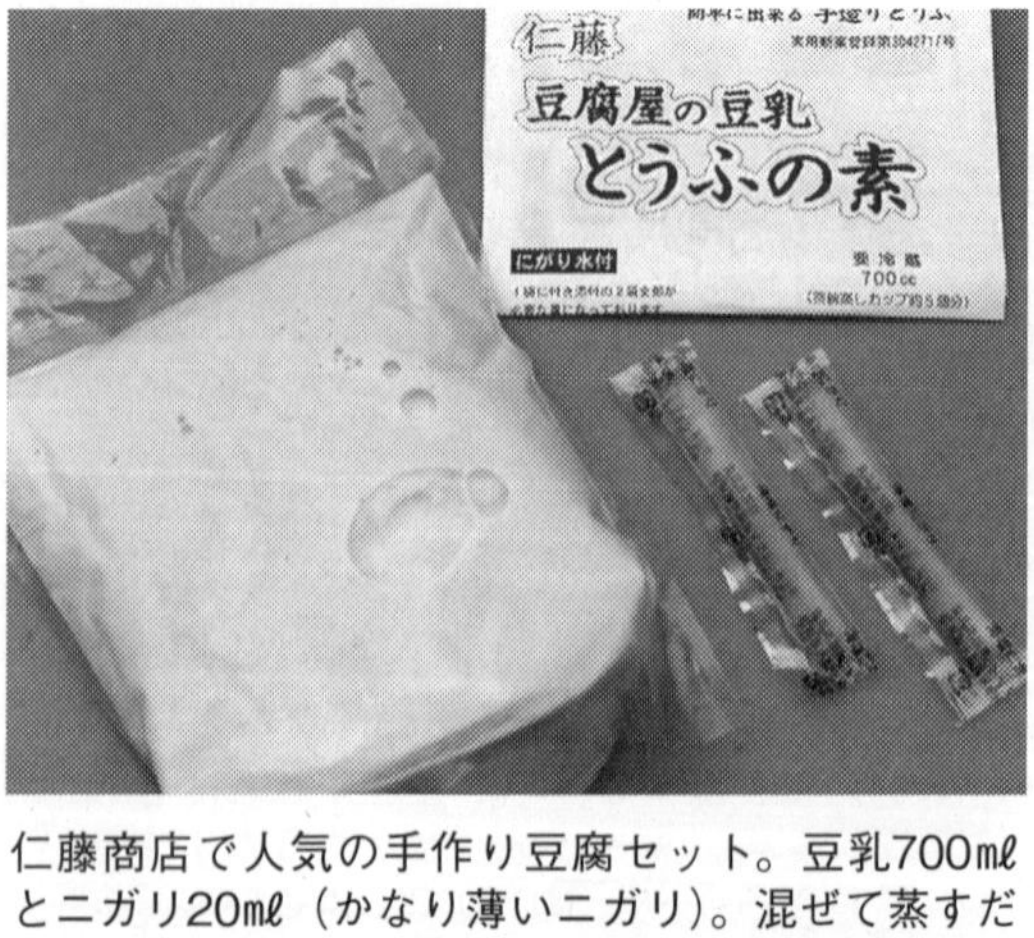

仁藤商店で人気の手作り豆腐セット。豆乳700mℓとニガリ20mℓ（かなり薄いニガリ）。混ぜて蒸すだけ。注文が多すぎて対応できないため現在休止中。

①大豆の浸漬。大豆をていねいに洗ったあと、3倍の水に一晩つけておく（水温15℃で15時間。5℃の冷蔵庫内なら18～24時間）。大豆は2.2～2.3倍の大きさになる。

②呉を作る。ミキサーですりつぶす。水の量が少ないので、ミキサーが悲鳴を上げるが、30秒かけては休み、30秒かけては休みと、少しずつ根気よくつぶしていく（石臼があれば、ぜひ活用したい）。

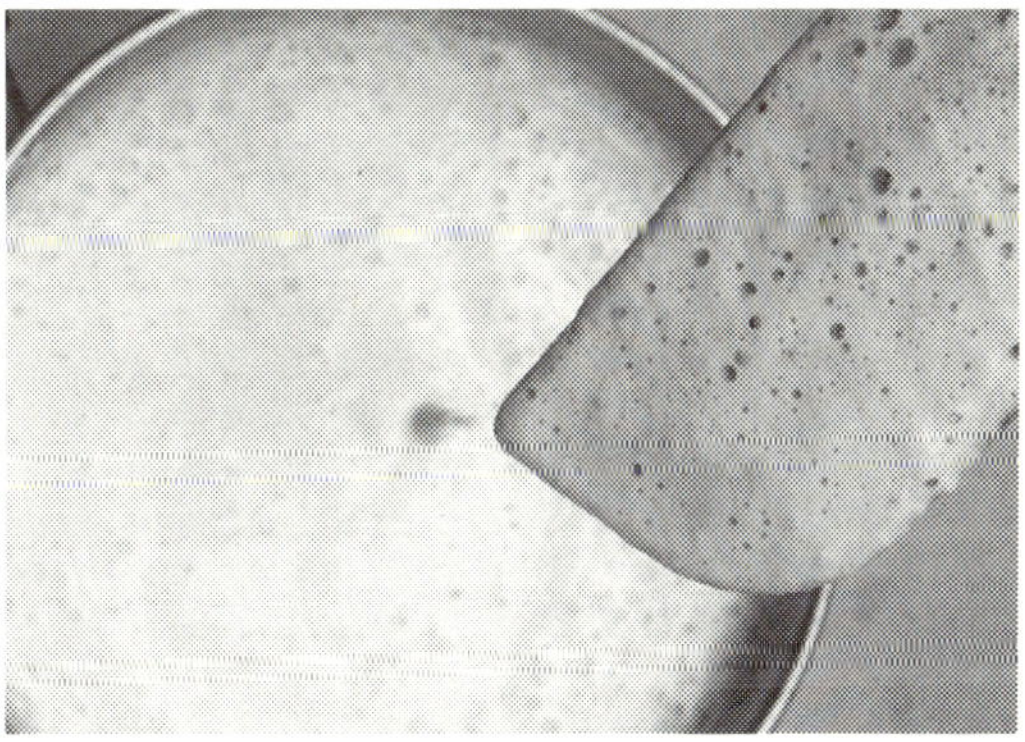

③生呉ができた。

④生呉はぬるぬるしてて搾りにくいので、35～40℃まで加熱する（脂肪のねばりが弱まって搾りやすくなる）。

⑤豆乳を搾る。さらしの布よりも目の粗いふかし布で、呉を搾り、豆乳とおからに分ける。おいしい豆腐を作るには濃い豆乳が必要だ。さらしの布の場合、目詰まりしやすいので、まな板や洗濯板、あるいはすり鉢で10～15分ほどごしごし洗うように根気よくもむ。

⑥生臭さをとるために、90～93℃で2～3分沸騰させたあと、豆乳の泡をていねいにとりのぞく。

⑦ニガリを打つ。豆乳をいったん20℃以下に冷やし、分量のニガリを入れる。

⑧ヘラでよくかき混ぜる。

⑨プリン型や湯のみのような、小さめのカップに、豆乳をゆっくり流し入れる。

⑩あらかじめ沸騰させておいた蒸し器に、豆乳を移し入れ、茶碗蒸しの要領で5～6分ほど蒸す。

⑪蒸し上がったら、あわてずに、5～10分熟成させる。

⑫茶碗蒸しのような、なめらかな絹ごし豆腐ができあがった。しっかりとした大豆の味。醤油なしでそのまま食べたい。

じっくり煮た呉で作る木綿豆腐

鎌田重昭（奈良屋本舗）

私は、千葉県市川市で豆腐を作っている。市川市に移って二十年だが、それ以前は北海道で二十数年豆腐屋を経営していた。人生のおおかたを豆腐作りに費やしてきた者として、私の豆腐作りを紹介する。

大豆の品種

豆腐の原料大豆の品種の一つにタマホマレがある。タマホマレはたんぱく質含量が低いため、加工業者には豆腐加工適性が低い品種とみなされている。しかし、タマホマレは、糖質含量からいえばいちばんうまい豆腐ができる品種だ。加工業者が自分たちの豆腐製造技術を問わないで、大豆の品種を云々するのは間違いだろう。大豆の加工適性の研究でよく知られた平春枝先生も豆腐加工用にタマホマレを推奨している。

今の豆腐製造技術は、添加物を使うことで、本来なら「よらない」（豆乳が凝固することを「よる」という）はずの豆乳が「よる」ようになっている。一九六〇年代以降、エマルジー類やクラケール、泡消粉、アワカットなど各種の豆腐作りのための添加剤が、六万戸といわれる豆腐屋のほとんどにいきわたった。エマルジーなどの添加剤には、呉の中に水を抱えることで豆腐の歩留りをあげる効果がある。こうして「誰でも作れる豆腐作り」が確立した。

本来固まらないはずの豆腐が、添加剤によって固まるようになる一方で、明らかにうまくない豆腐になってしまっている。これでは豆腐屋は自ら墓穴をほっているに等しい。私自身そのことに気づかされたのが、二十年近く前の北海道岩見沢市での今井タツ子さんとの出会いだった。当時私は黒山の人だかりができるほどの安売り豆腐を作っていたのだが、素人の今井さんが作った豆腐を食べてみて、負けたと思った。それが本物の豆腐を作ろうと決心したきっかけだった。

大豆の天日乾燥

私の豆腐作りのポイントは三つある。一つは大豆の乾燥の仕方。二つにはニガリの選択、三つには呉の煮方である。

本来、乾燥した大豆は非常に硬いもので、よい豆だと浸漬するのに四日以上かかるものもある。新豆と、翌年の秋口の豆とでは浸漬したときのうるけ具合が違う。新豆はうるけ具合の見極めがむずかしい。ハウスで乾燥調製した豆では豆腐の歩留りがよくない。現在、北海道十勝の四戸の農家と契約し豆を確保しているが、みな畑での天日乾燥だ。乾燥のときに風、露、雨、霜に遭わないといい豆にならない。天日乾燥しているのは十勝地域でも全農家の二割くらいだし、一軒の農家の販売量としてみれば数十俵というごく少ない量だ。

生産者は、大豆乾燥機で三〇℃の温度に遭わせたら豆がだめになることを肝に銘じてほしい。また、ハウスの中で大豆を「過保護」にしないこと。浸漬したときに、「うるけづらい」豆ほどよい豆である。豆にも男気性《おとこきしょう》と女気性《おんなきしょう》があり、寄せたときにぼてぼてになるものを男気性といっている。ぼてぼてにならないソフトなもの（女気性）がよい豆で、このような豆はなかなかうるけない。

図1　50年ほど前の豆腐の作り方

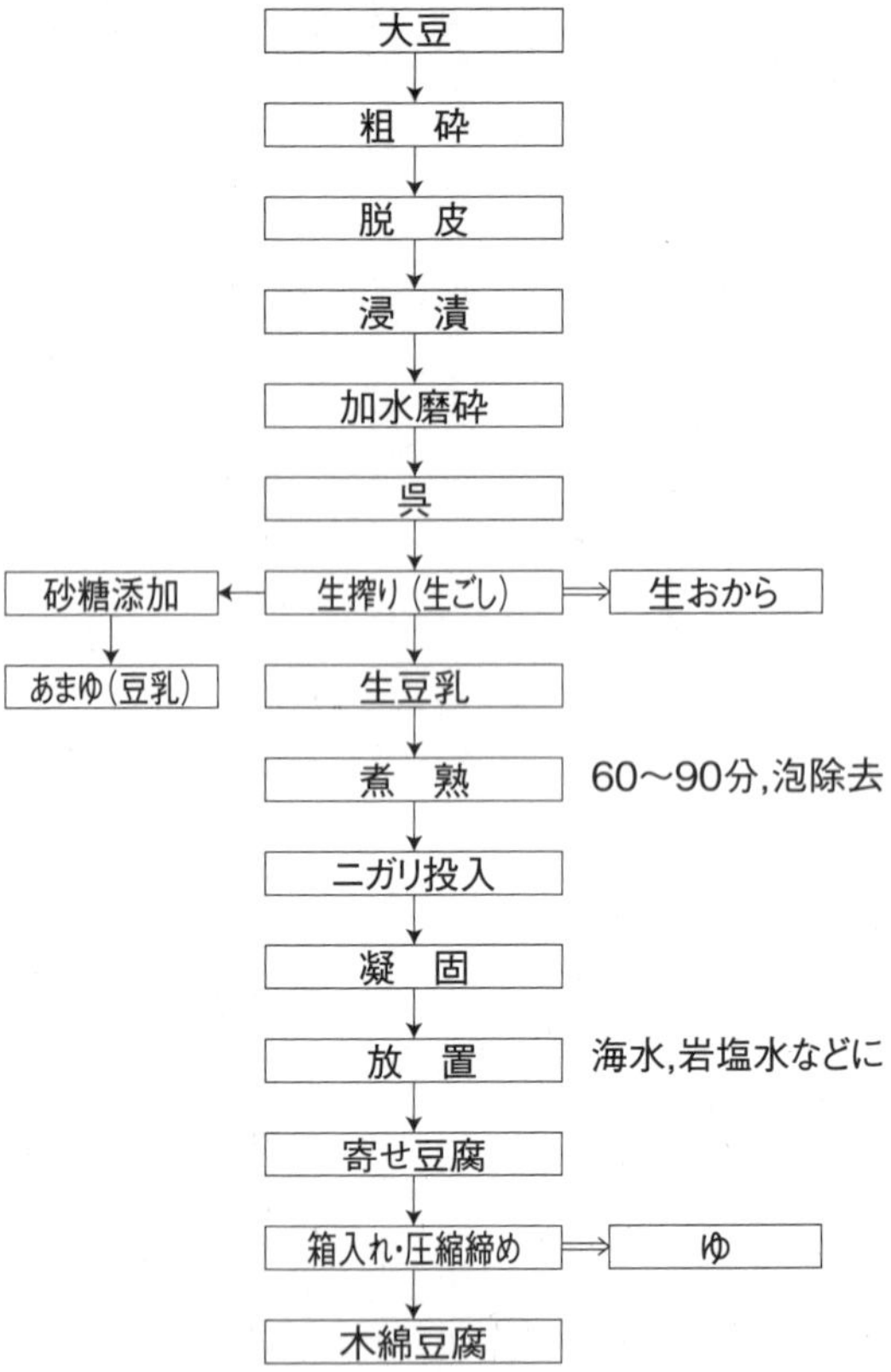

大久保一良教授によれば、天日乾燥した大豆から作った呉でないと美味しい豆腐にならない。二か月天日乾燥してもらった大豆からは、豆腐もいいものができる。そして、原料豆はきちんと洗ってから挽く。豆腐作りも原料の下処理は大切だ。はっきり劣化しているとわかる豆や完熟していない豆は、浸漬してもどんどん水に浮いてしまう。

ニガリについて

よいニガリの条件は、溶けやすいことと不純物がないことの二つである。化学的に合成されたニガリでなく、海水から作られたニガリでなくてはならないのはいうまでもない。日本全国のいろいろなニガリを使ってみたが、今は、四国にある二代続きでニガリ作りをしている店から取り寄せている。

よいニガリは口に入れると瞬時に溶けて広がり苦味を感じる。また、不純物がないかどうかは水に溶かしてみるとわかる。赤穂のニガリといっても、水に溶くと上に浮遊物があって下のほうに塩がたまってしまうものがある。ニガリといいながら、なぜこんなに塩が底のほうにたまるのだろうか。地釜で煮て、ニガリで固める昔ながらの製法が売りの豆腐屋の豆腐を食べてみたところ、えがらっぽくてしぶかったことがある。これはニガリがだめだとわかった。

他の凝固剤を使わずにニガリだけで作った豆腐は軟らかく、箸にかからないからプレスするしかない。だから昔は「絹ごし」でなく「木綿」の豆腐しかできなかった。美味しくするためにニガリを増やしていくと固まりやすくなる。

大豆は本来よく熱がまわって十分に煮えたものなら、たんぱく質は豆乳のほうに移っているから、ニガリを打つと固まってくる。ところが十分に煮えていない状態では、豆乳にニガリを打っても固まらない。呉が十分に煮えていなくても、呉が固まる性質の添加剤を使うから形になるのだ。

凝固剤で固めればプレスの必要はない。絹ごしはもちろんプリンのような豆腐もできる。十分に煮えていないふわふわの綿のような呉でも一時間できっちり固まる。豆腐屋はみんなニガリだけで豆腐を作りたい。ただ、三〇分も四〇分も煮ていられない、待てないのだ。だからついほかの添加物を混ぜてしまう。

呉の煮方―釜の改良

私の呉の煮方を一言でいえば、呉を破壊せず、じわっと煮るやり方である。マラソンにたとえれば、一〇〇人がいっせいにスタートし、ゴールに入るときも一〇〇人がいっせいにならんでテープを切るように、呉の全体を煮なければならない。五感をはたらかせて、呉の全体に熱がまわるのにどのくらいの時間がかかるのかを会得する。測るものはないから、これは訓練するしかない。においをかいだり、煮える状態を見たりして、四〇分、五〇分と時間をかけて煮る。それを一〇分程度でやろうとするから失敗する。

私の使っている釜を図2に示した。六〇〇㎜×九〇〇㎜で深さ六〇〇㎜の大きさだ。大切なのは煮る量に見合った釜かどうかだ。一升の豆を煮るのに五合入りの釜を使うような無理な煮方をしないことだ。

この釜は、蒸気で加熱する地釜（開放釜）方式である。呉全体に熱がまわるように、既製品の釜を改良した。煮立てていくと泡が出てきて上にたまり、それからは泡を飛ばさずに蒸気も逃げない状態で、下のほうからじわじわ煮えていくようにした。

既製品の状態では、泡が出たあとさっとその泡がきれて、蒸気がすっと上に抜けていく。底には蒸気の出る発射管（ホース状、写真）が張り巡らしてあるが、蒸気の温度が一〇〇℃を超える頃になると、所定の発射管の穴から蒸気の泡が出にくくなる。気泡が大きくなって穴を素通りしてしまうのだ。しかも発射管が、ちょうど水で圧力をかけたホースのようにくねくねと動き回る。

蒸気の気泡が出る場所が決まってしまうので、呉の中の蒸気の通り道も固定されてしまい、熱が集中してあたる部分とまったく熱が当たらない部分ができてしまう。熱い蒸気を吹き上げているにもかかわらず、釜の底に触ると冷たいままだ。呉が対流して自然に全体に熱が伝わるように思われるがそうではない。もちろん、熱がかからないところは生煮えのままだ。

これについて思い当たるのは大豆を水挽きしているときの経験だ。大豆を水挽きすると、五分もたたないうちに、上の濃度の濃い部分と、下の薄い部分とが分離して層をつくる。この層ができやすい呉の性質が、煮るときにも出てくるのではないかと思う。

このような状態では、いくら時間をかけて

図2　地釜（開放釜）の改良

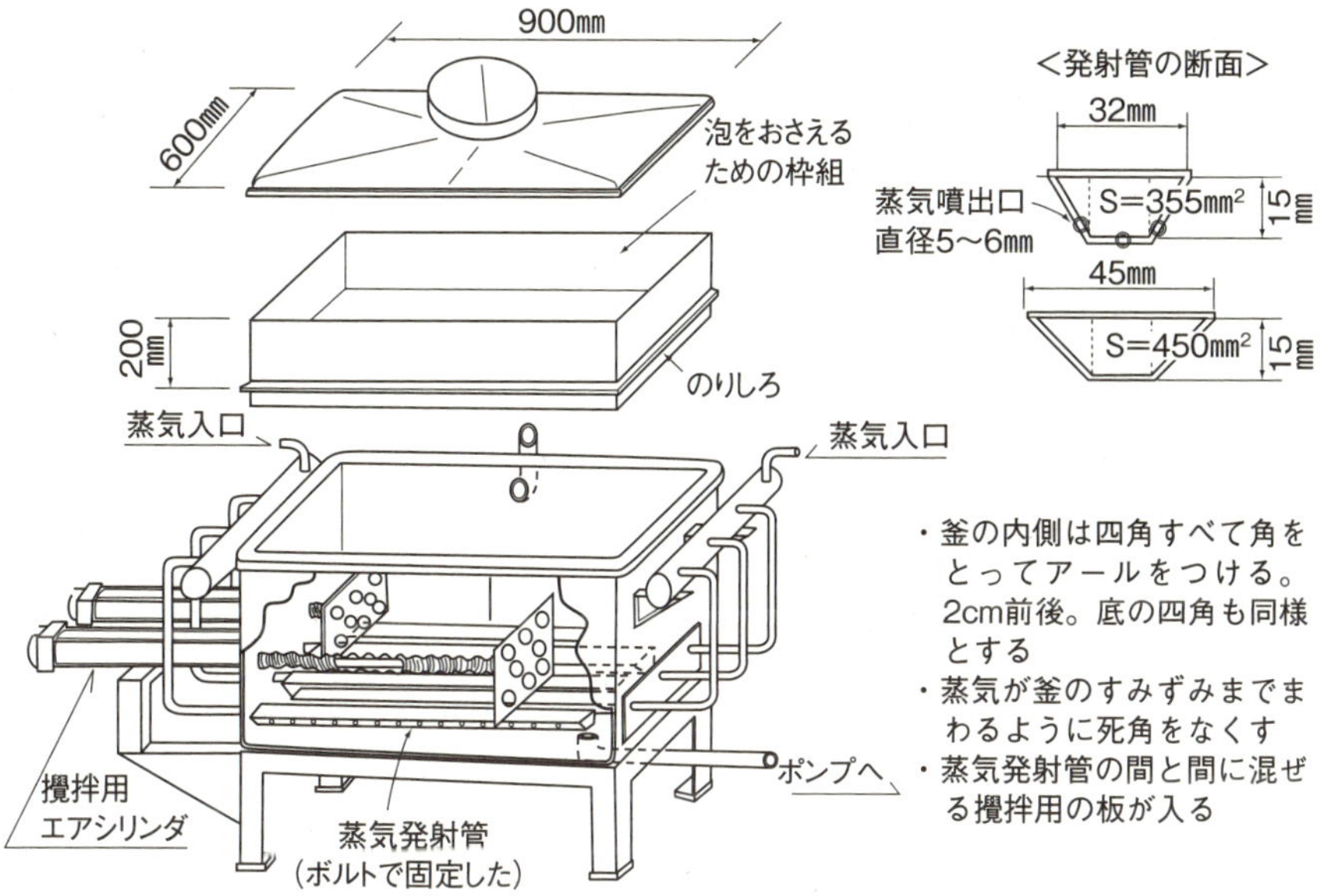

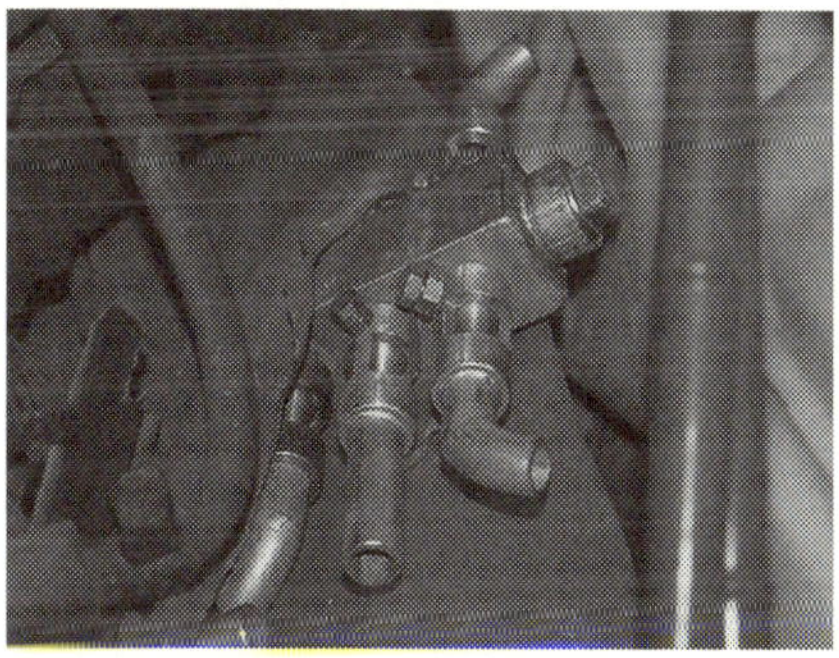

既製品についていた蒸気発射管の一部。管の途中に帯状に噴出口がある

図3　昔の地釜

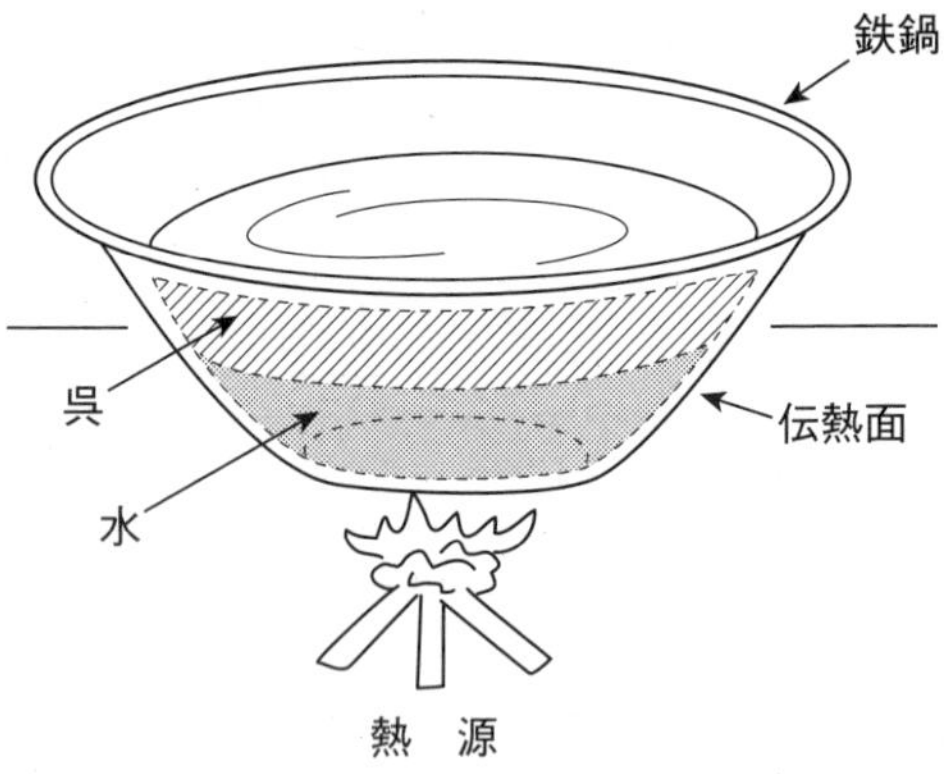

も十分に呉を煮ることはできない。そこで、熱が下から全体にまわるように、発射管の穴を三㎜から二～三㎜大きくし、数も増やして、圧力を分散した。

　また、呉は、温度が高すぎると傷みやすい。昔の釜は鉄鍋で、下から熱をかけていた(図3)。呉が焦げ付きやすいので、ある程度熱をかけたところで、薪を抜いてあとは「おき」で加熱した。また、釜の底に水を張り、その上に呉を乗せる。もちろん呉をかき混ぜない。かき混ぜると鍋の底が焦げてしまう。呉は釜の中で濃い部分と薄い部分が層を作っており、熱をじわじわとかけていく。こうして、呉を焦がさずに、全体に十分に熱がまわるようになっていた。今は、こうした呉の熱の伝わり方の特性をふまえたまともな釜がないと思う。

煮方の勘どころ

　呉は煮始めて一五分くらいするとふわっと膨らんでくる。吹いてくると三〇㎝も上がる。膨れてあふれたら困るので熱をしぼる。火を緩めたりしながら、とことこ煮ていく。やがて全体がふわっと煮えた状態になる。

　呉に高温の蒸気を入れると、大豆の粒子の表面に皮膜がかかる。卵でいえば中が半熟の状態だ。これをさらに一、二時間も煮ればいいかというとそういうものではない。粒子の内部に熱が伝わりにくく、こうして煮た呉をしぼると白い水がたくさん出る。それは生煮えの証拠だ。

　一般的には、泡が吹いてくると消泡剤（泡消し）を使う。消泡剤を入れるとそれ以上吹かないから、熱をしぼらないで高温の蒸気を入れる。こうすると、早く煮えるように見えて、実際には高温で傷んだ部分と、熱がかからない部分が出る。

　熱がかからない部分があると、呉はすぐに沈んでしまう。さらに煮ていくと泡はどんどん吹いて上がってくる。それでもさらに煮続けると、熱の通らないところに蒸気は吸引されるように寄っていく。私の釜は、むらなく蒸気が流れて煮上げていくように改良されている。煮えむらがなければ、膨らんだ呉はまた下がっていく。それにあわせて蒸気をかけるとまた盛り返してくる。さらに煮ていくと泡が消えてふくらみがおさまり、下に下がったあとぼこぼこおどるように煮える。ここでにおいが、ご飯が炊き上がったときのようになったら煮上がりである。くせのないにおいで、呉が自分で「炊けたよ」と言ってくる。煮えたらさらさらになって、蒸気をかけても吹き上げてこない。

　このようにして煮上がった呉を取り出してニガリを打つと黄色い水になる。煮えていない場合は白い水になる。早く煮たいと思って温度の高い蒸気を入れてもだめだ。二五分くらいでだいたい煮えた状態になってくる。煮えてないとまだまだ吹き上がってくる。一五分で呉が下がってしまうこともあり、おかしいと思って調べてみると蒸気発射管が詰まっていたことがあった。じっくり煮てもガス代は同じだ。

　呉が十分に煮えていないと、できた豆腐が腐りやすくなるが、こうして作ったら五五日たっても腐らない豆乳ができるようになった。もちろん保存料などは使っていない。

時間をかけると呉が焦げてくるという人が

いるが、これは温度が高すぎるのであって、時間が長かったのが原因ではない。高温の蒸気で煮る圧力釜は圧力をかけるとともに温度も上がってくる。バルブを開けると一〇〇℃を超えてしまう。納豆にも豆腐にも煮るのに適度な温度があるのだが、一〇〇℃の温度をかければ早く豆腐ができるかといえば、そうではない。相手は生きているから焼き殺しているようなものなのだ。大豆は熱をかけすぎると色素が出てくる。

　いくら焦げていても、本当は煮えていない。今の豆腐屋は、ニガリで豆腐を作っていないから、焦げていることも生煮えになっていることもわからない。できないはずのものを薬で固めているのだ。

豆乳とおからの分離

　呉に熱がまわって全体がしっかり煮えたかどうかは、豆乳とおからに分離するときにわかる。煮えた呉を麻袋に入れて搾ったときにさっと豆乳が搾れれば十分に煮えた証拠だし、水気はあるのになかなか搾れないとなれば煮え方が不十分ということになる。また、分離機で豆乳とおからに分けるとき、回転する網のなかに出てくるおからに水をかけると、十分に煮えていない場合はおからから白くて濃い濁った水が流れ出てくる。

　おからにたんぱく質を吸い取られ、豆乳にたんぱく質を取り込めていないのでこうなるのだが、これではたんぱく質を捨てているようなものだ。こんな煮方をしていて大豆のたんぱく質含量が云々といっても仕方がない。

　これまで豆腐屋は大量に早く煮ることを考えてきただけで、火が通っているかどうか、つまり煮方の質は問題にしてこなかった。

水を吸って味が出る

　豆腐も生きもので、水を吸って味が出る。どんなに短くとも一時間くらいは水にさらすようにしている。瞬時に品温をさげる仕掛けとして、現在使われている製造器具の一つがホットパック水槽（包装されてまだ熱を持った豆腐を水槽に入れて、一気に豆腐をさます）だ。ただ、このホットパックというのは大きな間違いだと思う。穏やかな味の豆腐にならない。豆腐の美味しさを本当に出すには二日くらい水につける必要がある。

じっくり煮た呉で作る豆腐の特徴

　十分に煮た呉から作られた豆腐を食べた人の感想は、あっさりしていて口に含んですぐに甘いという味ではないが、のどごしで甘さを感じるというものである。食べたあとにうまさが残っていく味だ。十分に煮えていない呉から作った豆腐は口の中に入れた直後は甘いが、のどごしでいやな味が出る。たしかに甘いのだが、のどの奥にいやみ（えぐみ）が走るのだ。生大豆をかじればみんなペッと吐き出すあのえぐみである。

　大豆にもよるが、最高の歩留りで、原料大豆六〇kgから一丁三五〇〜四〇〇gの豆腐を八五〇丁作ったことがある。今の私の製法では、最低でも六〇〇丁はとれる。通常はこの七割くらいの歩留りであろう。いかに日本の豆腐屋が大豆を捨てているかということだ。

　じっくり煮た呉からできた豆腐は、びっくりするくらい腐らない。添加物も必要ない。結果として安心して出荷できる豆腐になっている。私のようにじっくり呉を煮る豆腐屋として、国立市にある（有）小山商店（TEL〇四二―五七二―一四〇四）を紹介しておきたい。

食品加工総覧第五巻　豆腐・豆腐加工品　二〇〇四年

米ぬか栽培大豆で、美味しい豆腐

秋田県大仙市　（有）エスエスフーズ

文・編集部

農家が共同で始めた豆腐屋

「私が自分で栽培した大豆から作った豆腐です」

お客さんに声をかけてまわるのは、農業生産法人（有）エスエスフーズ社長の佐藤啓《ひらき》さん。冷蔵ケースに並んだその豆腐が直売所の看板商品だ。

社長の佐藤さんと専務を務める坂本公紀さんは、もともと別々に地域の転作大豆を請け負っていた。ともに大豆栽培を受託する者同士。二人にはもう一つ共通点があった。穀物でも野菜でも、米ぬかを肥料にすると味がよくなると考えていたのもいっしょだったのだ。それがきっかけで意気投合、四年前に大豆栽培を共同化し、二年前、大仙市内に豆腐屋「ふわっ豆」を開店した。大豆栽培農家の二人が興した農家の豆腐屋。会社の名前の「エスエス」は二人の頭文字をとった。

二〇〇二年の東北地方の大豆は、秋の長雨と早まった初雪にたたられて散々だった。収穫前に雪にあった豆は、表面がひび割れたりシワだらけになってしまう。おかげで、佐藤さんと坂本さんの畑でも規格外大豆が何百袋も出た。規格外になればくず大豆と同じようなもの。そのまま売ったら、一袋わずか数百円にしかならない。それではもったいないので味噌にでもしようかと思ったが、なにせ量が多すぎる。

堆肥を入れ、米ぬか発酵肥料を元肥に使った、豆の甘みには自信のある大豆だ。なんとかお金にする道を、とあちこち当たっているうちに、山形市の豆腐屋さんに出会う。それが『豆腐――おいしい作り方と売り方の極意』（農文協）の著書もある仁藤齊さんだった。仁藤さんの話を聞くうち、二人は、自分たちで加工して売ろうと思ったそうだ。

米ぬか栽培の大豆は甘みが増す、豆腐の歩留まりがいい

当初、一五haほどだった転作田での栽培面積は、昨年は五〇haまで増えた。うち一〇haは、山形のダダチャマメと同系統の茶豆、それに「秘伝」という青豆のいずれもエダマメとしての栽培だ。もともと米ぬか発酵肥料を使うと豆の甘みが増すというのは、エダマメで実感してきたことなのだそうだ。完熟して大豆になってもそれは同じこと。味の濃い甘みのある豆腐に仕上がる。

大豆の施肥は、牛糞堆肥二tに米ぬか発酵肥料（秋田県大潟村の（株）ゆうきが製造・販売）を四五～七五kg、それに貝殻を粉砕した有機石灰を一二〇kgくらい（すべて一〇a当たり）。エダマメを除く大豆は、自社で豆腐にするほかは全量が契約栽培となっている。その取引先にも佐藤さんたちの大豆は評価が高く、味に加えて豆腐にしたときの歩留

まりがいいと好評だ。「豆腐の味は、秋田県内でもベストスリーに入る自信があります」と佐藤さん。

ニガリだけで作る

凝固剤として入れるのはニガリだけ。新米豆腐屋がいきなりニガリで作るのはたいへんだろうと、中古の機械を世話してくれた人が各種の凝固剤も世話してくれたのだが、いまもそのまま棚に眠っている。

「一日酔いで、ちょっと分量をまちがえただけでうまく固まらない。豆腐のできあがりは毎日少しずつちがう。イネの出来が毎年変わるのといっしょだな。でも、水とニガリだけ加えて作る豆腐は、われわれ以上の年代にはなつかしい味がするんではないかなあ」と坂本さん。

米ぬか栽培の大豆は引っ張りだこ

契約先の業者は、悪天候で見かけが悪くなった豆であっても、中身が優れていることを知ってくれている。しわ粒が多めで特定加工用のランクになった大豆だって引きが強い。粒が大きい豆のほうがおいしい豆腐になりやすいのは確かだ。しかし豆腐の原料としては外観よりも中身のほうが大事なのだ。

　昨年は、大仙市内で転作大豆を受託する農家に米ぬか発酵肥料を使うことを勧めて、エスエスフーズと同様の契約栽培が成立した圃場が十数haある。いま、あちこちで法人化を目標にした集落営農が始まっている。今後はこうした組織に呼びかけて、中身の品質にこだわった大豆栽培を地域に広げていこうというのが佐藤さんたちの意向だ。

　豆腐以外にも、納豆、豆乳、湯葉も作る。豆乳と牛乳を半々くらいずつ混ぜた豆乳アイスクリームも好評だ。新商品のアイデアはまだまだある。これまで納豆はリュウホウの小粒で委託してきたが、豆腐用の大粒で試作してもらったら思いのほか旨い納豆になった。青豆の秘伝で作る極み納豆に、大粒リュウホウの納豆、さらに茶豆の納豆も加え、納豆の「極みシリーズ」を完成させたい。

二〇〇五年七月号　米ぬか栽培大豆で「県内ベスト3」の味

豆腐にする大豆3品種。ドンパン茶豆は、山形のダダチャマメと同系統の品種とのこと

大豆加工品。秘伝（青豆）と茶豆のすくい豆腐、秘伝のざる豆腐、リュウホウの小粒で作ったドンパン納豆。大仙市（旧中仙町）は「ドンパン節」発祥の地なのだ

もやしにはまってます

奥薗壽子

もやし作りは我が家の小さな農園だ

　そもそも発芽にはまったきっかけはなんだったのか、とくにはっきり思い出せないところを見ると、それほどたいしたことではなかったに違いない。普通の主婦がやるように、切り落とした大根やにんじんのへたを水に浸けたり、青ねぎやミツバの根っこをコップにさしたりして、出てきた小さな芽に、ささやかな幸せを感じる、そんな程度だったはずだ。

　それがふと気がついたら、いつの間にかはまっていた。何に？　そう、発芽に。とにかく何でもかんでも、家にあるものは片っ端から発芽させずにはいられない。台所でゴミになるような野菜や果物の種や、乾物棚の豆類、とにかくありとあらゆるもの何でも。

　もちろん、うまく発芽するものもあれば、ぬるぬるして変なニオイがしてきて、そのうちカビが生えてきたりしたものも多々ある。ただ単に水に浸けておけば発芽するというものでもないのである。

　しかも、たとえばカボチャの種のように、発芽するにはしたものの、もやしで食べると苦くて手に負えず、かといって、一度発芽した種を見捨てるわけにもいかず、とうとう、土に移植して、カボチャ畑になってしまったものもある。

　そこで、今は自分なりに発芽させるものとさせないものとを区別している。いくらなんでも、マンションのベランダを野放図な野菜の茎でいっぱいにするわけにはいかないので。私の基準を一応書いておくと、発芽状態でその豆（種）ごと全部食べられるもの、あるいは、もう少し育てて貝割れ状態で食べられるもの。要は、発芽といえども一応食べられるものを作る、我が家の小さな農園だと考えるわけだ。

奥薗壽子さん。乾物棚には豆、種がいっぱい

ナマクラ流ズボラ派料理研究家として大活躍中。著者に『もっと使える乾物の本』『子育て「ごはん」私流』『子育て「おやつ」私流』（農文協）など多数。

ざるを使って発芽したてを食べる

　まずは、発芽状態で食べられるもの。これは大豆、緑豆、小豆、金時豆などの豆類。あと、市販されているアルファルファーやブラックマッペなど。発芽のさせ方もいろいろ紆余曲折があったが、今一応、とってもお手軽な方

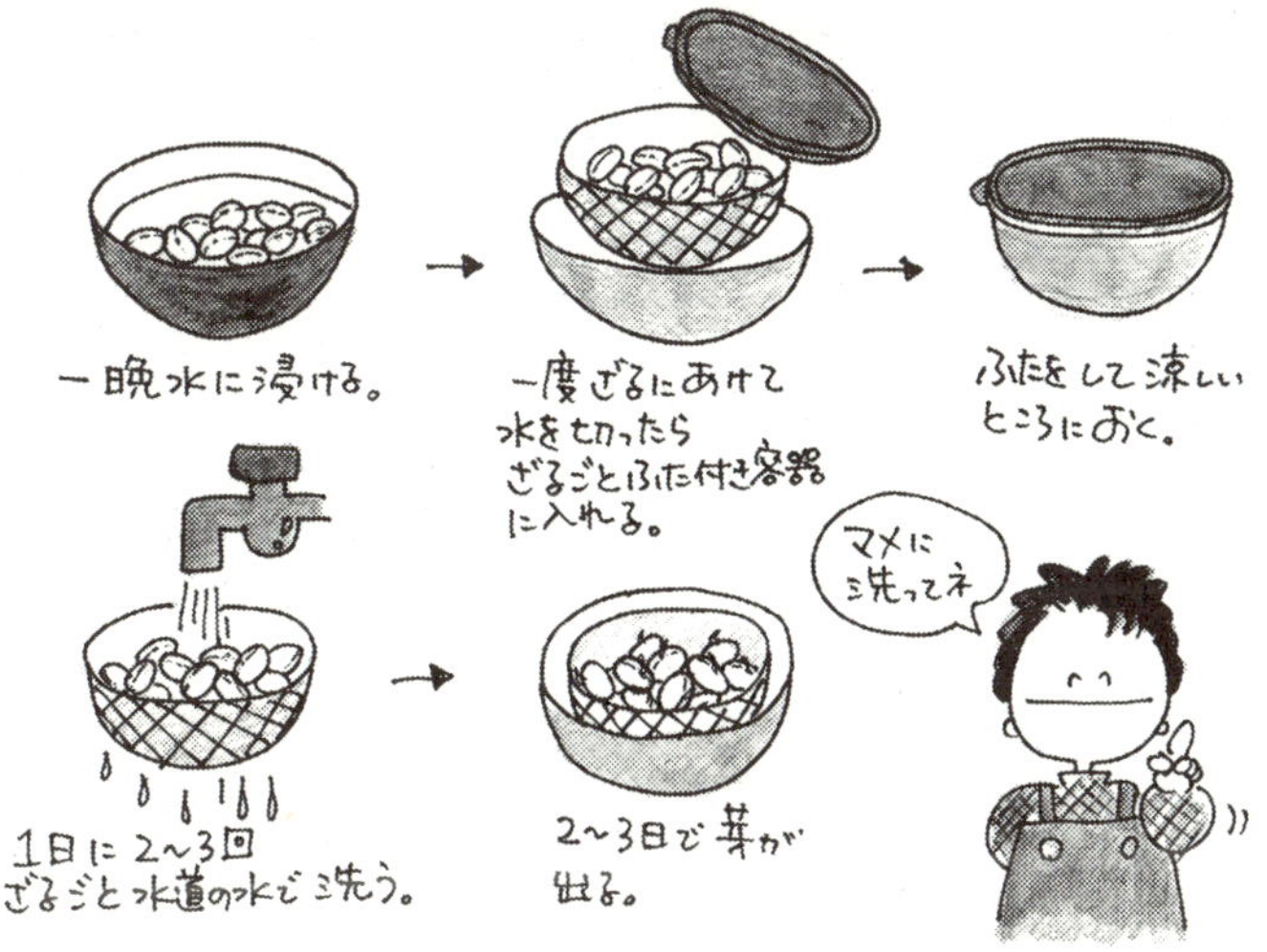
一晩水に浸ける。
一度ざるにあけて
水を切ったら
ざるごとふた付き容器
に入れる。
ふたをして涼しい
ところにおく。
1日に2〜3回
ざるごと水道の水で洗う。
2〜3日で芽が
出る。
マメに
洗ってネ

法に落ち着いている。

　まず発芽させる豆を半日から一日くらい水に浸けて、十分水を含ませる。そうしたら、これをざるに入れ、そのざるごとふたつき容器に入れてしまう。何でこんなことをするかというと、豆を一日に二〜三回洗うためである。豆というのは発芽するときに、すごいエネルギーを発する。つまり温度が上がるということ。加えて、豆は栄養分の宝庫。となると雑菌が繁殖するのに格好の場所なのである。水で洗うことで、温度を下げるとともに、雑菌を洗い流すという効果がある。

　以前はビンに豆を入れて、口にガーゼをかぶせてゴムでとめていた。口から水を入れて軽く振り洗いし、口から水を捨てる。このときガーゼのおかげで豆がこぼれ落ちなくてもいいというわけ。長い間、このやり方をしてたのだが、あるときざるでやってみたら、こっちのほうがずっと簡単。なんせ、ざるごとひょいっと持ち上げて、上からジャーッと水をかけるだけなのだから。

　しかもざるに入れることできれいに水が切れるので、豆が腐りにくい。しかし、ざるだけむき出しにすると、乾燥してしまったり、光が当たると光合成が始まって、もやしというより、あっという間に葉っぱが出てしまう。ふたつき容器に入れることで、乾燥を防ぎ、光を遮断できる。

ざる＋ふたつき容器で栽培した緑豆もやし（上）。ざるを上げると網目をぬけた根が見える（下）

もやしは効率よく豆が食べられる方法

　豆というのは、この発芽直後、ちょっと芽を出したあたりが栄養的にはピークに達するらしい。これから先どんどん根っこやら芽などを伸ばしていくと、確かにそれは豆の中の養分を使って伸びていくことになるのだから、当然といえば当然だ。

　さらに、この発芽直後の豆というのは、十分水に浸かっているので、とても軟らかい。となると、料理するのも食べるのも、これほど効率よく豆を食べられる方法はないのではないかとさえ思えてくる。

　たとえば、さっとゆでてサラダはもちろん、油で炒めた後、酒か水少々を入れて、蒸し煮にしてもいいし、そのままスープにしてもいい。カレーやシチューに入れてもす

大豆もやしの枝豆風
塩を入れたたっぷりの湯で、発芽大豆をゆでる（2〜3分）
途中、浮いてくる大豆の皮を穴あきおたまですくいとる。
塩
ざるにあけて塩をふればできあがり
みじん切りにした玉ねぎとお酢、こしょうを混ぜればサラダ風にも。

ぐに軟らかくなり、ご飯に炊き込むのもおいしい。

そういえば、この発芽直後の豆もやしをさっとゆでて、塩をしただけのものをどこかの豆屋さんで売り出したところ、枝豆感覚で食べられるというので爆発的に売れているというのを、つい最近聞いたばかりだ。

加えて最近話題の発芽玄米。これもこの豆もやしと同じ方法で簡単に作ることができる。半日水に浸けておけば、大体一日くらいで、売ってるのと同じ発芽玄米になる。もちろんこれは普通に炊いてOKだし、さっとゆでて、ライスサラダにするのも悪くない。

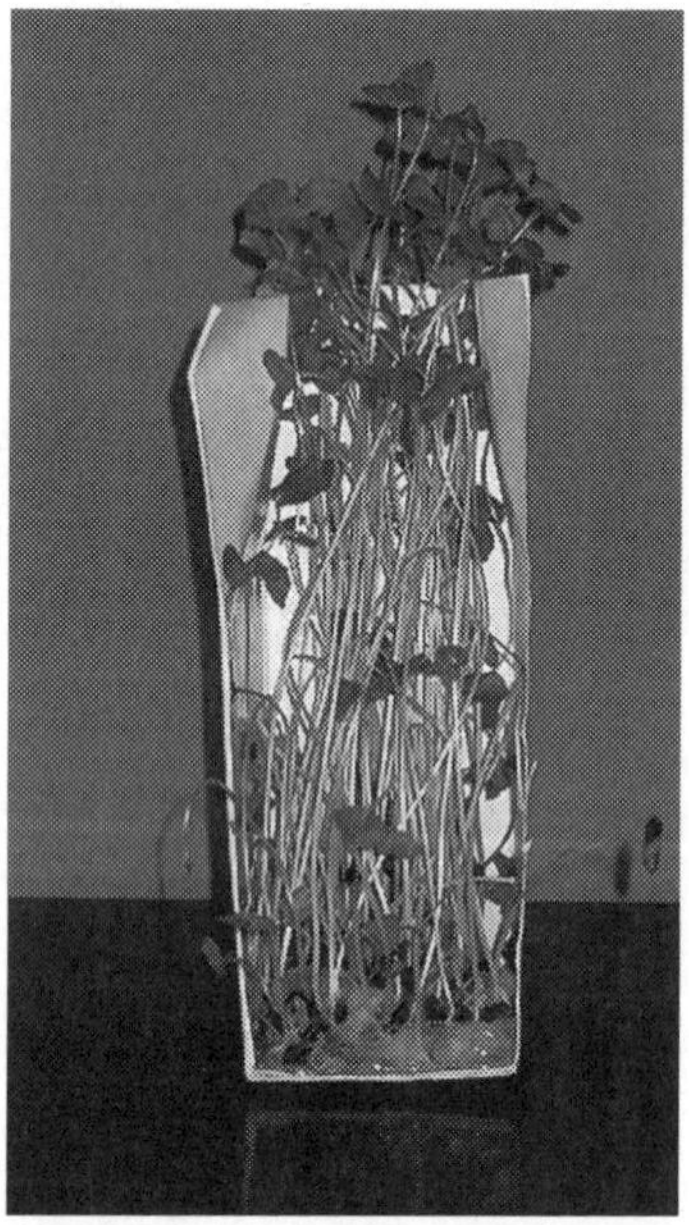

牛乳パック＋ぬらしたティッシュペーパーで栽培中のそばもやし。中を開いて見たところ

牛乳パックを使って貝割れで食べる

さて、次に豆ごと食べないものの発芽だが、これはいわゆる貝割れである。大根だけではなく、野菜の種なら何でもできる。家庭菜園まではちょっと…という人でも、貝割れぐらいなら、気楽に挑戦できるのではないだろうか。

私のやり方は、牛乳パックの底にぬらしたティッシュペーパーをしいて、そこに種をぱらぱらとまく。牛乳パックの口を元通りに閉じて、洗濯ばさみでとめておけばOK。あとはほったらかしで勝手に育つ。

最近私が凝っているのがソバで、ソバの実をこんなふうに貝割れ状に育てる。根っこのところがほんのりピンクに染まったソバのもやし（貝割れ）は、普通の貝割れよりも背丈が長いので、その容姿も面白いのに加え、かすかにそばの味がするのとしゃきしゃき感がすこぶるおいしい。

これをゆでたそばに混ぜてそばサラダにすると、ダブルのそばの香りとそばのしこしこと、貝割れのしゃきしゃきした食感で、超おすすめの一品になる。ドレッシングは、醤油ベースでわさびを少しきかせるのがポイント。

豆や種は、発芽する直前不思議なパワーを発する気がする。それは、一度でもやってみたら、誰でも感じるはずだ。そのパワーがほしくて、せっせと発芽させ、せっせと料理して、せっせと食べている。

二〇〇二年一月号　もやしにはまってます

あんの作り方

早川幸男（社団法人菓子総合技術センター）

あんは、澱粉含有量の多い雑豆類を水中で煮熟して、その澱粉粒を細胞内に保持したまま、糊化定着させた細胞澱粉粒の集合体である。加水、膨潤、煮熟する過程で、雑豆類は、その品温が七五～八〇℃に達すると、子葉部細胞の細胞壁を形成している熱凝固性たんぱく質が凝固し、澱粉粒子は細胞壁内に包み込まれたまま糊化・膨潤する。これが、いわゆる煮豆の状態である。これに水を加え、すり潰して個々の細胞粒子としたものが、いわゆる「あん粒子」であり（写真1）、この細胞粒子の中には糊化・膨潤した澱粉粒子が数個以上包み込まれている（「細胞澱粉」ともいわれる）。これを多量に捕集、脱水すると「生あん」になる（図1）。

生あんの製造工程

原料豆の選別・洗浄　製あんに使用する原料豆は蒸煮する前に必ず夾雑物の選別、洗浄を行なわなければならない。これをおこたると、加工機械に種々の損傷を与えるだけでなく、製品の中にも土砂が混入し、次の工程でいかにていねいに作業しても完全に除去することは困難である。

浸漬　水浸漬の目的は、豆粒の内部まで水を十分に浸透させ、煮熟の際、熱の浸透をよくし、煮熟時間も短縮すると同時に、豆を均等に煮熟することにある。もう一つの目的は、豆の中の不純物（タンニン、シアン、泡立ち物質のサポニン、無機物のカルシウム、マグネシウム、リンなど）の除去で、特に白あん製造の場合、浸漬により製品の白度が向上するので必須条件である。

煮熟　水浸漬後の豆に対しては、約二倍量、直接煮熟する場合は約三倍量の水を加えて加熱沸騰させる。煮立ってきたら、熱水を排水しながら、上から清水をどんどん注ぎかけて、アズキの「渋」を洗い流す。これを「渋切り」または「あく抜き」という。この渋切りは、豆の皮に含まれているタンニン質、ゴム質などの熱水に溶けやすい、またあんの風味を害するような水溶性成分やペクチンその他の成分を水に溶かして洗い流すのが目的である。

この目的を達すると、皮や子葉部に熱水がいっそう浸透しやすくなって、とくに「呉《ご》」になる子葉部の組織がほぐれやすくなり、軟らかい煮アズキとなる。また、この呉の中に含まれている渋味や、苦味、臭気などが除かれ、くせのない良いあんがとれるようになる。

一般に渋切りの悪いものは、あんの粒子がザラつき、色も黒褐色で異臭が残り、そのまま潰しあんで使うときでも口当たりのよいものにはならない。

写真1　「あん粒子」（北海道産エリモショウズ）

本煮熟　渋切り後、加水し、焦げつかない

図1　生あんの製造工程

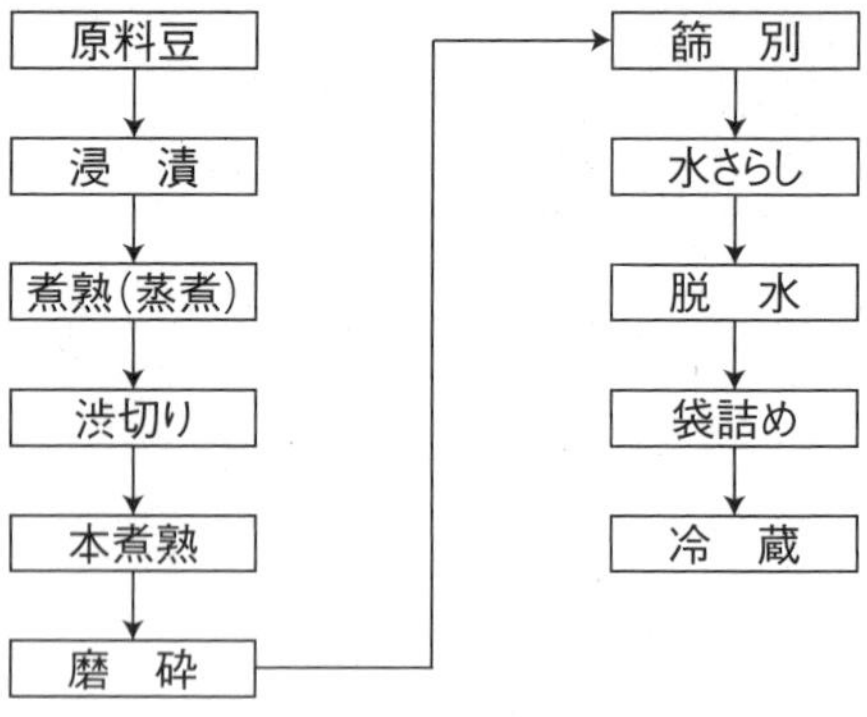

よう注意しながら煮熟する。これを本煮熟というが、この本煮熟の程度はあん製品の品質に大きな影響を与える。煮アズキが軟らかくなってきてから撹拌や煮沸を手荒く行なうと、「呉」が下に沈んで焦げつきの原因となる。また、腹切れ（腹割れ）を起こさないようにするには、弱火で煮るとか、バスケットに入れて少しおさえるようにして煮るとか、豆をおどらせないように煮熟する工夫をする。

　アズキは吸水させると、その重量は約二倍になる。加熱されると水は熱水に変わり、アズキのうち熱水に溶けるものは溶けてしまい、各器官はその連結と生理的機能を失い、膨張してバラバラなものになってしまう。これが皮の膨張以上になったとき、皮は内部からの膨張圧にたえかねて割れる。この腹割れは長さの方向に直角に割れ目ができるのが特徴である。しかし、バスケットにアズキを入れ、ある程度以上の膨張を防ぐようにすれば、割れ目はほとんど防げるといわれる。

　本煮熟によって煮熟されたアズキは、親指と食指でつまみ、軽く力を入れて容易に潰れるくらいの軟らかさになる。

磨砕　煮上がった豆を単一の細胞粒に分けるのが磨砕（あんずり）である。元来、煮熟完了の豆は水に入れて撹拌すれば完全に単一の細胞粒にほぐれる。これがあんである。

篩別《しべつ》　磨砕後あん粒子と外皮などの夾雑物を分離するのが篩別である。使用する篩《ふるい》の目の大きさは、通常四〇～五〇メッシュである。篩には振動篩、回転篩（六角・円筒篩）、高速遠心篩などがある。

水さらし　水さらしは、篩別工程で分離されたあん汁を水さらしタンクに移し、あん粒子が自然に沈降するのを待って上澄み液をパイプで排出する。さらに加水、静置、沈降、排水を二、三回繰り返し、きれいなあん粒子を得る。水さらしの方法には、このほか遠心分離機やサイクロンを用いたものがある。

　水さらしの目的は、第一に、豆の蒸煮中に溶出した可溶性のもの、比較的比重の軽いものを上澄液とともに除き、あん粒子と分離すること、第二には、あん汁の温度が高いと腐敗の進みが早いためにできるだけ早く温度を下げることである。

　また、水さらしを行なったあんは、次の脱水工程でしぼりやすくなることがよく知られている。これは冷水によってあん粒子がしまるほか、糊状になった澱粉が除去されるとともに、冷やすことによって残存する糊化澱粉が固くしまり、しぼりやすくなるためと考えられている。

脱水　あん粒子の脱水は、表面に付着している水分と細胞内水分の脱水である。従来から行なわれている方法は、濃縮冷却したあん汁を布製のしぼり袋に入れて上部を結束し、これをすのこ状のしぼり箱に入れて上部から加圧して表面水分とともに内部水分をも浸出させるものである。

　脱水完了後の生あんの水分は、一般に白あんでは六〇～六一％、赤あんでは六二～六三％である。ただし、原料豆の性質により若干の上下がある。

保蔵　脱水した生あんは冷蔵して保存する。この際に注意すべきは以下のようなことである。まず、できるだけ急速に冷蔵室の温度を下げることである。製品の格納による温度上昇は避けなければならない。室内の風速はできるだけ速く保つようにし、製品表面に暖気膜を作らないようにする。暖気膜は冷気の伝わりを阻害する。生あんに直接水滴が付着するようなことのないようにする。

乾燥あん

乾燥あんは、生あんを乾燥して水分を四〜五%とした粉末状のもので、粉末あんともいわれる。現在はおおむねフラッシュドライヤー（気流乾燥装置）を利用して、水分五〜八%間で一気に乾燥するので、異味、異臭はなく、吸水性にすぐれ、膨潤度もよく、加水して生あんに戻した場合、通常の生あんよりやや粘稠《ねんちょう》性をもつ程度である。生あんは水分が多く変質しやすいので、乾燥貯蔵することに着眼して一八八四（明治十七）年ころ粉末あんを製造したのが創始とされる。

練りあん

生あんあるいは乾燥あんを、砂糖を主とした糖類溶液と混合し、加熱、沸騰させながら、賦形性を保持できる状態まで練り上げたものである。練りあんには原料豆の種類、製あん方法、砂糖類の混合量、特徴付けの加合材料などにより多くの種類がある。

あんの練り加減　軟らかくして長く練れば火が通ると考えやすいが、熱度と時間の差により、その品質は異なる。短時間に高熱で練り上げたほうが色やつやもよくなる。短時間に熱を十分に通して練り上げる、すなわち「火をよく通す」ということが最も重要である。

初め水を生あんの四〇〜六〇%量程度入れ、軟らかいあんから煮詰めていく。こしあんの練り加減は、だんだん煮詰まってきて指先を入れて火傷するくらいのものでないと、十分熱が通ったとはいえず、あんの練り上げ最終の温度は九八〜一〇三℃あればよい。煮沸中は一〇五℃くらいに加熱して、あんの練り上がり間際の温度が九五〜九八℃程度であれば良いあんができる。

あん練りと品温　練る途中品温の変化を測定していくと、いったん一〇〇℃以下の温度になりながら最後には九五〜九八℃まで温度が下がることが多いのは、水が多いときは水の温度を測っていることになり、沸点上昇もあって一〇〇℃以上の温度になるが、煮詰まってきて水分が少なくなると直接あん細胞集合体の温度を測ることになる。あん細胞は水分も少なく、熱伝導が悪く、特に冷蔵庫に入っていた生あんからスタートしたあん練りでは、その時間までに温度上昇も遅れて九五℃くらいにとどまるものと考えられる。

よく熱が通ったかどうかは、あんのつやと色で見分けがつくが、そのほかに練り上げたあんをあん鉢に入れたとき、粘弾性と光沢があり、しかも冷却するとしまるものがよい。あん鉢の底のほうに蜜が沈んでいるようなあんは、火がよく通ったあんとはいえない。

伝統的な練りあん製造では、並あん（砂糖五〇〜七五%）製造の場合には、生あんに対し、水の添加量は二〇〜五〇%である。また生あんは最初に全部入れるのではなく、約三分の一を入れ、沸騰してからその残りを一〜二回に分けて入れ、沸騰を続けるようにする。さらに攪拌の回数をできるだけ控え、あんの細胞膜の破壊を防ぐことである。

長時間かかるときには、攪拌のために摩擦が多くなり、あん細胞をそこない、澱粉が飛び出してきて、あんの味、舌ざわり、口どけが違ってくることになる。

水の蒸発効率だけ考えて、最初に水を入れないところが多いが、水を四〇〜五〇%入れることで品温が上がりやすくなるので、一〇〇〜一〇二℃に品温を上げるための最低条件と考えるべきである。水の入れすぎより水不足の弊害のほうが大きい。

基本配合　練りあんは、配合する砂糖量によって並あん、中割あん、上割あんに大別される。砂糖量の配合基準を表1に示す。乾燥

表1　練りあんの配合基準

原料	並あん（g）	中割あん（g）	上割あん（g）	もなかあん（g）
生あん	1,000	1,000	1,000	1,000
（乾燥あん）	（450）	（450）	（450）	（450）
砂糖類	500 ～ 750	750 ～ 900	900 ～ 1,000	1,000 ～ 1,200
水あめ類	0 ～ 50	50 ～ 100	100 ～ 200	100 ～ 200
（食塩）	（2 ～ 5）	（4 ～ 6）	（5 ～ 7）	（5 ～ 8）
寒天				（2 ～ 4）
水	300 ～ 500	400 ～ 500	450 ～ 550	500 ～ 600
	（900 ～ 1,050）	（950 ～ 1,050）	（1,000～1,100）	（1,050～1,150）
練り上げ水分の目安	35 ～ 40%	32 ～ 35%	30 ～ 32%	27 ～ 30%

あんを使用して練りあんを製造する場合は、あらかじめ乾燥あんに加水して、しばらく放置し、あん粒子に十分吸水、膨潤させ、通常の生あん水分まで復元させてから砂糖溶液と混合し、あん練り操作に移ることが必要である。

並あんの製造工程

並あん（仕上がり一〇kg）の作り方は次のとおりである。

①熱伝導のよい鍋（サワリ）を火にかけ、冷水五ℓを入れ、砂糖を七kgと生あん三分の一量の三kg程度を入れ、攪拌機を回転させる。

②加熱されてくると流動状となり、さらに沸騰すると蜜状となる。この間約二五分間である。

③十分に沸騰したら、残量の生あんを加えて攪拌を続けるが、生あんを入れたときは、少し硬い感じである。しかし、混合されて加熱されるとだんだん軟らかくなり、ブツブツ沸騰して周囲に飛び散るので、量の多い場合は双方から合わせる木ぶたをして練り続ける（水を多く加えて煮詰めるのは、その間に糖分をあん粒子の中に浸透させるためである）。

④約二五分間経過すると、攪拌機に重たく応えてくるので、製品の種類に応じて、適当な硬さで仕上げる。

中割あん・上割あんの製造上の留意点

中割あんとは、並あんと上割あんの中間のあんをいう。並あんは生あんに対して七五％以下の含糖量であるが、中割あんは七五％以上九〇％までのものをいい、一応八五％の含糖量を目安に練り上げればよい。しかし含糖量が多くなると結晶析出の原因にもなるから、水あめなどを使用することが必要になる。

中割あんは、用途によって練り加減や火加減を調節しなければならない。たとえば、求肥ものなどに使用する場合は、雪平ものよりいくぶん軟らかめに練り上げるとか、焼きものはそれより硬めにし、半生の石衣などはさらに硬めに練り上げるなどである。

練り上げ技術がよければ十五日や二十日以上経過しても品質は変わらないが、出来の悪いあんは二〜三日で使用に耐えないあんになってしまうので、並あん類に比較して特に技術の優劣がはっきりする。

したがって、良いあんを練るには、できるだけ強火で軟らかいうちから焦がさない程度に、攪拌をできるだけ少なくおさえ、光沢のよいあんを練り上げることがコツといえる。

練りあんの甘味は、配合する糖類と砂糖の

転化率によって決まる。転化率がほとんどゼロの場合は淡白な甘味であるが、転化率が上昇するにつれて、甘味は強く感ずるようになり、また風味も変わってくる。それゆえに、練りあんの甘味・風味を一定に保つためには、配合する糖類と砂糖の転化率をできるだけ、一定にすることが大切である。

加熱による着色―「ヤケ」

練りあんの甘味・風味を揃えるには砂糖の転化率のほかに、「ヤケ」についても注意を要する。砂糖から生ずる転化糖は不安定で、あんに含まれているたんぱく質系物質とメイラード反応（アミノカルボニル反応）を起こして黄褐色の着色物質を生ずる。これらの着色物質は加熱時間が長くなるほど著しくなる。

メイラード反応は食品を加熱調理したときに生ずる現象で、その初期には香気成分を生ずるが、一般には褐変化から品質劣化をきたすものである。練りあんでヤケが進むときは、まず赤色が次第に強くなり、その後は褐色を帯びるようになる。そして甘味・風味も次第に悪くなる。

ヤケの現象は、練りあんの製造・保管中の品温および時間の経過に関係するものである。製造後保管によるヤケを防止するには、練り上げ終了後、できるだけ早く、あんの品温を下げることが重要である。練りあん仕上げ直後、そのまま大きい包装容器中に詰めたときの品温は、なかなか下がりにくいものである。

安全・衛生管理

食品衛生法では、公衆衛生に与える影響が著しい営業についてはその施設について、業種ごとに必要な基準を定めなければならないことになっており、あん製造業においても各都道府県知事は営業施設、設備、取扱いについての最低の基準を定めている。

温度管理　生あんは水分六〇～六五％で腐敗しやすいものであるから、できるだけ早くあん練り工程に移ることが必要である。もしあん練りまでに数時間もかかるような場合は、冷蔵庫に保管しなければならない。生あんの冷蔵庫保存は保蔵温度にもよるが一般に四～五日までである。練りあんは品温を五〇℃前後まで下げてから容器に入れることが大切である。一〇〇℃の練りあんを二〇kgの缶に詰めたときの品温の経時変化を追った試験結果によれば、二一時間後でも四二℃を維持している。

異物混入の防止　原料仕込みの際には、原料の篩通し、ろ過、金属探知機などで異物除去につとめる。工程中の異物混入防止には防鼠防虫設備、給排水の衛生管理、加工室内の清潔整頓、機械器具の整備点検のほか従事者の品質管理・衛生管理意識の教育とチェック体制を整備することである。

排水・廃棄物処理　排水処理はいろいろな方法があるが、主に活性汚泥法が採用されている。このほかに、排水中の有機物を積み重ね砕石に付着した微生物の作用で酸化分解する散水ろ床法、大きな池に排水を十日間くらい滞留させて処理する酸化池法、嫌気性微生物によって発酵分解させる消化法などの排水処理法がある。

引用・参考文献

早川幸男　一九九七『菓子入門』日本食糧新聞社／食生活開発研究所　一九八五『あんの製造・流通管理等マニュアル』食生活開発研究所

食品加工総覧第七巻　あん　二〇〇四年

とっておき　僧堂の大豆料理をお教えしよう

不識庵庵主　藤井宗哲（故人）

道場では、月一～二度「添菜《てんさい》」といって、一品おかずをつける。

ぼくが長年修行していた建長寺僧堂では、どういうわけか大豆を使った料理が多かった。その料理はいまも、拙庵で作ることがある。

その何品かをご紹介しよう。

茹で大豆の紫漬

材料　大豆・醤油・コショウ

作り方

①大豆は一晩水に漬け、その漬け汁のまま茹でる。ちなみに、その茹で汁は味噌汁に使う。

②ボウルに移した熱いうちの大豆に、まんべんなく生醤油をかけ、そこへさらに、コショウを軽く振り、さっとかき混ぜる。

これは熱いうちもいいが、冷めてもひとしお味わいぶかい。いうまでもなく、ごはんのおかずではあるが、酒のおつまみにもなる。

一夜納豆

材料　大豆・グラニュー糖

作り方

①大豆は先の「紫漬」と同じように茹でる。その茹で汁を味噌汁に使うことはいうまでもない。バットに移し、そこへ少量のグラニュー糖をやはり、まんべんなく振りかける。そのままの状態で、一夜寝かせる。

②翌日になると、極細の糸状が張る。それをかき混ぜて、いただく。

大豆の寄せ揚げ

材料　大豆・紅生姜・春菊・生椎茸・長芋・小麦粉・塩・揚げ油

作り方

①大豆は先の「紫漬」や「一夜納豆」と同じように、一晩水に漬け茹でる。

②大豆をザルに移し、茹で汁をよく切る。

③次に、紅生姜もしくは梅肉をほどよい大きさにきざむ（梅肉はちぎる）。

④春菊は食べごろ（小口切り）に切る。

⑤生椎茸は石突きを取ってせん切りにする。もちろん軸も使う。

⑥小麦粉にすりおろした長芋を加え、そこへ塩を少々加える。

⑦水切りした大豆、紅生姜、春菊、生椎茸を入れ、よくかき混ぜる。

⑧大きめのスプーンですくって、揚げ油

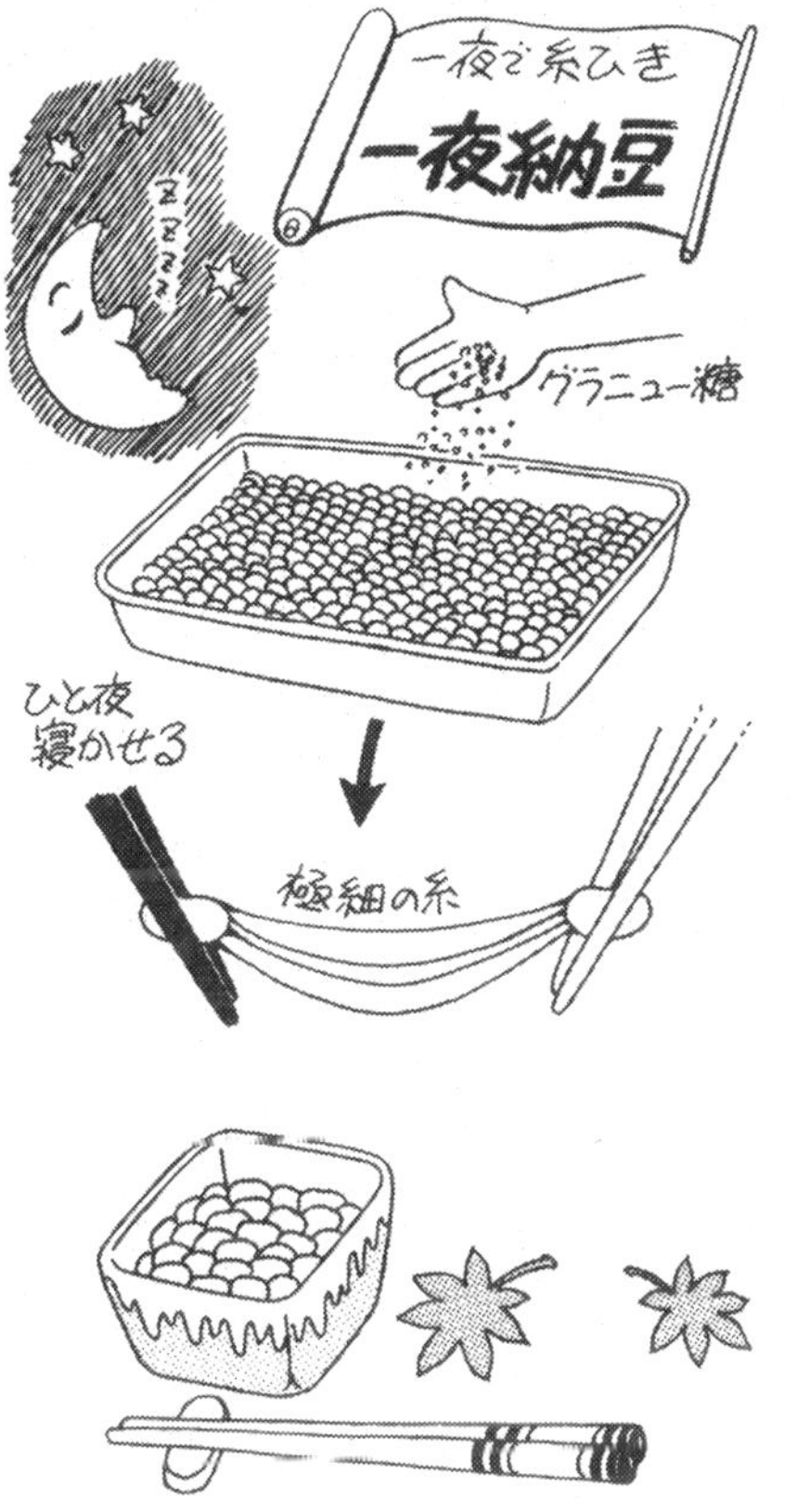

が高温になったら落とし入れて、カラッと揚げる。

大豆の梅煮

材料　大豆・梅干・昆布・醤油・みりん

作り方

①大豆は今までのようにし、茹でるときに昆布を切手大の半分に切って入れる。

②煮汁が半分になってきたら、梅肉をたたき、裏ごしして入れる。

③味が染みるように、ときどきあおり、そのまま煮汁がなくなるまで煮含めていく。これは、どちらかといえば夏向きである。

奈良茶飯

材料　米・炒り大豆・番茶・塩

作り方

①まず始めに、お番茶を煮だし冷ましておく。

②この茶汁で、お米の水加減をし、塩一つまみ加える。

③炒り大豆は、すり鉢の中へ入れ、お玉杓子の背で軽くこすり、薄皮を取る。

④炒り大豆をお米と一緒に合わせ炊き込む。

材料の炒り大豆だが、二月の節分に使った後のを使う。この茶飯、古くから奈良の各寺院で、節分の時の豆を前述のような形で食されたのが始まりという。

（神奈川県鎌倉市稲村ヶ崎三―一二―二五）

九九七年一月号　とっておき　僧堂のダイズ料理をお教えしよう

「顆粒大豆」にしていろんな料理と組み合わせる！

國分喜恵子（写真　赤松富仁）

フードプロセッサーで砕いて〝顆粒大豆〟

顆粒大豆との出会いは、今から十七年前にさかのぼる。

料理はそれほど得意ではなかったのだが、家族の健康を気遣って、ほとんど手作りの食生活を心がけてきた。だがそれまでは、大豆は畑の肉といわれ健康によいことは知っていても、その料理方法といえば煮ひじき、味噌豆、お正月の浸し豆程度しかわからない。それも一年に数回作るか作らないか……という具合だった。

子供たちが成長し、部活動なども始め、食事をもりもり食べるようになった姿を見て、ふと「大豆」が頭をよぎった。「身体にいい大豆を、何とかして食べさせられる方法はないものか」と考え始めたのである。

そんなある日、母が大豆を水に浸し、まな板で刻み、すり鉢ですって味噌汁に浮かせて食べさせてくれた幼かった頃のことを思い出した。後に、それは呉汁とわかった。

共働きの忙しい身なので、昔の母のように手間暇をかける余裕はなかったが、「今は幸い文明の力・フードプロセッサーがあるではないか！」と気付いたのである。これなら簡単。さっそく挑戦してみた。

國分　喜恵子さん

乾燥大豆を一昼夜水に浸し、硬めにゆでてから、フードプロセッサーで砕いてみると、自分がイメージしていたとおりの粒々のものができ上がった。「しめた！」。ちょうど顆粒状の薬を少し大き目にした粒々だったことから、私は即座に「顆粒大豆」と名付けたのである。

混ぜるとコクが出る、ふんわりする

さて、この顆粒大豆をどのように料理に生かそうか。まず、子供たちがあまり好んで食べないピーマンを使うことにした。

ピーマンのヘタをとって半分に切り、顆粒大豆をつめて大葉でふたをし、フライにしてみた（ピーマンも大葉も花壇のすき間に数本植えて、自分で育てたものを使用）。揚げたてのフライをさらに半分に切ると、青肌大豆と大葉の香りがただよい、青野菜とミニトマトを添えてオードブル風にしたら、見た目もきれいで、子供たちは「美味しいね」との第一声。

その後も、顆粒大豆料理は、自分でも不思議としかいいようがないほど次々とひらめいて、レパートリーはみるみる増えていった。

最初の味見役はまず子供たち。「美味しい」との声を聞くと、多めに作っては職場に持って行ったり、共働きの友人に「夕食の一品にね」と届けたり……。不思議なことに、顆粒大豆を入れるとどんな料理もコクが増し、うま味が出る。また、魚料理にまぶしたり、魚のミンチに混ぜ合わせると、子供たちが嫌がる生ぐささが消える。

さらに顆粒大豆を入れることでふんわりと仕上がる。特にロールキャベツは、普通は煮込めば煮込むほど肉がしまって美味しさが半減してしまうのに、顆粒大豆を混ぜ合わせると、その軟らかさは格別だ。

いっぽう顆粒のザラッポさがおもしろい食感になったりもする。特に大豆クッキーは、サックリとした舌ざわりの中にプチリという顆粒大豆の歯ごたえが人気だ。

近年、食生活の欧米化で生活習慣病が子供たちの健康にまで及び、日本食が見直されている。日本食はもちろん素晴らしいが、洋風、中華料理などに顆粒大豆を応用すると、子供たちの大好きな美味しさはそのままに、肉の量を半分程度に減らすこともできる。

顆粒大豆は、何でも美味しくしてしまう天然の添加物だ。

冷凍常備すればいつでも使える

わが家の冷凍庫には、常時六〇gずつラップした顆粒大豆が保存してある。用途によって、青肌大豆、黒大豆も使うし、エダマメの出る季節には顆粒エダマメが絶品だ。冷凍した顆粒大豆は、六〇gの場合、電子レンジで四〇秒で解凍できる。急に使いたい時でもOKだ。

私は顆粒大豆を使って、とくに朝食とお弁当に力を注いだ。顆粒大豆を使った料理はだいたいいつも一～二品。家族全部で弁当五つの時もあったから、まったく使わない日があったとしても、家族のための乾燥大豆の年間の使用量は約一二kgくらいだったろうか。

また、ご近所からの野菜や果物などのおすそ分けをいただいたときのお返しに、友人知人や親戚訪問のときのおみやげ、お客様へのおもてなしにも顆粒大豆料理やお菓子は定番。これに使用する大豆もわが家の消費量とほぼ同じぐらいはある。……というわけで、私の顆粒大豆使用量は、合わせて年間約二四kgを超えていたこともある。

朝四時起きで、お弁当五つ作っていた頃に、長男に「お母さん鉄の身体だね」といわれたこともある。顆粒大豆を食べ始めて十七年、現在子供たちはそれぞれに社会人となっているが、健康そのもの。顆粒大豆の恩恵を、私も家族もしっかり受けていたのかも。

顆粒大豆は60gずつラッピングして冷蔵庫に入れておくと便利。左から普通大豆，青肌大豆，黒大豆。

国産大豆農家の応援になれば……

家族の健康のためにと思いついた顆粒大豆料理を、多くのマスコミにとり上げていただき、そのことがきっかけで、地域での料理講習会、講演会とまったく予測していなかった方向へと進んできたように思う。「わたしの大豆料理」と題した顆粒大豆料理の本も自費出版でき、大きな反響をいただいている。

国産大豆は年々増産されているそうだが、農家の方からは、しわ豆や不揃いなど商品価値から除かれる大豆が出ても、以前の私のようにレパートリーが少なく、それらをどのように食生活に生かすかが悩みの種であるという話も聞けた。「趣味の領域ではいられない」と顆粒大豆料理を本気で普及していこうと思い始めている。

現在は、ほとんど輸入に頼っている大豆だが、家庭や学校給食等で多量に消費できる裏付けがあれば、生産農家の方々の大豆栽培に大きな力となるように思う。

（福島県伊達郡伊達町箱崎沖四八—一三
TEL FAX〇二四—五八四—三一二七）

二〇〇三年十一月　大豆でつくる新しい粉「顆粒大豆」なら、身体にいい大豆を毎日食べられる。

＊國分さんの本「わたしの大豆料理」のご注文はFAX〇二四—五八四—三一二七まで。

顆粒大豆のつくり方

①乾燥大豆100g（右）を一晩水に浸けてから（左）、硬めにゆでる（沸騰した湯に入れて、再沸騰してから2分でＯＫ）。

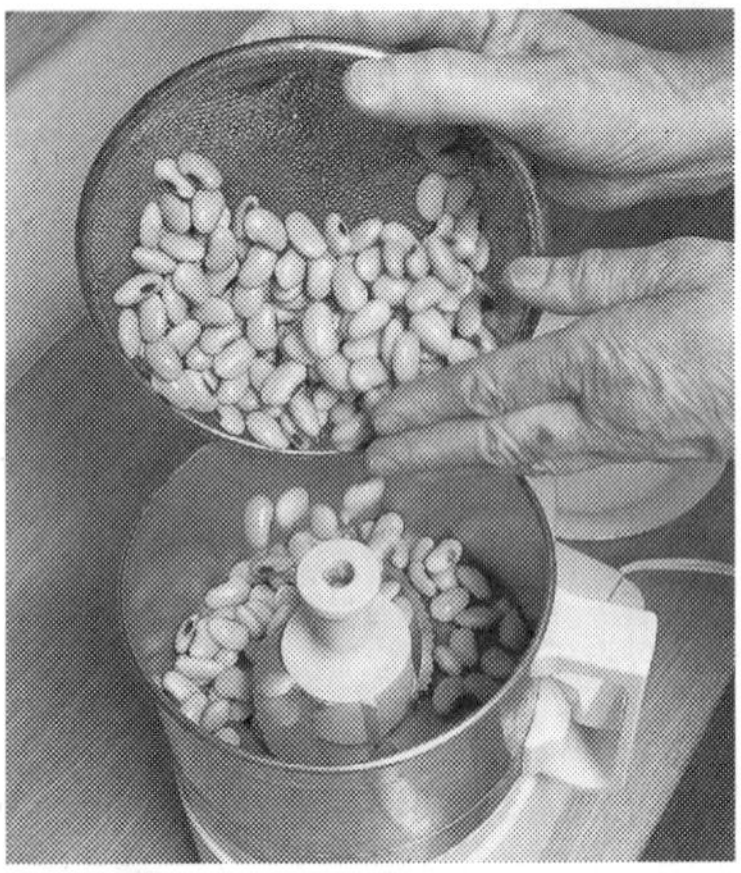

②水を切った大豆を、フードプロセッサーへ。

③機種によるかもしれないが、一番細かくする設定で、10秒くらいずつ3回ほど動かす。

④顆粒状の薬のようになって完成。100gの乾燥大豆から、240g強の顆粒大豆ができるので、60gくらいずつラップして冷凍庫へ。使うときは電子レンジ40秒で解凍。

広島県・小野敏雄さんの黒大豆栽培法

①前作のうね間に刈り草、落ち葉と、米ぬかと米ぬかボカシを1a当たり10kgずつ入れて土を少し被せておく（2月末）。

②元肥は、5月末～6月初めに、1a当たり米ぬか5kg、米ぬかボカシ10kg、消石灰2kg、リン酸肥料（MリンPK）3kgを、前述の溝にまく。両側のうねを壊し、全体を平らにならす。

③5月末、苗を仕立てる。育苗床に深めに溝を切り、種播きする。十分に灌水し、くん炭があれば上にまいて、鳥害を防ぐために寒冷紗を掛けておく。

④定植は、本葉3枚目が出始める頃。あらかじめ、植え溝に米ぬかボカシを施しておく。苗を苗床から掘り出し、うね間120cm株間45cmで定植する。十分に灌水する。

⑤定植10日後頃までに、第1回目の土寄せをする。双葉が埋まるくらい。

⑥本葉が7～8枚出たら、主茎の先端を摘心する。側枝が出て繁る。この時期にリン酸肥料（MリンPK）を一株に一つかみずつばらまいて、草取りを兼ねて第2回目の土寄せ。本葉第一葉の付け根まで隠れるようにする。

⑦刈り草、残菜など、有機物を溝へ入れておく。

⑧側枝が伸びて主茎の高さと揃ったところで、側枝の先端を全部摘心する。さらに側枝が出る。

⑨最初の花が着いたら、リン酸肥料（MリンPK）と消石灰を一株一つかみずつうねにばらまく。花が着き始めて1か月は、乾燥しないように灌水する。

⑩莢ができ始めたら、カメムシ防除の農薬と木酢700倍液を動噴で葉面散布。

⑪葉色が淡くなるところが出てきたら、全体に木酢液700倍液を葉面散布。

⑫葉が全体に黄色くなってきたら、葉の部分だけを鎌で切り落とす。この作業でさらに実入りがよくなる。

⑬マメの樹全体の青みが薄れ、莢が丸々と膨らんできたら、株ごと抜き取る。

写真は1回目の摘心。本葉を7葉残して、8葉目を摘む。（倉持正実撮影）

おばけ枝豆栽培のコツ

新潟県荒川町　遠山恵美子さん
文・編集部

遠山恵美子さんは、自家用野菜を中心に栽培しているが、一部を有機農産物の宅配に出荷している。遠山さんが作る枝豆（青豆）には、他の仲間がみんなびっくりする。

宅配の枝豆は、一把枝付きで五〇〇g単位だ。普通の人の枝豆は、数株まとめて五〇〇gになるところ、遠山さんの枝豆は一株を四本に割ってもまだ多いという。友達からは、「豆のおばけだ、大木だ」といわれ、「枝豆おばさん」のあだ名まで付けられた。

遠山さんは、以下の点を重視して枝豆を作っている。

①根粒菌の接種

ポイントの一つは、根粒菌の接種。用意するのは、①根粒菌が豊富な土、②黒砂糖、③木灰と消し炭（分量は、それぞれ種の量の一

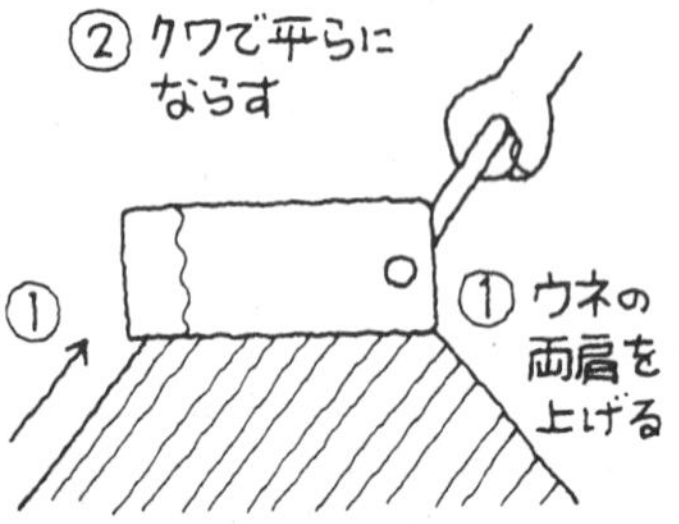

うねを上図のように作り、ゲンコツで土を押さえてできた穴に2粒ずつまき、土をかけて、最後に手の平でぐっと押す
（小倉かよ撮影）

根粒菌接種に用意するもの（小倉かよ撮影）

上の材料を
種にまぶす。
（小倉かよ撮影）

割程度）。④天恵緑汁の五〇〇倍液（なければ水でも可）。これらを混ぜて大豆の種にまぶす。種の皮がむけないようすばやく混ぜ、すぐに畑に播く。

「根粒菌が豊富な土」とは、前作に大豆を栽培した畑の土のこと。「天恵緑汁」は、生育旺盛な雑草などの先端部分を黒砂糖で漬けた発酵エキスのことで、遠山さんはタケノコを漬けることが多い。炭、ミネラル、酵母菌、乳酸菌などが、根粒菌の繁殖によい影響を与えるようだ。

②排水の良い畑に疎植

遠山さんの枝豆の株は、ずんぐりして大柄になる。そこで、種を播く株間を三五～四〇cmと広くとる。うね間は、管理機の幅と同じ七〇～七五cmにする。これで、およそ反当三七〇〇株になる。

一粒播きすると株が大きくなってよいのだが、どうしてもネキリムシにやられる分がでるので、二粒播きにしている。

側枝が4本出たら、先端（頂芽）を摘む（小倉かよ撮影）

③摘心してストレスを与える

次なるコツが摘心処理。摘心を始めたきっかけは、カラスがくちばしで先端をちぎっていた株のほうが、生育がよかったという経験からだ。先端をちぎられた株は、何本も枝分かれして株が大きくなり、莢《さや》がたくさんつくことに気がついた。

摘心する時期は側枝が四～五本出たとき。先端のやわらかい部分（頂芽）を手で摘んで側枝を四～五本残す。ストレスを受けた大豆が身を守ろうとするためか、枝葉が多くなり茎が太くがっしりとする。さらに、子孫を少しでも多く残そうとするためか、莢がたくさんつく。

ただ、極早生品種の「天《てん》ケ《が》峰《みね》」は摘心していない。分枝しやすさは品種により異なるようで、遠山さんの実感としては、早生種より

右が摘心した株で、左が摘心しなかった株。摘心すると枝葉が多くなり、茎ががっしりと太くなり、莢の数が増える（松村昭宏撮影）

晩生種のほうが分枝しやすく、摘心の効果が現れやすいという。

④元肥は緩効性の有機質肥料

元肥に速効性の窒素肥料を撒くと、樹がぼけてしまい、莢がつきにくくなる。そこで、暖かくなってからじわじわ効くボカシ肥を、元肥に施す。

⑤花が咲いたらリン酸と石灰追肥

最初の花が見えたころに、除草のために中耕し、株元に土寄せして倒伏を防ぐ。ここで土寄せする前に、うねの肩に追肥を施しておく（右の写真）。

現在追肥に使っているのは、「マドラグアノ」と木灰だ。マドラグアノは堆積した海鳥の糞が風化してできたもので、主要成分はリン酸約二〇％、石灰約三〇％。また、木灰は主にカリの補給が目的だ。

⑥刈り敷きや残渣で地力維持

うね間に刈った草や収穫後の残渣を敷いて、土の地力を維持するようにする。

遠山さんは七月下旬には食べられる極早生の「天ケ峰」から晩生の「越後娘」、そして、十月下旬まで収穫できる「青豆」を枝豆として食べているが、これらの栽培の秘訣は大豆栽培にも役立つ技術だという。

二〇〇五年五月号　エダマメおばさんのおばけエダマメづくり

左はマドラグアノ。右はミネラル資材「ミネラルはねっこ」で、植え付け前にまく（小倉かよ撮影）

株元に、マドラグアノと木灰を施す（小倉かよ撮影）

追肥した肥料の上に土寄せする（小倉かよ撮影）

根粒菌「まめぞう」で大豆増収

宮城県　品川忠夫さん

文・編集部

宮城県の品川忠夫さんは大豆の種子に、「まめぞう」という根粒菌資材を粉衣している。

「根粒菌を接種すると、テキメンに豆のつきがよくなる。三葉期に抜いて見たらすでに根の量が全然違う。根粒も二倍くらい多かった」

品川さんの住む根白石地域は、もともと、大豆の収量はあまり多くなくて、品川さんの反収も以前は一三〇kgくらいだった。平成十四年、試しに一部の畑で根粒菌資材を使ってみたところ、その畑だけ反収二〇〇kgに増えた。同じ天候、ほとんど同じ土壌条件にもかかわらずだ。以来、品川さんは全部の畑で「まめぞう」を使っており、昨年も一昨年もミヤギシロメで二〇〇kg以上とれた。

地域全体でも、「まめぞう」を使う畑の面積が一昨年は二〇ha、昨年は一〇〇haと、どんどん増えている。

「まめぞう（大豆用）」は根粒菌にアゾスピリラム菌が添加されたもので、土のようなサラサラした資材。根粒菌は空気中の窒素を固定して大豆に与えてくれる。アゾスピリラム菌はインドール酢酸（オーキシン）などの植物ホルモンを分泌し、おもに根の生長を促進してくれる働きがあるという。

農家用（一〇a分）と、家庭菜園用（種子一ℓ分）が販売されている。

＊「まめぞう」の問い合わせ先　十勝農協連農産化学研究所　TEL〇一五五－三七－四三二五

二〇〇四年七月号　種子処理の一工夫で増収！

根粒菌の種類　（『農業技術大系土壌施肥編』）

Species種	Biovar生物型	寄生植物の属(代表植物)
Rhizobium leguminosarum	*viceae*	*Pisum*(エンドウ) *Vicia*(ベッチ) *Trifolium*(アカクローバ)(±)[b]
	trifolii	*Trifolium*(アカクローバ) *Pisum*(エンドウ)(±)[b] *Vicia*(ベッチ)(±)[b]
	phaseoli	*Phaseolus*(インゲンマメ) *Pisum*(エンドウ)(±)[b] *Vicia*(ベッチ)(±)[b]
R.meliloti		*Medicago*(アルファルファ) *Melilotus*(スイートクローバ)
R.loti		*Lotus*(バーズフットトレフォイル) *Lupinus*(ルーピン) *Ornithopus*(セラデラ)
Bradyrhizobium japonicum		*Glycine*(ダイズ)
Bradyrhizobium sp.	(*Lupinus*)[a] (*Ornithopus*)[a]	*Lupinus*(ルーピン) *Ornithopus*(セラデラ)

注a：この生物型は未決定で，暫定的に（　）で寄生種をつけて表示する。なおこの二つは例として掲げたもので，これだけではない

b：ときどき根粒を形成するが無効菌である場合が多い

黒大豆の簡単豊作栽培法

岡山県岡山市　赤木歳通

おせちで食べる煮豆のおかげで、私も一年間まめまめしく働くことができる。その原料の黒大豆は味噌に加工してもうまい逸品ができる。

今日は黒大豆の簡単豊作教室だよ。茎を一升ビンに挿せないほど太く仕立て、葉の下に莢《さや》を鈴なりにぶら下げてみよう。

①うね間、株間を広くとり一粒播き

黒大豆は北海道から九州まで栽培されている。アゼに大豆が作れる地域ならどこでも作れるってことだ。家庭菜園なら店頭で売っている煮豆用でよいから播いてみよう。

樹は大きくなるからうね幅八〇cmで中央に一条、一七〇cmあれば二条播ける。株間は五〇cmと広く取り、三cmの深さに一粒播きとする。二粒播くと樹が小さくなって損をする。一粒播きにして、残りは空いた所に、予備に播いておこう。

私の瀬戸内地域では六月中旬以降の播種がよい。七月になってからでも間に合う。それぞれの地域の大豆播種時期を参考にするとよい。早くても遅くても収穫時期はたいして変わらない。

②元肥は施用しない

大豆といえばあぜ道にあけた穴に播き、上から灰を振るだけで大地の肥料分で育っていた。黒大豆も早くから肥をやると樹だけ大きくなって実がならない。播く時の施肥はいらないってことだ。

本葉が数枚の頃、予備苗を移植コテで掘り取り欠株補植に使う。私は田んぼにうね立てして作っているし、梅雨の頃だから移植後に水をやったことはない。

③摘心で株をいじめる→茎が太く、枝が多くなる

一番のポイントは、側枝が四、五本出た頃に心を止めてやることだ。これをしないと主茎が間伸びして枝（＝莢）が少ない。摘心することで枝がさらに分かれて横に茂り、一升ビンに挿せないほど茎が太くなる。これで莢が鈴なりに着く素地ができる。

土用の頃、台風対策と草退治を兼ねて、しっかり土寄せしてやる。また菜園程度なら寄せた土の上から株元を踏み締めてやるとよい。

田に作っているとたまに水が入る失敗をやらかす。水の中に生えている景色になるが、水には強く半日程度ならまったく平気な顔をしている。発芽前後だったら腐って全滅するとこだけどね。

④花が咲き始めたら施肥

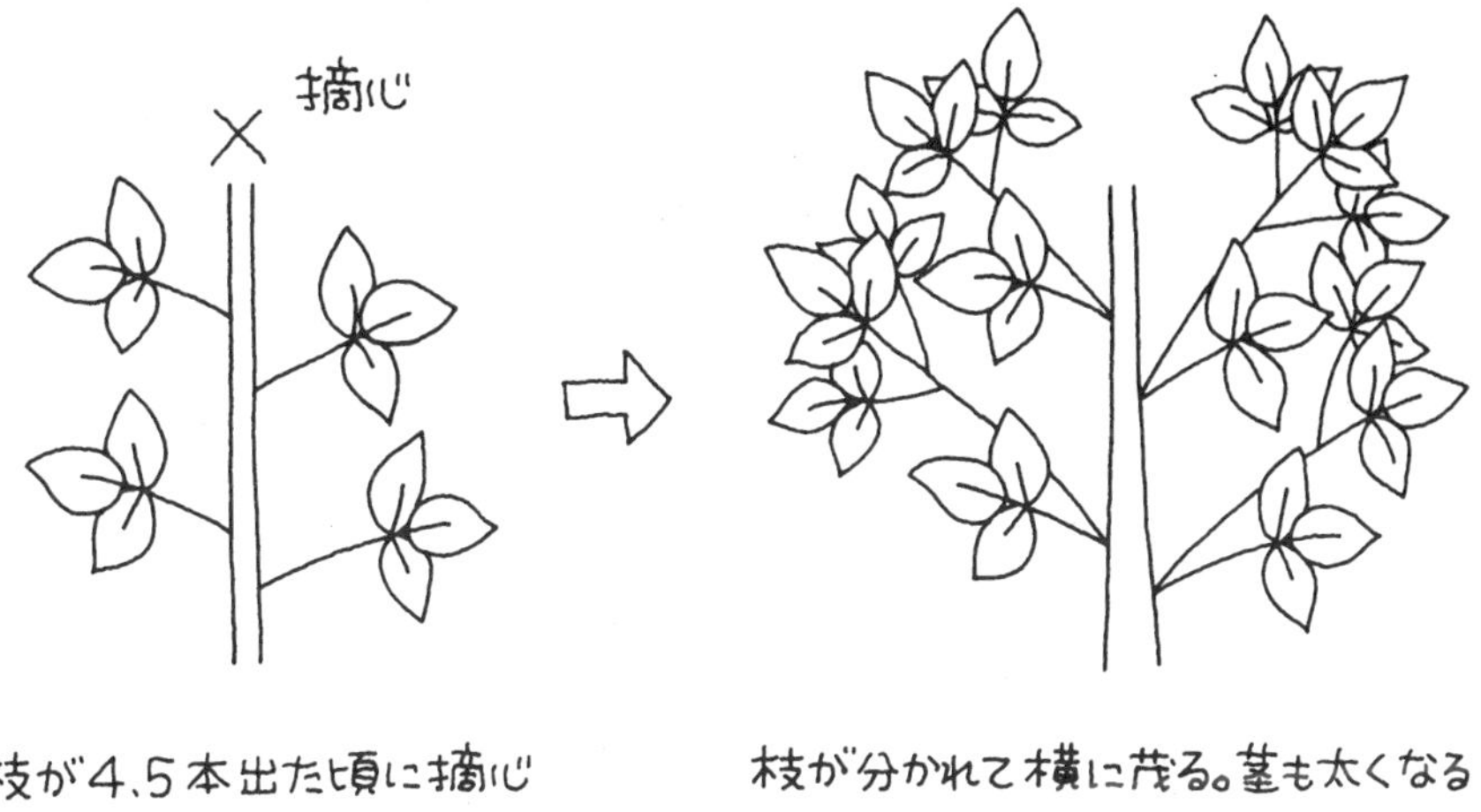
摘心
枝が4.5本出た頃に摘心
枝が分かれて横に茂る。茎も太くなる

施肥は、早く播けばお盆前に、遅く播くと八月下旬になるだろうか、花が咲き始めた頃に肥料を振ってやると増収する。これがポイントだ。化成肥料でもよいが、私は鶏糞堆肥を適当に振り撒いてやる。

もともと根粒菌を味方につけるから肥料は少しでよい。前作の肥料分が残っているようならいらない。だけど、振れば無肥料という不安から解放されて、自分の気持ちも落ち着くってもんだ。

枝豆で食べてもよし、黒大豆で食べてもよし

私のところでは、十月中旬あたりから枝豆として収穫できる。下旬には莢がはちきれんばかりになって、薄皮は紫色、噛み応えが出て絶品だ。もう一〇日もすると黒大豆に変わり始めて、枝豆の短いシーズンは終わる。

枝豆で全部食べずに残しておき、葉が枯れたら根元を切って五日でしっかり干す。ぱちぱち叩けば正月の煮豆に間に合うぞ。その中から丸々太った粒を、翌年の種子に残そう。

二〇〇七年五月号　赤木さんの黒大豆摘心栽培

莢がはちきれんばかり

豊作（倉持正実撮影）

大豆　うね間灌水と追肥流し込みで安定三〇〇kgどり

長野県駒ケ根市　大沼昌弘さん

文・編集部

大沼昌弘さんは、作業受託もあわせて八七haの面積で稲・大豆・麦・ソバを栽培している。今年は大豆の栽培面積だけでも一七ha。こんなにも面積が広いと、一枚一枚の畑にはあまり手をかけることができなさそうだが、多少収量の減る遅播きは別にして、普通期播き（五月二十五日〜六月十日播種）では、毎年三〇〇kg以上の収量を維持しているという。冷夏の昨年も三七〇kgどり、全量二等以上だったそうだ。

うね間灌水の効果

大沼さんが重視している技術のひとつが、梅雨明け以降、乾燥害を防ぐために行なう「うね間灌水」だ。大豆の葉が乾燥で巻き始めたらすぐに始めて、それ以降は一〇日に一回くらいの頻度で繰り返す。手間はかかるが効果の高い作業なので、絶対に省くことはない。奥さんの正子さんも、毎年大豆を見ていればその効果はよくわかるという。

「途中まで大柄でいい樹だなーと思っていても、梅雨明け後に水分が足りなくなってしまうと、サーッと葉が巻いてしまうの。そうなると、それから後はもう伸びが悪くて小さくなっちゃう。こんな大豆だと莢も少なくなるし収量も少ないの。反対に水がちゃんと入ったところの大豆は丈が高くて、うね間に立つと顔まで隠れてしまうほど。こういう大豆だと莢の数も多いし粒も大きいのよ」

水分不足は減収に直結

「大豆は畑の作物で湿害には弱いという印象が強いけど、それは発芽のときのこと。発芽後、とくに梅雨明け以降の大豆は水を必要とするんだ」と大沼さん。

うね間灌水しているようす

大豆に、強い水分ストレスを与えたとき、収量がどうなるかを生育ステージ別に試験した研究がある（図1）。この試験では、開花初期〜盛期、開花後期〜子実肥大期に乾燥ストレスを受けると、三割近くも減収してしまうことがわかった。この時期、「水分が足りなくて苦しいー」と思った大豆は自分の活力にみあった収量に抑えようとして、自ら莢を落としてしまうのだ。

長野では、開花初期（八月一日ごろ）から

図1　生育ステージ別に水分ストレスを与えた場合の減収率

（農文協『ダイズ安定多収の革新技術』有原丈二より作成）

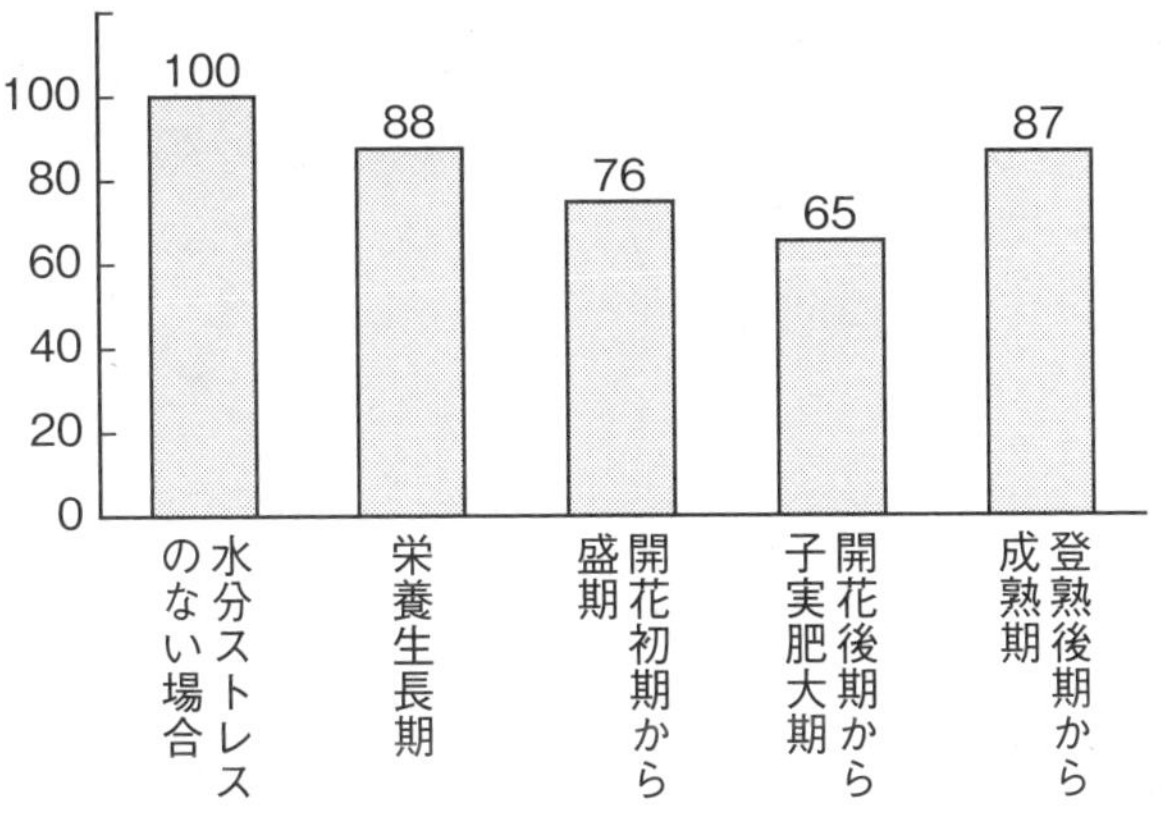

水分ストレスのない場合の収量を100とし、各生育ステージに水分ストレスを与えたときの収量を示した

図2　大豆は開花始めから窒素含量が高まる

（十勝長葉：平井　1961）

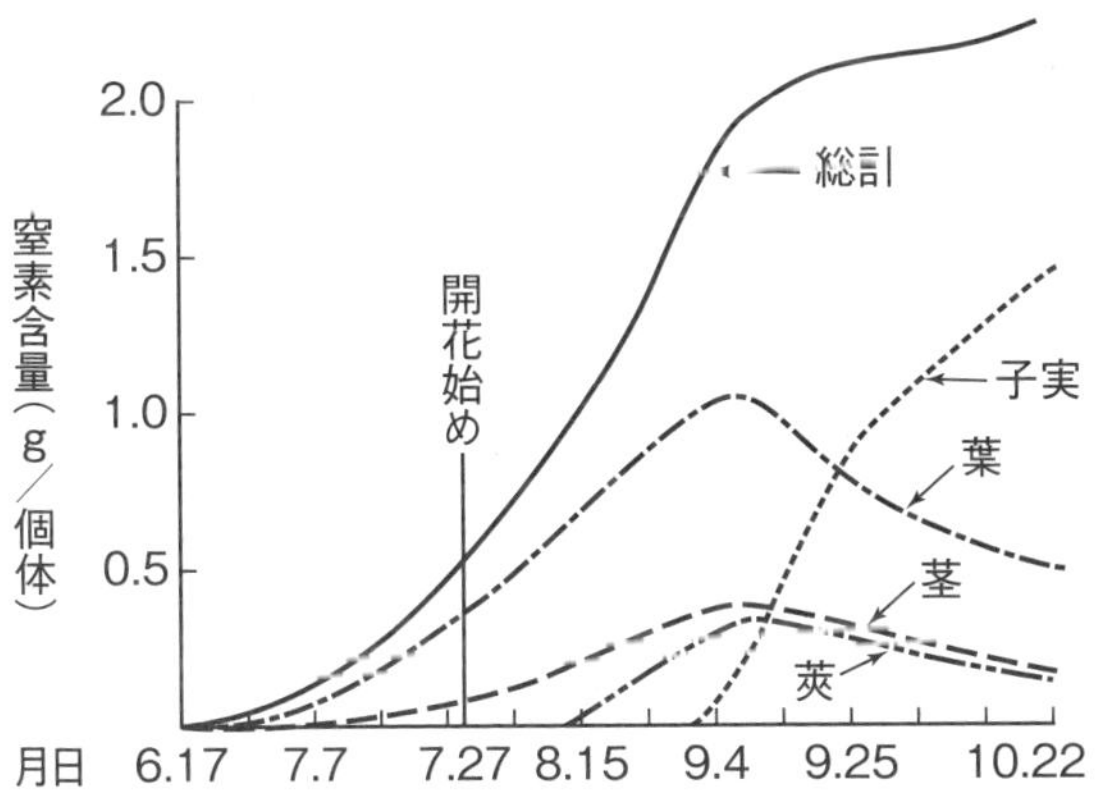

肥大期の始まり（九月十五日ごろ）までが、ちょうど梅雨と台風の狭間に当たり、自然の降水量は非常に少ない。そのぶんの水不足を補うのがうね間灌水なのだ。

大豆は生長や子実に必要な窒素の六割以上を、根粒菌による空中窒素の固定窒素に依存している。根粒菌は非常に乾燥に弱く、乾燥するとすぐに活動しなくなってしまう。

うね間灌水の実際

このように効果の高いうね間灌水だが、田んぼが大きい場合など、全体に水を行き渡らせるのに苦労することもある。大沼さんの大豆圃場にも五反以上の大きな田がたくさんある。大きな田では、一二時間も入水して、ようやく水を止めるそうだ。上手に灌水するために、気をつけていることを教えてもらった。

中耕培土で三〇cm以上のうねを作る

まず、うねの高さ三〇cm以上を目安に、必ず二回以上の中耕培土を行なっておく。その際、たくさん水を流しても崩れないような高いうねが作れる培土板を選ぶ。

大沼さんはネギ用の培土機を、大豆の培土に使用している。ネギ用の培土機は一輪で、土揚げ効果が高い幅広の爪がついている。ふつうの培土機では、浅いU字形の溝ができるが、ネギ用の培土機では、V字形に近い切り込みの深い溝になる。V字形だと底の部分の面積が小さいので、水が広がるのが速い。

ちなみに大豆がまだ小さく、低い盛り土をするときは、培土機の前進速度を速くする。逆に高い盛り土をするときはゆっくりにするとよいとのこと。

盛り土で水の流れを条から条へと変える

なかには、排水がよすぎてどうしても水が全体に行き渡らない圃場もある。

「砂壌土でも、作土層の下に耕盤がある場合が多いから、その耕盤の上を水が走って、水尻近くの大豆にも水が伝わる。こういう畑なら、表面の三分の一くらいの土の色が変わればいい。うね間全部にしっかり湛水させようと神経質になる必要はない。でも、耕盤もない田んぼだったら、灌水の途中でクワを持って畑に入り、水の行き渡ったうね間には盛り土をして、それ以上水が入らないようにせき止めたりしながら、水口に近い条から順

大沼さんの肩くらいまでの大柄に育つ
（倉持正実撮影）

に、次の条へ次の条へと、一条ずつ水が流れるようにするんだ」

ただ、いちいちクワで盛り土しながら水の流れを変えて歩くのは大変。大沼さんは排水が良すぎて水がたまらない圃場では、翌年は水田に戻してしまう。

排水をよくしておくことは基本中の基本

一般に大豆栽培では、湿田など排水が悪い圃場で湛水すると酸素不足となり、収量が減るとされている。

この点を聞いてみると、大沼さんはうね間灌水のときも水尻は開けっ放し。水尻の辺りでは「湛水」という状態にはならず、走り水程度で十分ということだ。また播種前にすべての畑を「プラソイラ」で耕してあるので、うっかり水口のバルブを開けっ放しにしても、長雨の後でも、絶対に八時間以上湛水するということはない。逆に、どんなに長くても八時間以内に水が抜ける条件を、大豆圃場を選ぶときの基準としているそうだ。

実際、灌水したら深いところでは一時的にうねの半分くらいの高さまで水がたまるのだが、横に流れたり、下にしみこんだりするので、入水を止めれば、二時間くらいで水はなくなる。

ちなみにプラソイラとはプラウとサブソイラを合わせた機械で、下層土を持ち上げて作土と混和するのと同時に、地下三〇～四五cmほどまで亀裂を入れることができる機械。排水性を向上させる効果が非常に高い。

うね間灌水と同時に追肥を流し込み

大沼さんは開花直後の追肥を、うね間灌水と同時に流し込むという方法をとっている。開花期以降にアンモニア態窒素を必要とする大豆の生理にあった施肥法であり、非常に増収効果が高い。さらに、水口から水と一緒に流し込むだけなので、作業効率が良い。使っている肥料は「千代田化成（窒素一五%、リン酸一五%、カリ一〇%）」というイネ用の流し込み肥料で、量は反当たり二〇kgだ。

ムラなく水を流すには、前日に予備灌水をして、全体を湿らせておく。あらかじめ土に水を吸わせておくと、翌日、水を入れたときに、水が走りやすいからだ。

また、追肥当日も最初から肥料を流し込むのではなく、最初の一時間くらいは水だけを灌水する。それから肥料を水口に置くのだが、このとき、少し入水量を減らし、一〇分ほどかけてゆっくり肥料を流し込む。こうするとムラが出にくいそうだ（手間がかかるために現在は追肥の流し込みは行なっておらず、その分堆肥にがんばってもらう）。

二〇〇四年八月号　うね間灌水で安定三〇〇kgどり

刈り払い機で枝豆摘心

山形県寒河江市　菅野美紀夫

　わが家の主な経営は、サクランボ、リンゴ、カキなどの果樹だが、常設の直売所で売るために、野菜もいろいろと作っている。茶豆の枝豆もそのひとつ。とくに香りがいいので、直売所では人気がある。

　面積は一反ほど。お盆の少し前から収穫できるように、早生品種（茶々丸、越後ハニー）や中生品種（味一番）を組み合わせ、五月十日ころから順々に段まきにしている。

　茶豆を摘心するようになった一番の理由は倒伏防止。主力のサクランボと作業が重なるので、草刈りをしなくてもいいようにマルチ栽培にしているが、土寄せできないので倒れやすくなってしまう。とくに中生品種（味一番）は丈が高くなるので、強い風や雨の日があると、すぐに倒れてしまい、後の処理が大変なので、摘心をするようにした。

　摘心の方法は「現代農業」の記事に書いてあったとおりの二回摘心。一回目は七月上～中旬、八～九節になったころに生長点を摘むと、横芽がニョロニョロと何本も出てくる。二回目はその横芽が一回目に摘心した高さまで伸びてきたときに、いっせいに摘心する。

　摘心した樹は、しなかった樹に比べると節が短くなり、その短い節の間から、花芽が次々に出てきて確実に実になっていくようだ。以前は、実の入っていないカラの莢も多く、莢もぱらぱらとしか付かない感じだったが、摘心した樹は、莢がひとつのところにかたまってぎっしりと成り、実も大きく充実しているように感じる。倒れにくくなったし、収量も多くなった。まさに一石二鳥。

　はじめて摘心したのは三年前だが、最初は何もわからずに盆栽用のせん定ハサミで丁寧に刈っていた。時間がかかり大変。そこで、昨年はもっとラクにできないかと思い、果樹園で除草に使う刈り払い機を使ってみた。これだと、あっという間にできた。

　最近は、トリマー式（バリカン式）のものも出ているので、これを使えばもっときれいに刈れるような気もする。

二〇〇六年五月号　刈り払い機で枝豆摘心

2回摘心のやり方

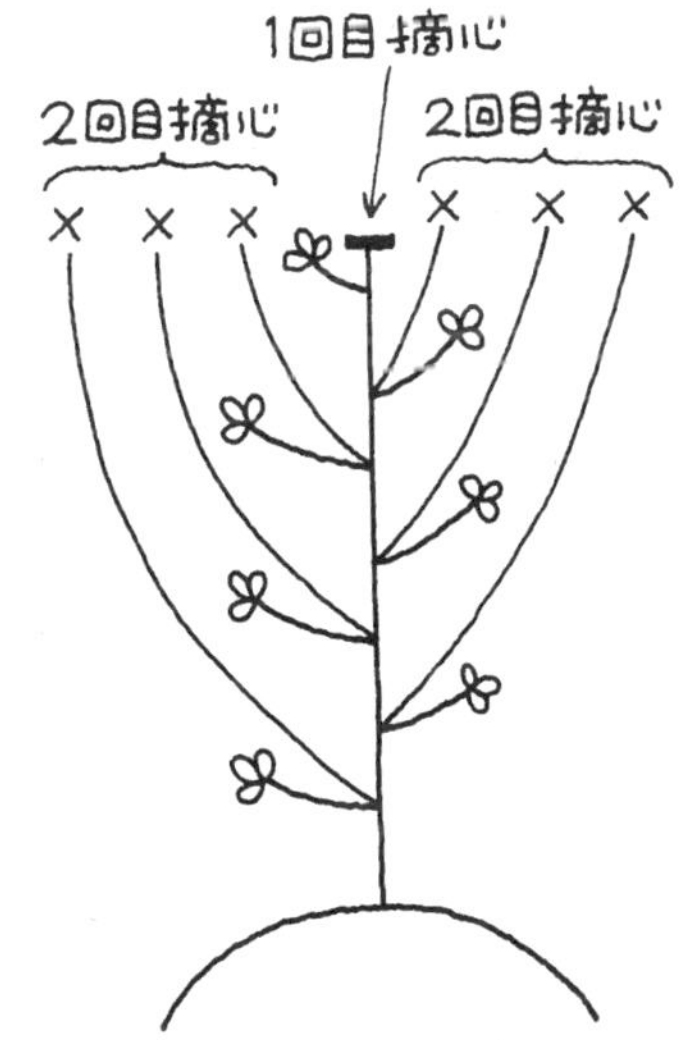

刈り払い機で摘心したらとってもラク

大豆の起源と栽培のポイント

大豆は、野生のツルマメから栽培化されたと考えられている。野生のツルマメは、中国東北部、日本列島、中国南部など、東アジアに広く自生している。

従来は、栽培品種の多い中国東北部が大豆の原産地と考えられてきたが、近年の研究では、中国東北部、日本列島、中国南部などそれぞれの土地で、野生のツルマメから栽培化されたという説が有力である。丹波の黒大豆のような大粒の在来種は、日本に自生するツルマメの特徴をよく残すという。

大豆を栽培する場所は、日照が多く、適度な湿度があることが望ましい。発芽の適温は、三〇～三五℃で、一五℃以下では遅れる。生長、開花の適温は二五～三〇℃の間にあり、三八℃以上では生育が悪くなるが、高温によく耐える。根の発育は一二℃以下または三七℃以上で阻害される。地上部や根の乾物生産には二二℃から二七℃が好適である。

東アジアのモンスーン気候に適応し、雨が降り出す梅雨期以降に旺盛に生育する。代表的な短日植物で、夏至を越して日長が短くなると花芽の分化がはじまる。ただし、日長反応の程度は品種によって違い、早生種ほど日長の影響が少ない。

土壌適応性の幅は広いが、土が乾燥しすぎると生育が悪くなるので、保水力のある土壌が望ましい。土壌pHへの適応も高いが、pH六・〇～六・五が適している。

土づくり　大豆は腐植が多いやや酸性の土壌を好む。種播きの二週間前までに、うね立てするところに堆肥を施し、土と混和しておく。

肥料　生育の初期に窒素が多いと、根粒菌の生育が悪く根粒が大きくならない。また、開花期以降にアンモニア態窒素をよく吸収する。そこで、元肥には緩効性のコート肥料を施すか、溝を深く掘って深層に元肥（石灰窒素など）を施す。あるいは、開花期以降に深層に追肥したり、水に溶いた肥料を灌注してもよい。

うね立て　大豆は発芽の際には過湿を嫌うので、排水のよい畑を選ぶか、高うねにする。うね間は六〇～八〇cm。

根粒菌の接種　大豆を栽培したことのない畑では、土壌中に根粒菌がほとんどいないために生育が悪い。市販の根粒菌を接種する。

種播き　種を浅く播くと、ハトやネキリムシに食べられやすい。深さ三～五cm以上の植え穴を掘って、深く播く。株間は三〇～五〇cmで、二粒ずつ播く（一粒播きの場合は、欠株のところに捕植する）。種播き時期の目安は、寒地では四月下旬～五月下旬、一般地で四月上旬～五月上旬、暖地では三月下旬～四月下旬が目安。

摘心によるストレス　大豆は生育の前半は根粒、根、茎、枝、葉に貯蔵養分を蓄え、後半に蓄えた養分を一気に子実に送る。側枝が四～五本出たころに、上部の芽を摘んだり切ったりすると、ストレスのために枝を多く出して、茎も硬く太くなる。大柄な草姿になると、貯蔵養分を蓄積しやすく、莢の数が多くなって、粒も充実する。

中耕、除草、土寄せ　雑草が見えたら、中耕、除草を行なう。同時に株元に土寄せすると倒伏防止になる。

（編集部）

あっちの話こっちの話

南部藩には六〇種以上の大豆品種があった

境弘己

大豆は、まさに私たちの食生活と、切っても切れない仲にある。岩手県の転作大豆の担当者Fさんのお話しを伺ううち、そのことを改めて痛感させられました。

どこの県そして農家でも、いま転作面積の増大に頭を抱えています。岩手県でも事情は同じ。いきおい麦、大豆などが転作作物の中心物にならざるを得ません。そこで岩手県では、売れる「コスズ」（おもに納豆用）などの大豆品種を奨励し、品種転換をきっかけに技術力アップ、多収実現を計画しました。ところが、どうもコトはそううまく運ばなかったようです。というのも、――

ある農家の集まりでのこと。Fさんに「コスズってのでも豆腐は作れるのかい」と尋ねるおばあさんがいました。何げないおばあさんの一言でしたが、問いかけが気になったFさん。農家と大豆との繋がりを知ろうと、いろいろな資料を調べてみました。

そして江戸時代、今の岩手県とほぼ重なる南部藩領内で何と六〇種を超える大豆が作られていたことを知らされ、思わずうなってしまったそうです。

昔から農家は、品種を豆腐、納豆、味噌など食べ方にあわせて、大切にしてきたからこそ、これだけ多くの大豆品種があった。品種はどこからかやってきたわけではなく、長い時間をかけて、農家が作り出し、守ってきた生活文化そのものなのです。

一九八九年九月号　あっちの話こっちの話

しっかり糸のひく納豆は電気毛布でできる

小松麻美

自家製の大豆と稲わらで納豆を作るとき、電気毛布で温めると美味しくできあがると岩手県奥州市の安倍和子さんが教えてくれました。

和子さんは一回に二升の大豆を煮て、稲わらに仕込んでいます。だいたい一二～一二束できるので、それを一枚のムシロでくるくると巻くようにして包み、紐で結んだあと、上から古毛布で包みます。

ここで電気毛布の出番。古毛布の上からさらに包み込むのです。最後はまた古毛布を被せ、電気毛布の設定温度を弱にしておけば仕込み完了。

熱をまんべなく与えるために、次の日に電気毛布ごとごろんとひっくり返してまた一日置きます。これで発酵もばっちり、電源を切っても大丈夫。しかし、すぐに納豆を取り出すと糸をひかなくなってしまうので、ゆっくり冷ますよう電源を切った状態で一日そのままにして熟成させます。

以前は糸がひかなかったりして失敗の多かった和子さん、電気毛布を使うようになってから、糸のひく美味しい自家製納豆ができるようになりました。

二〇〇八年三月号　あっちの話こっちの話

ダイズの安定多収栽培技術

有原丈二　農業研究センター

発芽不良で、その後の生育が悪くなる

ダイズの多収には、発芽を良好にすることが絶対的に重要である。

圃場の過湿や湛水は、酸素不足や急激な吸水を引き起こす。酸素不足になったダイズの種子は、発芽時の子葉が小さかったり、その一部が緑化せず黄色のまま残ったりする。このような苗は移植しても生育が著しく不良となる。また、湛水で種子が急激に吸水して膨張すると、子葉に断裂（裂け目）が生じ、ダイズの生育が不良になる。

これまで、酸素不足による発芽不良は生理的傷害、子葉断裂は物理的傷害と別なものとして単純に考えてきたが、実は、いずれも同じメカニズムでその後の生育を低下させていることがわかってきた。

ダイズが属する双子葉植物の子葉では、生長を促すホルモン様物質が作られ、これが生長点に転流していかないと、生長が低下するといわれている。ダイズでは子葉の一部しか緑化しなかったり、断裂が起こると、ホルモン様物質が子葉から生長点にうまく転流せず、その結果、生育が不良になってしまうようなのである。

種子水分一三～一四%で発芽させる

このようにダイズでは発芽が良好でない限り、まともな生育は望めないようである。こうなるとダイズの発芽を良好にする技術がどうしても必要である。その一つの方法として、種子水分の調整による発芽率向上法がすでに紹介されているが、一連の試験を行ない、種子水分調整法は発芽率向上に実に有効なことを確認できたので、ここで改めて紹介したい。

図１は種子水分が発芽率に大きく影響することを示したものである。ダイズの発芽率低下の最大の原因は、播種後の降雨や湛水であるため、試験ではこの条件を想定して、含水率の異なる種子を四八時間水に漬けてから播種した。図を見ると、水分が一三～一四%の種子を境に、それ以下では種子水分の低下とともに発芽率は直線的に低下しているが、それ以上では発芽率は常に八〇%前後と非常に安定している。種子水分の一三～一四%以上のダイズでは、急激な吸水でおこる子葉の裂け目もみられなかった。

図1　ダイズの種子水分と発芽率

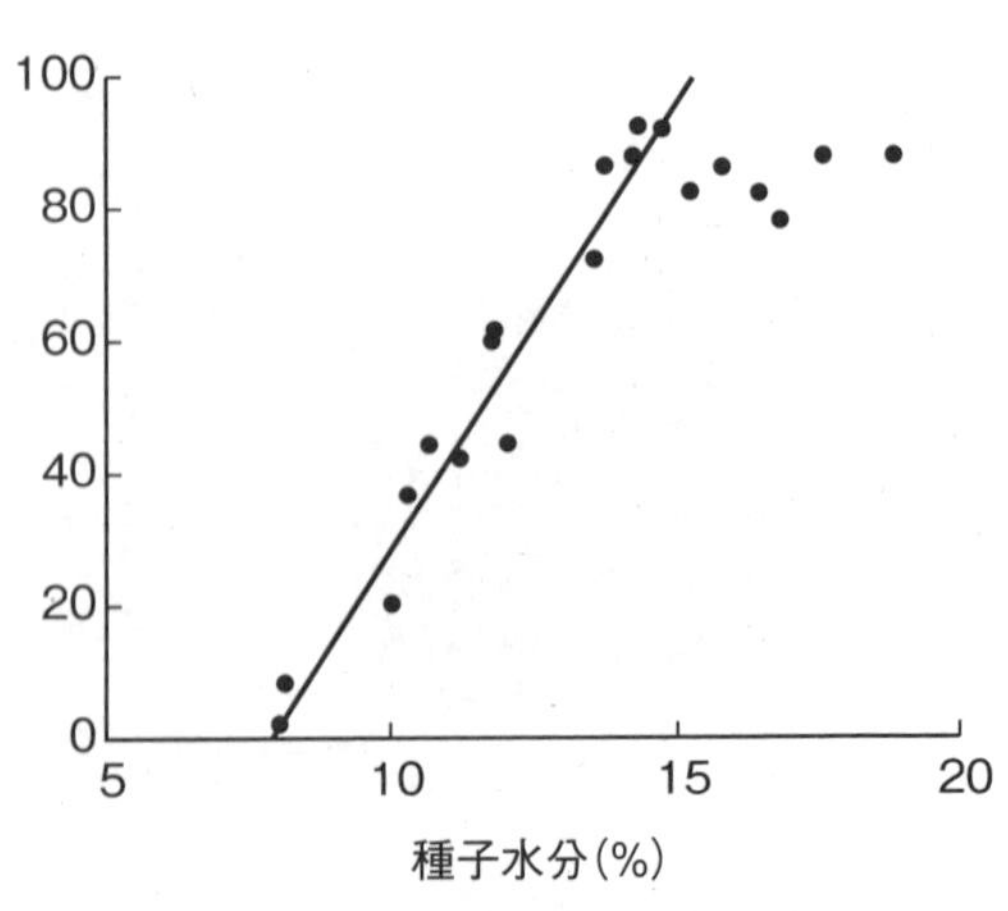

紙おむつで水分調整

ダイズの種子水分は冬の間にかなり低下

ダイズ種子を網袋に入れ、「紙おむつ」で包みビニール封入する

し、春先には一〇％以下になっていることが多い。そのような種子を播種すると、条件によっては発芽率が著しく落ちてしまい、多収はとうてい望めない。そこで、特別な道具を必要としないダイズ種子水分の調整法をいろいろ検討したが、紙おむつを使うのがもっとも簡便で、確実であった。

やり方は、ダイズ種子数キロをタマネギに使う網袋に入れて、種子の重さの三分の一程度の水を含ませた市販の紙おむつで包み、それをビニール袋に封入する。温度が二五℃程度であれば三、四日ほどで種子の水分は一三～一四％程度になる。種子水分が一〇％以下のダイズは噛むとパリパリする。一三～一四％になると〝ぐにっ〟とした感じでダイズに噛みあとが残るので、種子水分は簡単にわかる。〝ぐにっ〟とした感じといってもダイズはかなり硬いので、播種機で播いてもつぶれない。

紙おむつは赤ちゃん用では小さく、介護用の大きいものがよい。種子の量が多い場合には、密閉できる容器（プラスチック製の衣装箱など）に紙おむつを敷き、網袋に入れた種子を置き、さらに上を紙おむつで覆うやり方もよいかもしれない。簡単な方法なので、ぜひ試していただきたい。

ダイズ多収には地力窒素を高める

あらゆる作物の中でもっとも窒素吸収量の多い作物はダイズであり、子実収量一〇a当たり三〇〇kgを得るには、窒素二七kgが必要で、これは同収量のイネが必要とする量のほぼ三倍である。ダイズには空中窒素を固定できる根粒があるが、根粒だけで必要量をまかなうことは難しく、しかも多収になるほど窒素吸収を根粒よりも土壌に依存するようになる。

ところがダイズは、施肥窒素では確かに茎葉は大きくなるが、子実収量を高めることは難しい。ダイズは開花期～最大繁茂期の間に全吸収量の七〇％以上も窒素を吸収し、その多少によって収量は大きく左右される。ところがダイズは開花期を過ぎると、硝酸態窒素（土壌無機態窒素の大部分を占める）を吸収しにくくなり、施肥窒素の効果がなくなっていくのである。

この時期には根粒から地上部に転流される窒素化合物（アラントイン）は有効に働くものの、根粒の活性自体はこの時期急速に低下していくため、それに多くを期待することも難しい。

この時期になると、ダイズはアンモニアを吸収するようになるが、アンモニアは土壌中で硝酸に変わりやすいため、ダイズが吸収できる程度のアンモニアの量が緩やかに放出されてくるような窒素が望ましい。緩効性窒素も有効であるが、土壌有機態窒素（いわゆる地力窒素）がもっとも望ましい。

また、ダイズの根粒から地上部に転流されるアラントインは核酸の分解産物であり、土壌中に生物性の有機物を増やせばその増加も期待できるため、土壌に緑肥をすき込んだり、微生物の量を増やすことはその意味からも重要である。

緑肥は環境保全的窒素

土壌に有機物と窒素があると、微生物がそれを餌にして増殖し、徐々に土壌有機態窒素（地力窒素の本体）ができていく。そのためには堆厩肥、稲わらや麦わら、緑肥などの有機物と一緒に窒素を施用する必要がある。ところが、地力窒素が高まると農地からの硝酸態窒素の流出はどうしても多くなり、環境に優しい農業という点では問題にもなりかねない。その点、緑肥は地力窒素を高めることができる上に、環境保全的でもあるという優れた特徴を持っている。そこで、緑肥による地力増強によってダイズ多収を目指す方法について述べてみたい。

窒素は冬、流亡する

農地からの硝酸態窒素の流出は、農業による環境汚染の中でもっとも大きな問題の一つである。この硝酸態窒素の流出は秋から春にかけて起こる。その理由は次のようである。

土壌有機態窒素の分解は地温の上昇とともに盛んとなるが、地温の変化は気温に遅れるため、地温は夏作物の収穫後も高く、有機態窒素の分解も盛んに進行する。その結果、初冬までは土壌中にかなりの量の硝酸態窒素が蓄積してくる。いっぽう気温が低くて土面蒸発の少ない秋から春にかけては土壌水分の流れは下方に向かい、硝酸態窒素も一緒に移動していく。硝酸態窒素が流出するのはこの時期であり、雨の非常に多い所以外は、夏作物の栽培期間には流出の心配はほとんどない。この晩秋から春にかけての硝酸態窒素の流出を防ぐには、冬作物を栽培することが最も効果的である。

裸地区と小麦栽培区の五月上旬における硝酸態窒素濃度を土壌の深さごとに見てみると、裸地区ではかなりの量の窒素が土壌下方に移動しているが、小麦栽培区では下方移動がほとんど見られない。裸地区では反当たり数キロから十数キロにも達する無機態窒素がすでに下層に移動していて、夏作物が大きくなる前に、失われる可能性が大きい。冬の間に緑肥作物を作れば、秋の間に無機化してきた窒素を回収し、翌年の夏作物の窒素源とすることができる。

このように緑肥を冬の間に栽培すれば、流出する危険のある硝酸態窒素を回収でき、すき込むことにより土壌有機態窒素を増やすことができ、ダイズの増収が期待できる。さらに緑肥に窒素を施用すれば、その効果はさらに大きくなることが期待される。

ダイズの肥料は、緑肥にやれ

そこで農業研究センターの窒素肥沃度の高い淡色黒ボク土圃場で、冬期間に裸地とする区と、小麦（農林六一号）を緑肥として栽培して五月上旬にすき込む区を設け、跡地にダイズとトウモロコシを栽培して収量を比較した。さらに、ダイズの子実収量を増大させるには有機態窒素が無機態窒素より効果的であることを証明しようとして、窒素肥料を緑肥に施用して吸収させ、それをすき込んだ区、ダイズとトウモロコシの播種一か月後に施肥した区を設けた。施肥量は緑肥区については一〇a当たり〇～三〇kgとし、休閑区には一〇aに〇～二〇kg施用している。また、緑肥と追肥で各一〇kgずつ、計一〇a当たり二〇kg施肥する区も設けた。

まず、休閑区と緑肥区のダイズ子実収量をみると、緑肥区でいずれも高く、冬作緑肥の効果は明らかであった。収量は窒素を緑肥と追肥で一〇kgずつ施用した区でもっとも高く、一〇a四一六kgであった。トウモロコシの場合にも緑肥の効果は大きく、裸地区に比べて一三％の増収が見られた。

次に、窒素を緑肥に施用した場合のダイズとトウモロコシの施肥反応をみると、ダイズでは開花盛期の乾物重は緑肥施用した窒素によく反応して増加していたが、ダイズ播種後に施用した窒素には反応を示さなかった（図2）。トウモロコシでは逆に、追肥した窒素に反応し、緑肥に施用した窒素には反応しなかった（図3）。収穫期の反応もほぼ同様に、ダイズ子実収量は緑肥施用窒素によく反応していたが、追肥窒素には反応を示さなかった。収穫期のトウモロコシは、いずれの窒素施肥にも反応を示していなかった。

このように、ダイズは生育期間を通じて緑肥に施用した窒素によく反応して、子実収量を増大させていたが、追肥窒素にはあまり反応しなかった。ダイズでは、同じ窒素を施用するなら、緑肥に施用して吸収させて春先に有機物としてすき込んだほうが、子実重の増大が期待できる。このようにダイズの増収には土壌中の有機態窒素を増やすことがきわめて大事であり、それには緑肥の利用も非常に有効といえそうである。

図2　ダイズでは前作緑肥への窒素施肥が開花期の乾物重を増加させる

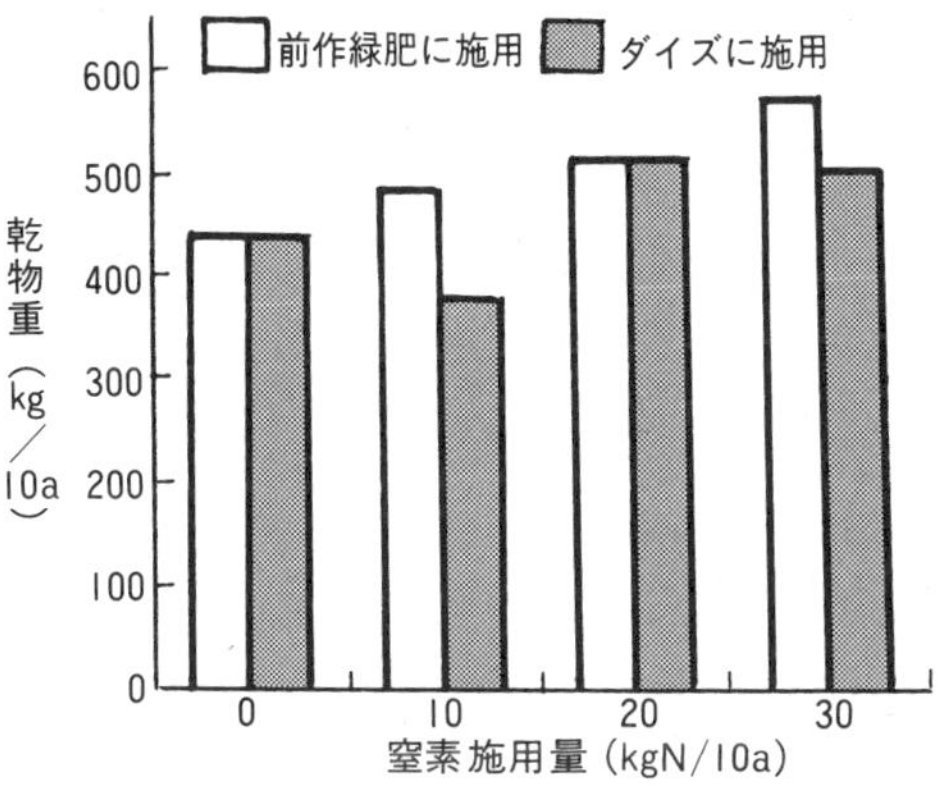

施用時期の異なる窒素とダイズ開花期の乾物重
注）ダイズへの施用は播種1か月後に追肥

図3　トウモロコシでは緑肥への窒素施肥より播種後の追肥の効果が大きい

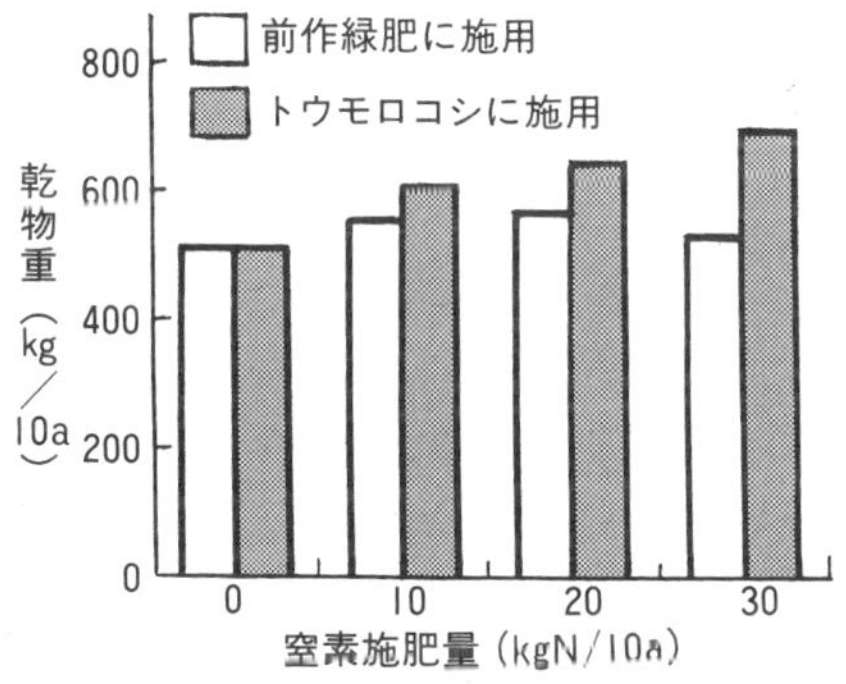

施用時期の異なる窒素への絹糸抽出期のトウモロコシの反応
注）トウモロコシへの施用は播種1か月後に追肥

ダイズの窒素吸収から見た合理的な窒素施肥法

ダイズは大量に窒素を吸収する作物であり、窒素吸収量の多少が収量に影響してくる。窒素供給を根粒だけに頼ることは難しく、収量を上げようとすれば地力を高めなければならない。それには有機物の施用や緑肥が有効である。

といっても地力の培養がそんなに簡単にできるわけではない。そこで、ダイズの窒素吸収から見た合理的な窒素施肥法について考えてみたい。

窒素は根粒や葉茎にいったん貯蔵される

ダイズは窒素を大量に吸収するくせに、肥料をやっても茎葉だけ大きくなり、子実収量にはつながらず、多収栽培技術が作りにくい作物である。

単にダイズの茎葉を大きくするだけなら、窒素施肥でも容易である。施肥窒素は土壌中で硝酸となって吸収されると葉に送られ、そこでタンパク質になって葉の生長に使われる。このため栄養生長期間には施肥窒素で体を大きくできる。

しかし、これが莢の生長に使われるためには、葉のタンパク質が分解されてアミノ酸になる必要がある。こういう段階を踏まねばならないので、施肥窒素は茎葉の生長には効果的であるが、莢や子実の生長には効率的でないのである（図

図4　根から吸収した硝酸と、根粒で固定した窒素の動き　（P：タンパク質）

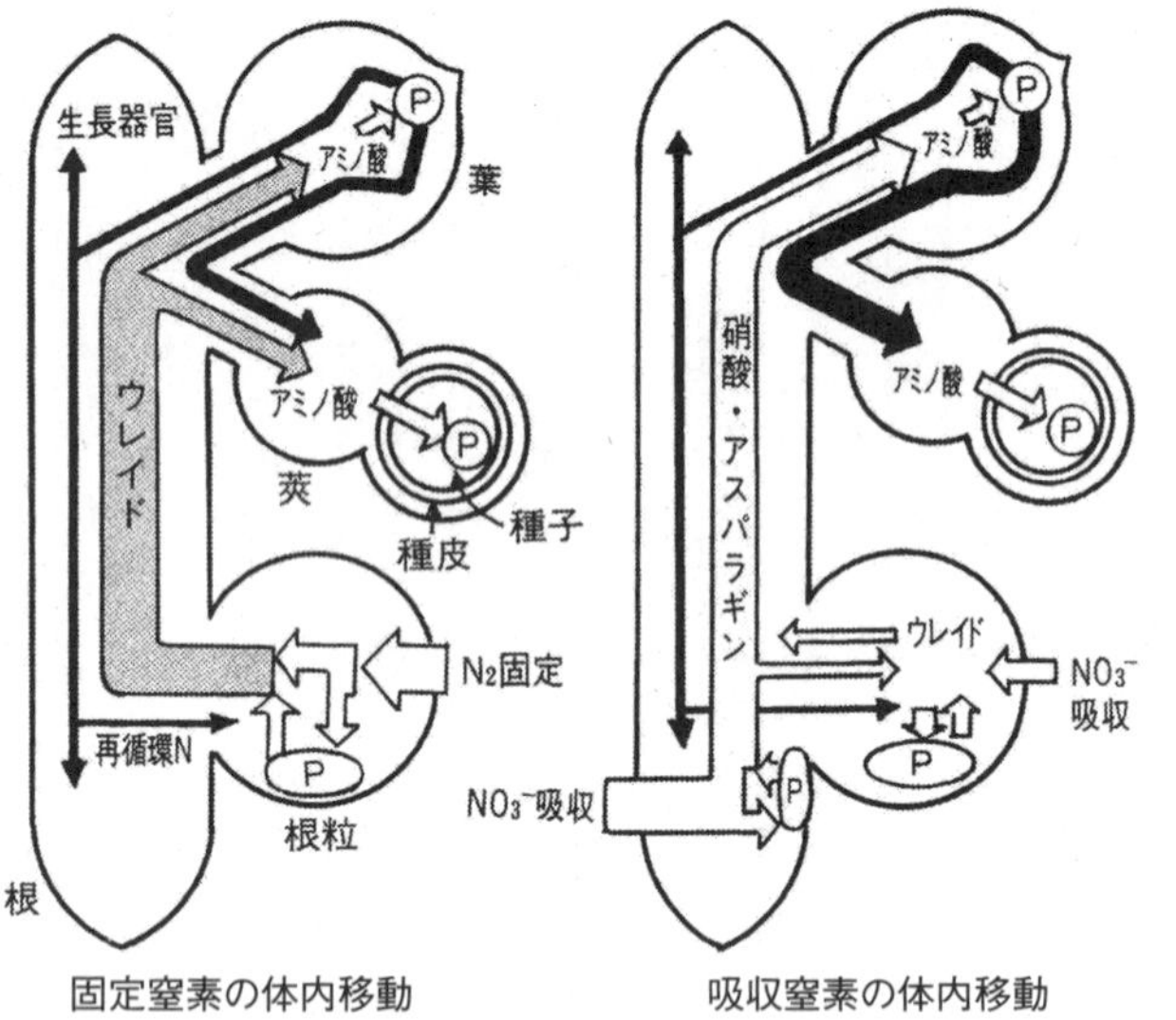

根粒で固定された窒素は葉や子実に直接行くものもある（ウレイドという形態で）が、根から吸収された窒素は一度葉に行き、タンパク質になってから葉や子実をつくる材料にまわる

図5　多収ダイズの生育に伴う乾物量と窒素吸収量の推移
（石井、1980のデータより作図）
東北農試圃場（厚層多腐植黒ボク土）

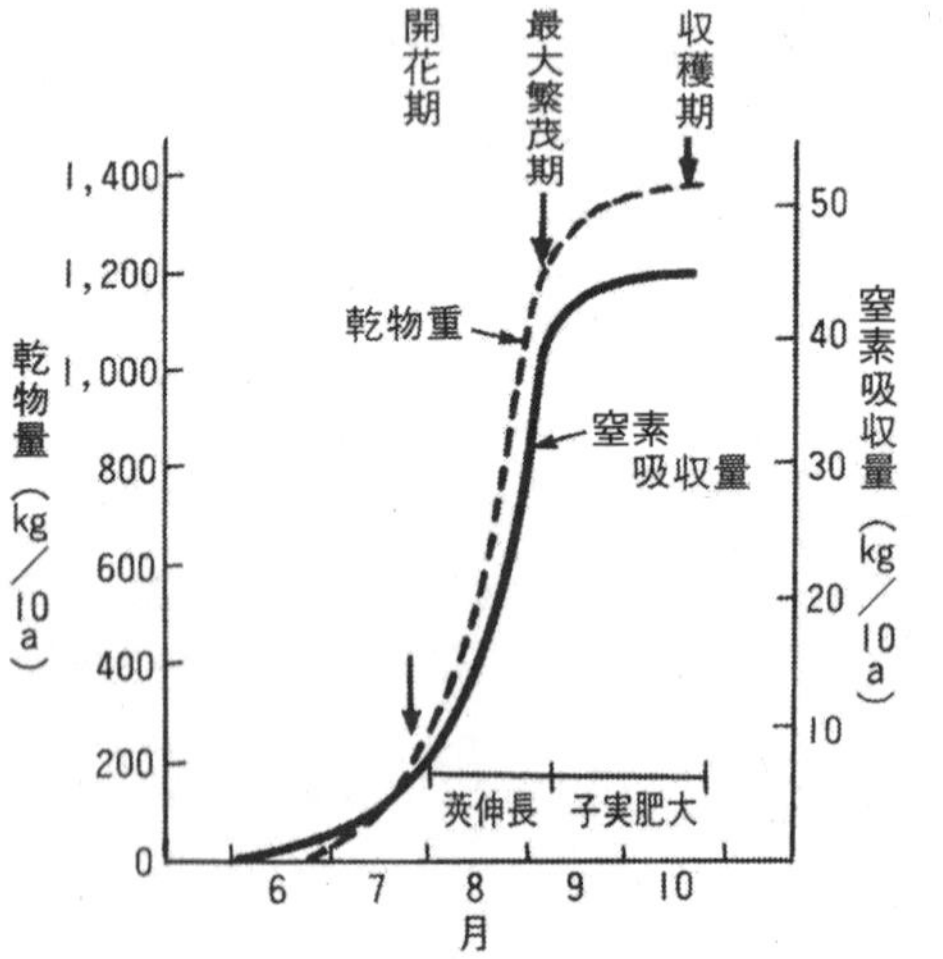

4）。

しかも、ダイズは本来開花期までは窒素をあまり吸収せず、開花期以降に全吸収量の七〇～八〇％以上を吸収する性質がある（図5）。ダイズが盛んに窒素を吸収するのは開花始期～最大繁茂期の間で、その期間の窒素吸収量の多少で子実収量が決まってしまう。

この時期、根粒に固定された窒素が、ウレイド（核酸が分解されて尿素になる途中の物質）という形で直接莢に転流していき、そこでウレイドがアミノ酸に分解されて、莢や子実の肥大に使われる（図4）。つまり、この時期には根粒活性が高く、固定窒素が多いほうが、莢の形成につながりやすいということになる。

開花期以降は硝酸よりもアンモニア

施肥窒素が子実重増大に効果的でないのは、それ以外の理由もある。施肥窒素は土壌中で硝酸になっていて、大事な根粒の着生や活性を抑制する。しかも、ダイズでは莢の形成や子実の肥大が始まる頃から、徐々に硝酸態窒素を吸収しなくなる。

ダイズでは葉に送られた硝酸態窒素は、酵素の働きでアンモニアに還元されてからタンパク質に合成されるが、開花期以降は莢に窒素を送るため葉のタンパク質が分解される。そうなると、アンモニア還元酵素が減少して、硝酸を吸収しても役に立たなくなり、硝酸は吸収されなくなると考えられる。

こうして硝酸となった施肥窒素は、開花期以降にはあまり有効でなくなってしまう。これが施肥窒素がダイズの体は大きくできても、子実収量を高くできない大きな理由である。

このように、ダイズの多収が根粒の活性を上げるしかないとなると、かなり難しそうである。だが幸いなことに、ダイズは開花期を過ぎると、硝酸は吸収できないが、アンモニアを好んで吸収するようになってくる。アンモニアは葉に転流されると、還元酵素が要らないため、すぐにタンパク質に合成され、最終的には莢や子実に転流していくことができる。

LPなどの緩行性窒素が有効

　先に述べたように、施肥窒素は土壌中では硝酸となっているが、それは初めアンモニアの形だったものが、硝酸化成菌によって硝酸に変化するためである。この変化は地温が二五℃以上になると速くなり、二七℃以上になるとかなり急速になる。したがって平均地温が低い北の地方では、施肥窒素は長い間アンモニアで存在することができる。北海道でダイズへの硫安施用が、元肥でも追肥でも効果的なことが多いのはこのためである。

　いっぽう南では地温が高く、施肥窒素は土壌中で急速に硝酸となるため、開花期以降には吸収が低下し、増収効果も小さい。温暖な地方で開花期以降にも施肥窒素をダイズに吸収させるには、緩効性窒素が有効である。緩効性窒素はゆっくり溶出するため、アンモニアでいるうちにダイズに吸収されるからである。

　緩効性窒素を株元に施用してから培土すれば、増収に効果的であることはよく知られている。山形農試の試験では、培土期追肥で一〇a当たりの子実収量が四〇六kgから五〇八kgに、じつに二五%も増えている。アンモニアが硝酸となるには酸素が必要なため、培土の下では酸素が少ないため硝酸になりにくく、増収に効果的になると思われる。酸素のさらに少ない二〇～三五cm程度の深層に、緩効性窒素を元肥施用すればさらに効果的なことも知られている。

　先に述べたようにダイズの窒素吸収は開花期以降に急速に高まっていく。最近の緩効性窒素にはいろいろなタイプがあり、図6のようにダイズ開花期頃から急速に溶出してくるものもある。このような緩効性窒素を利用すればダイズの吸収パターンに合致し、より増収効果があるのではないかと期待している。

※詳しくは、有原丈二著『ダイズ　安定多収の革新技術』（農文協、一九五〇円）をご覧下さい。

二〇〇一年七月号　紙おむつ発芽法で湿害回避／二〇〇〇年十二月号　緑肥を播こう／二〇〇〇年五月号　窒素は緩効性肥料がよさそうだ

図6　各種LPコートの溶出パターン（5月施用）
（　）内の数字は月日

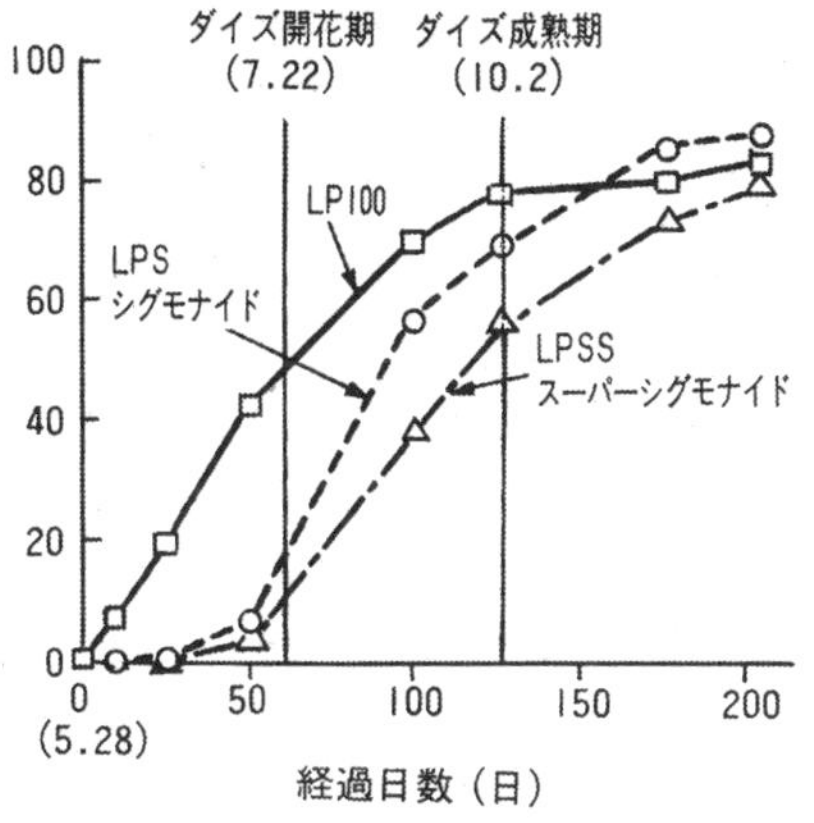

ダイズ　二つの問題点をクリアした二つの方法
深層施肥と根粒菌接種

新潟大学農学部　大山卓爾・ティワリカウサル・高橋能彦

自給率は三～五％なのにダイズの潜在能力が活用されていない

ダイズは、豆腐、納豆、みそ、醤油など、わが国の伝統的食品材料として欠かせないだけではなく、近年、食用油や飼料、工業用原料として世界的に生産が増加しており、世界の年間生産高は二億ｔを超えた。

わが国でも、ダイズは主要な水田転作作物として位置づけられ、栽培面積は徐々に増加してはいるが、年間消費量約五〇〇万ｔに対し、国内年間生産高は約一五～二五万ｔと自給率は三～五％程度に過ぎない。

ダイズは、一〇ａ当たり六〇〇kgもの子実収量が得られることもあるが、実際の生育収量は不安定で、わが国の平均収量は二〇〇kg／一〇ａを下回り、ダイズの持つ潜在的な生産能力を十分活用できていない。ダイズ子実は、タンパク質を高濃度に含むため、子実収量は窒素同化量と比例関係にあり、子実一ｔを生産するのに、約七〇～九〇kgと大量の窒素を必要とする。

また、生育期間全体の窒素同化量の約八割を開花までに吸収するイネとは反対に、ダイズでは、開花期以降に全窒素の約八割を同化するため、生育後半の窒素供給の多少が子実収量に大きく影響する。

問題点１　根粒だけに頼ると収量増につながらない

ダイズは、マメ科作物の特徴として、土壌微生物である根粒菌との共生的窒素固定により、空中窒素を固定利用できるというすぐれた能力を持っている。ところが、実際には、土壌や肥料からの窒素供給量は限られるため、それだけでは、一般に一〇ａ当たり五〇～一〇〇kg程度の子実収量しか得られない。高い収量水準を得るには、窒素固定を十分に活用する必要がある。

しかしながら、窒素源を根粒の窒素固定だけに頼ると、窒素固定開始までの初期生育の不良や登熟期における根粒活性の早期低落により、旺盛な茎葉部の生長や高い子実収量が得られない場合が多い。

写真1　ダイズ用深層施肥機

問題点2　施肥窒素だけには頼れない

一方、多量の窒素肥料を施肥すると、根粒の着生や窒素固定活性を抑制するだけでなく、徒長や過繁茂、青立ちを引き起こし、収量増につながらない。追肥が試みられているが、効果は必ずしも安定しない。初期生育を助けるための少量のスターター窒素（二kgN／一〇a程度）の施用が一般的である。

被覆尿素のかわりに石灰窒素の深層施肥で

高橋能彦らは、緩効性窒素肥料の被覆尿素（LP100、一〇kgN／一〇a）を播種列直下、地表下約二〇cmの位置に条施肥するダイズの新規施肥法（写真1）を考案し、慣行栽培よりも一貫して多収が得られることを報告した。

一九九〇年の新潟県農業試験場（長岡市）における圃場試験では、慣行区収量が四八〇kg／一〇aに対し、深層施肥区は五九二kg／一〇aと高い子実収量が得られた。Tewariらは、二〇〇一年に被覆尿素のかわりに石灰窒素を用いることができるかどうかをつぎの三か所で試験し、石灰窒素の深層施肥効果を検討した。

①長岡市にある新潟県農業総合研究所の水田転換畑（転換初年度）

②新潟県営圃場整備事業の道路工事から排出された残土を三〇cmの厚さに客土として上乗せして造成された長岡市桂町の低地圃場

③新潟市五十嵐の新潟大学農学部砂丘地圃場

石灰窒素（一〇kgN／一〇a）を播種直下、地表下約二〇cmの位置に施肥した。試験では、比較のために尿素、被覆尿素の深層施肥区と深層施肥しない慣行区を設けた。ダイズの品種は、北陸地域の主力品種であるエンレイを用いた。

同時に、根粒菌の接種方法として、ペーパーポットで育成した苗を移植する方法の試験を行なった。高さ一一・五cm、直径三cmの蜂の巣状のペーパーポットにバーミキュライトを詰め、ダイズを播種すると同時に根粒菌（USDA110株）培養液一mlを添加した。

播種一〇日後の移植までに接種した根粒菌が増殖し、移植以降も高い密度で存在することが期待される。根粒菌接種ペーパーポット区（接種PP区）との比較のため、根粒菌を接種しないペーパーポット苗移植区（非接種

図1　新潟県内3圃場における窒素肥料の深層施肥と根粒菌接種方法の違いによるダイズ子実収量

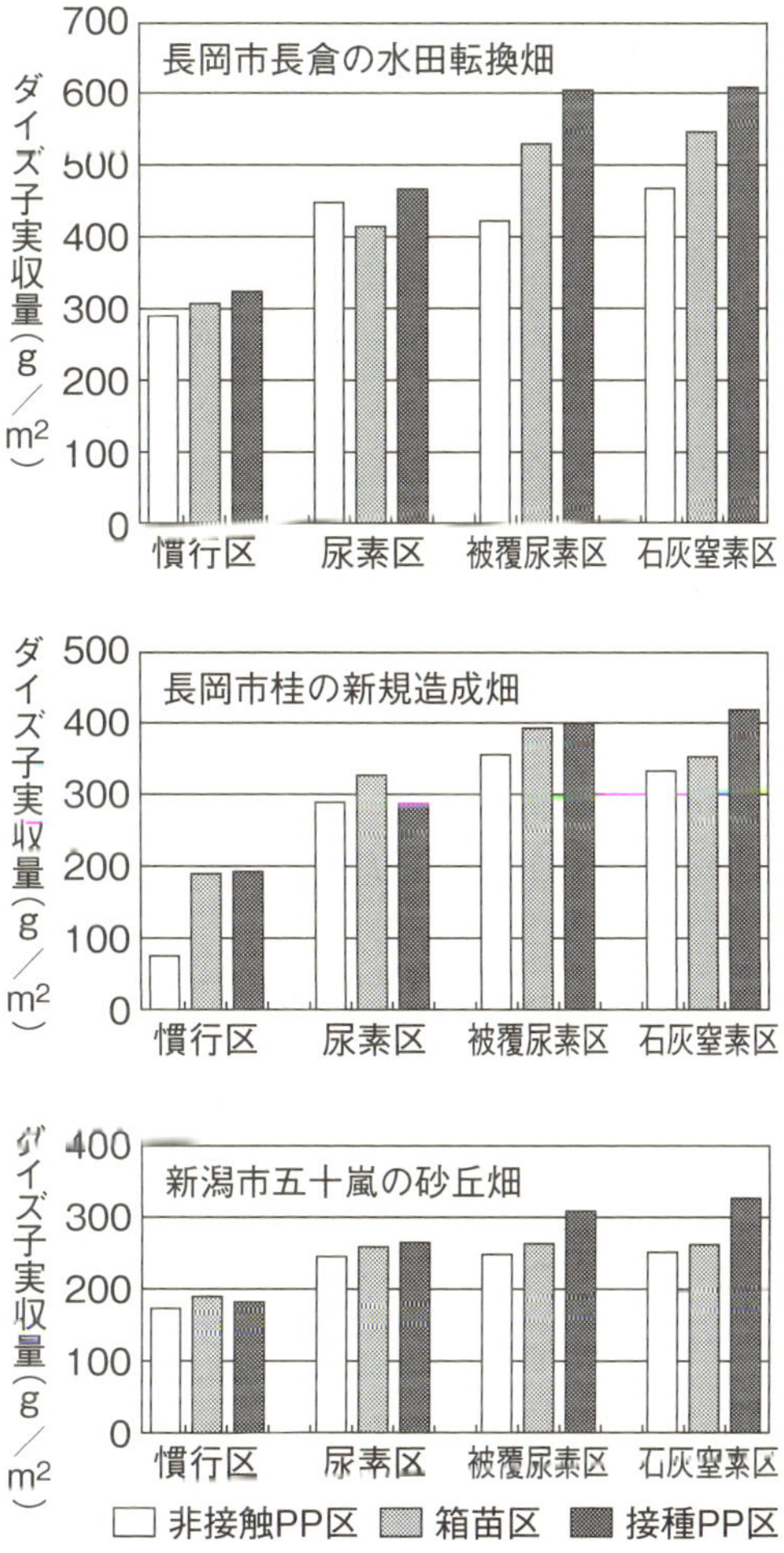

表1　長岡の水田転換畑の施肥試験におけるダイズの子実収量と収量構成要素

根粒菌接種方法	肥料	子実収量	莢数	莢当たり子実数	子実数	100粒重
		(g/m²)	(個/m²)	(個)	(個/m²)	(g)
根粒菌接種PP	慣行区	331b	540b	1.9a	1135b	29.2b
	尿素区	467b	696b	2.0a	1407b	33.2a
	被覆尿素区	604a	807a	2.2a	1747a	34.6a
	石灰窒素区	612a	844a	2.3a	1754a	34.9a
根粒菌接種移植	慣行区	314b	580b	1.8a	1059b	29.7b
	尿素区	422ab	626b	2.2a	1387b	30.4a
	被覆尿素区	535a	795a	2.2a	1694a	31.6a
	石灰窒素区	541a	758a	2.2a	1692a	32.0a
根粒菌非接種PP	慣行区	288b	567b	1.7a	973b	29.6b
	尿素区	453a	690a	2.1a	1496a	30.3a
	被覆尿素区	429a	778a	2.1a	1337a	32.1a
	石灰窒素区	460a	702a	2.1a	1494a	30.8a

PP区）と根粒菌接種箱苗移植区（箱苗区）を設けた。箱苗区は、バーミキュライトを詰めた箱に根粒菌を接種した種子を播種し、一〇日後の苗を傷つけないように抜き取って直接移植した。

三つの圃場における子実収量を図1に示した。子実収量は、どの圃場でも慣行区よりも尿素施肥区がまさり、被覆尿素区と石灰窒素区がさらに上回った。

根粒菌の接種方法で収量を比較すると、おおむね非接種PP区＜箱苗区＜接種PP区の順であった。

被覆尿素と石灰窒素で慣行区の二倍近い収量

水田転換畑

水田転換畑で実施した施肥試験では、畦幅七五cm、株間一七cmの一本立てで栽培した（栽植密度：五株／m²）。基肥としてダイズ化成肥料（硫安一・六kgN／一〇a、P_2O_5六〇kg、K_2O八〇kg）を作土約一〇cmに全層施用した。深層施肥区では、約二〇cmの深さに穴を掘り、尿素、被覆尿素（LP100）または石灰窒素を二〇kgN／一〇a相当量を施肥し、土壌を深さ二〇cm程度まで入れて、その上にペーパーポット苗または箱苗を移植した。

写真2に接種PP区の植物を示した。栽植密度を低くしたためか、黄葉期における主茎長は三〇cmから四〇cmと短く、主茎の太さは一一・五mmから一四・四mmと、ずんぐりした生長を示した。莢は、茎上部に集中的に着生した。子実収量（図1上段）を同じ施肥区でくらべると、接種PP区がもっとも高く、非接種PP区がもっとも低い傾向を示した。

長岡市の圃場では、非接種PP区にも根土着根粒菌による根粒が着生していたことから、接種PP区の収量が高かった理由は、窒素固定効率のよい菌であるUSDA110株がバーミキュライト内で増殖し、根粒形成に土着菌よりも優先したためと考えられる。箱苗区でも、初期の根粒はUSDA110株の割合が高いが、徐々に土着菌が着生したため、接種PP区にくらべるとやや収量が劣ったのではと考えられる。

肥料区を比較すると、被覆尿素区と石灰窒素区が、慣行区の二倍近い収量を示した。尿素区でも、慣行区よりも収量が高まったが、被覆尿素区、石灰窒素区よりは低かった。表1に示すように、収量構成要素では、莢数、莢当たり子実数、子実数、一〇〇粒重ともに、被覆尿素と石灰窒素の深層施肥で慣行区を上回ったが、増収は主に株当たりの莢数の増加に起因した。

根粒菌接種なしでも石灰窒素区は収量増加

客土造成圃場

長岡市桂町では、道路工事残土を三〇cmの厚さに客土して造成された低地圃場で試験を行なった。

客土中には、ダイズ根粒菌は検出されなかった。客土後の初作にダイズ（品種エンレイ）を栽培している一区画一haの大規模圃場の一部で、窒素肥料の深層施肥試験を行なった。

根粒が着生しなかったため、本圃場におけるダイズの生育はきわめて貧弱であった。長岡転換畑の試験と同様根粒菌の接種および移植方法としては、非接種PP区、箱苗区、接種PP区の三通りを用いた。栽植密度は九株／㎡（畝間七五cm×株間一五cm）で一本植えとした。窒素深層施肥処理では、石灰窒素区、被覆尿素区、尿素区、および慣行区を設けた。

写真3に、収穫したダイズの一部の区の外観を示した。慣行区の非接種PP区ダイズは生育が著しく劣り、分枝をほとんど形成しなかった。また、窒素不足のため早期に成熟し、葉がすべて落ちて莢が茶色を呈した。慣行区において、接種PP区と箱苗区では、根粒着生による明らかな生育促進効果がみられ、分枝への莢の着生数が増加した。尿素区は、無窒素区よりも生育が良好となった。被覆尿素区と石灰窒素区では、さらに旺盛な生育を示し、多数の分枝と莢の着生が認められた。石灰窒素区では、根粒菌接種方法によらず、緑色の葉がもっとも多く残っており、深層施用した石灰窒素からの窒素の持続的供給が、葉の寿命と光合成活性の維持に貢献したと考えられる。これまで被覆尿素の深層施肥でも、慣行区にくらべて葉の寿命と光合成活性が長期に維持され、生育最終段階における窒素と炭素の種子への集積が促進されるこ

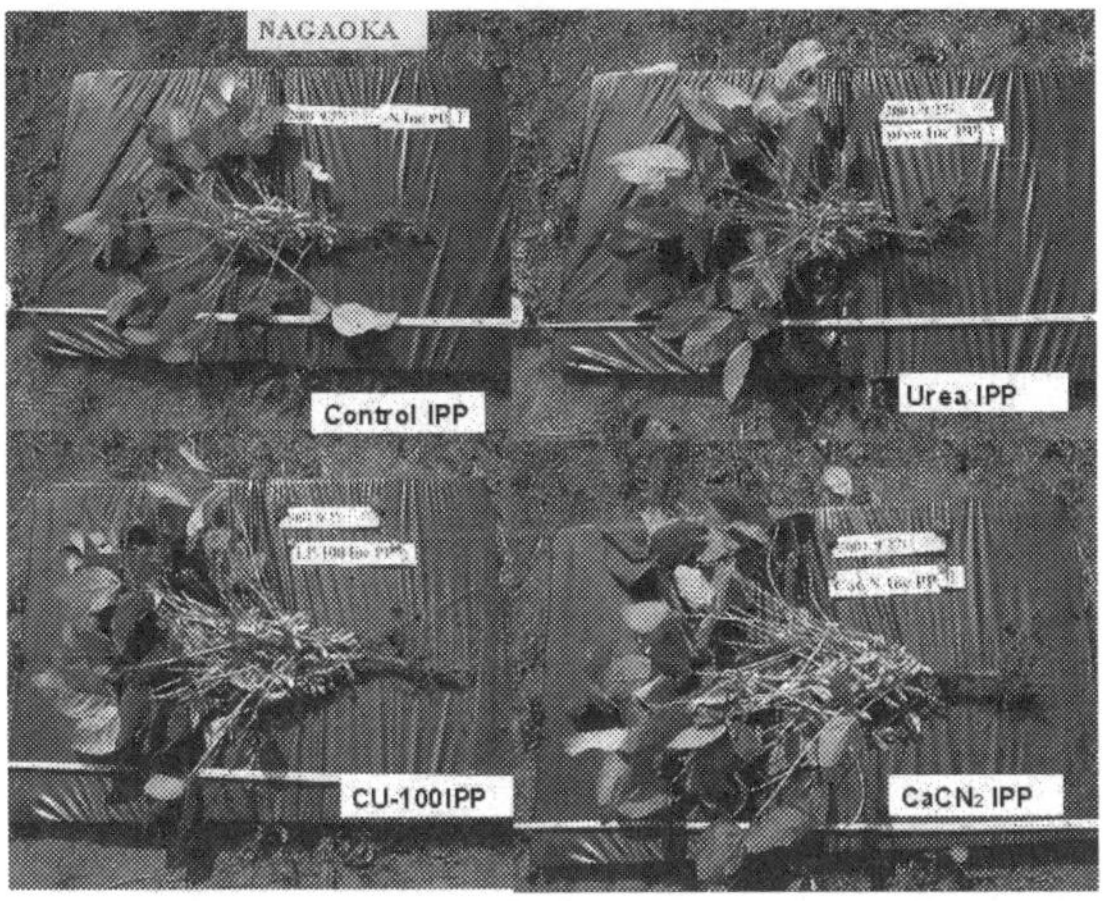

写真2　長岡の水田転換畑におけるダイズ（根粒菌接種ペーパーポット移植区のみ示す）

左上：慣行区、右上：尿素区、左下：被覆尿素区、右下：石灰窒素区

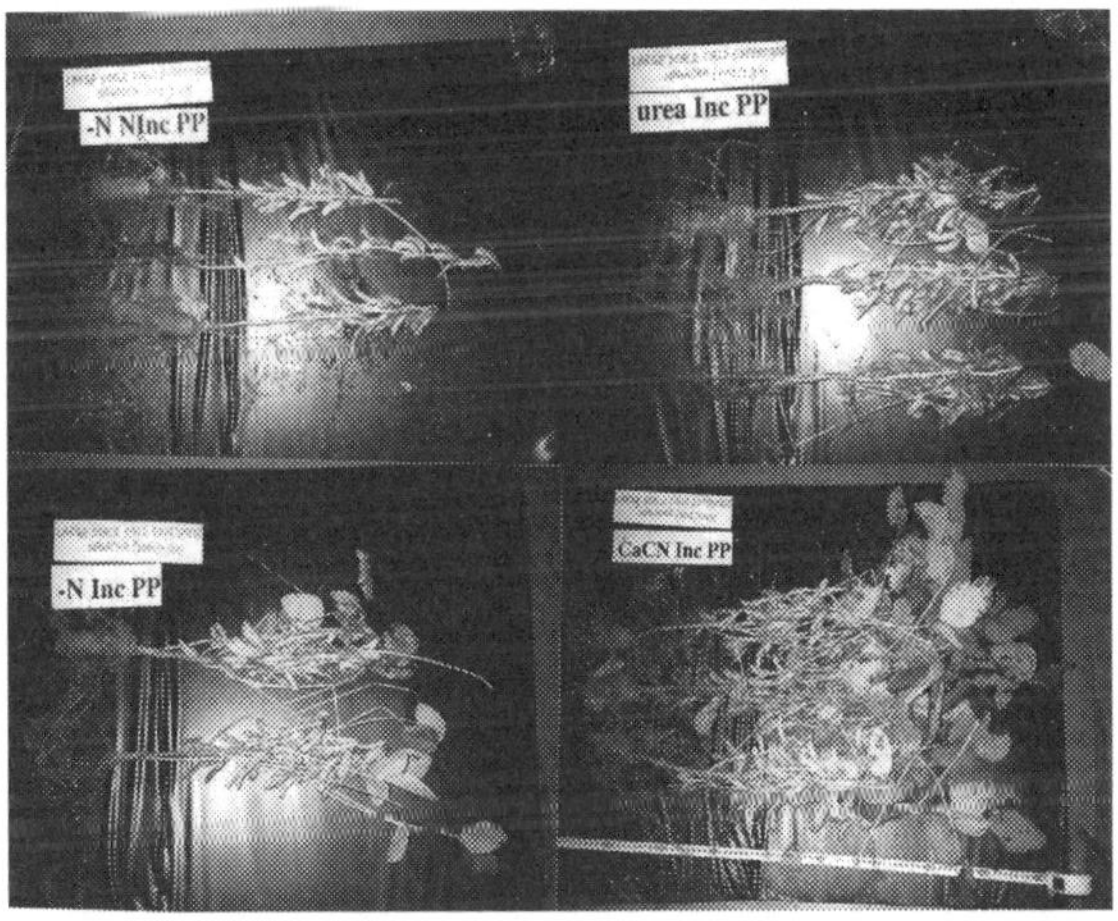

写真3　長岡市桂町の客土畑における試験区ダイズの生育状況

左上：慣行区、非接種ペーパーポット移植区
右上：慣行区、接種ペーパーポット移植区
左下：尿素区、接種ペーパーポット移植区
右下：石灰窒素区、接種ペーパーポット移植区

とが示唆されている。

本試験における観察結果から、石灰窒素深層施肥による葉の活性の維持効果は、被覆尿素深層施肥と同等またはそれを上回った。

客土圃場の子実収量（図1中段）については、慣行区の非接種ＰＰ区では、根粒菌による窒素固定が行なえなかったため、きわめて低かった（八〇g／m²）。慣行区でも、根粒菌を接種することにより、二倍以上の子実収量（二〇〇g／m²）が得られた。根粒菌を接種した区と非接種の子実収量の差は、根粒形成により窒素が供給された結果であると判断できる。子実収量は、尿素深層施肥区で約三〇〇g／m²、被覆尿素区と石灰窒素深層施肥区で三四〇g～四二〇g／m²に増加した。窒素含有率は、窒素施肥法、根粒菌接種方法にかかわらず、処理間に有意な差は認められなかった。

砂丘地圃場

新潟市五十嵐の砂丘地圃場における試験（図1下段）では、収量は全体的に長岡の水田転換畑よりも低かったが、石灰窒素深層施肥により慣行区よりも高い収量が得られ、被覆尿素深層施肥と同等の効果を示した。同じ施肥区で根粒菌接種方法をくらべると、接種ＰＰ区がもっとも収量が高く、ついで箱苗区がつづき、非接種ＰＰ区がもっとも低かった。

石灰窒素の深層施肥で突出した窒素集積・収量

農総研水田転換畑

緩効性窒素肥料の深層施肥が、ダイズ生育と子実収量におよぼす促進効果について、窒素栄養面から解析するため、^{15}N希釈法による固定窒素、土壌由来窒素、施肥窒素の分析を行なった。本実験は、二〇〇二年に長岡の新潟県農業総合研究所の水田転換畑で行なった。肥料は、硫安、尿素、被覆尿素、石灰窒素を地表下二〇cmに施用し、ダイズ品種エンレイとその根粒非着生系統のＥｎ１２８２を同じ畦に交互に植えた。

本実験では、ペーパーポットは用いず、播種時に根粒菌を種子接種した。成熟始期に植物を採取し、部位ごとの^{15}N濃度と窒素濃度を測定した。エンレイにおける固定窒素由来窒素、土壌窒素由来窒素、肥料窒素由来窒素を、Ｅｎ１２８２を対照植物として^{15}N希釈法で計算した。

エンレイもその非着生系統も、石灰窒素の深層施肥で植物生育と窒素集積がもっとも促進され、ついで被覆尿素、尿素、硫安の深層施肥区の順に効果が高かった。エンレイの子実収量も、石灰窒素の深層施肥でもっとも高く（六五〇g／m²）、ついで被覆尿素区（五六一g／m²）、尿素区（四一八g／m²）、硫安区（三二九g／m²）、慣行区（二三一g／m²）の順であった。

各深層施肥区における^{15}N希釈法で求めた由来別窒素量を図2に示した。ここで注目すべき点は、被覆尿素、石灰窒素由来の窒素は、硫安、尿素より多いが、全同化窒素の約一割程度にしか過ぎない。石灰窒素の深層施肥が、窒素固定と、土壌窒素の吸収を促進していることが重要である。一m²当たりの窒素固定由来窒素は、石灰窒素（三二一gN）と被覆尿素（二五gN）で、

図2　^{15}N希釈法による土壌窒素、施肥窒素、固定窒素由来窒素量

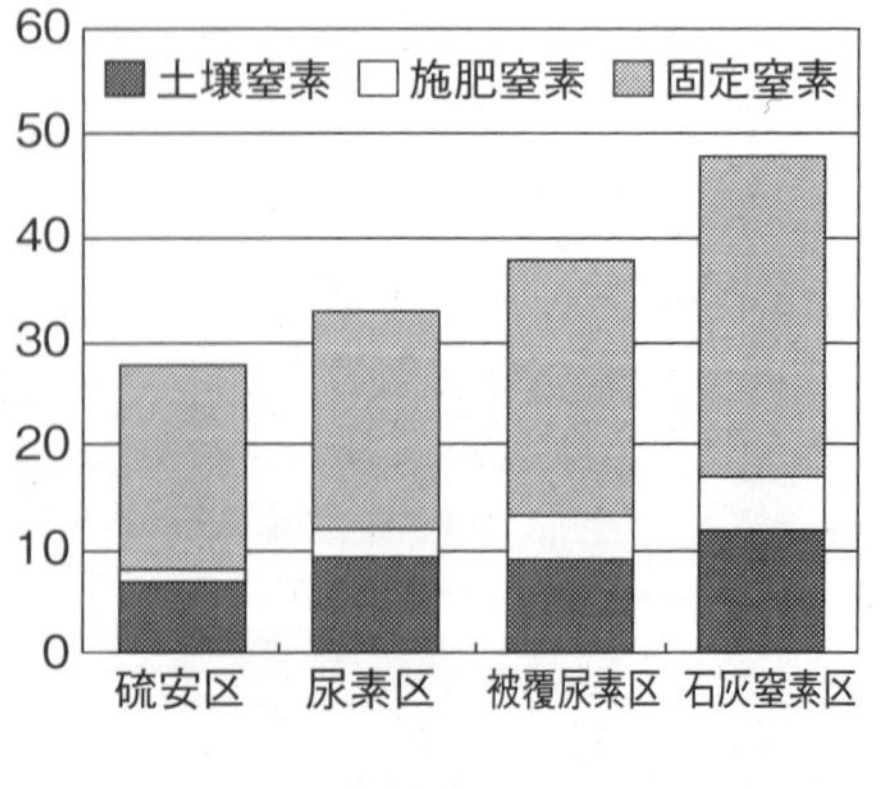

尿素（二一gN）、硫安（二〇gN）より高かった。施肥した肥料の利用率は、石灰窒素（四三%）と被覆尿素（三六%）で尿素（二一%）と硫安（八・五%）より高かった。これらの結果から、石灰窒素と被覆尿素の深層施肥は、生育後期まで深層部から化合態窒素を効率的に供給するだけでなく、根粒の窒素固定や根による窒素吸収を増加させることによって同化窒素量を増やし、子実収量増に寄与することが明らかとなった。

品質向上・「しわ粒」防止に深層施肥の有効性を示唆

新潟大水田転換畑

ダイズについては全国的に低品質が大きな問題となっており、なかでも種皮にしわが入る「しわ粒」が、北陸地域の転換ダイズの品質低下の最大の要因となっている。しわ粒には、写真4のように、亀の甲羅状の「亀甲しわ」と、横にすじ状に並んだしわが入る「ちりめんじわ」の二つのタイプがある。なお、普通ダイズの等級区分では、被害粒などの混合率一五%、二〇%、三〇%までをそれぞれ、一等級、二等級、三等級としている。新潟県では、近年、高品質とされる一等級と二等級の合計割合が一〇%程度ときわめて低い。

転換畑で、尿素と被覆尿素の施肥位置がダイズ種子の収量・品質におよぼす影響について調べた。実験は二〇〇二年に新潟大学農学部フィールド科学教育研究センター新通ステーションの水田転換畑で行なった。

施肥区は、慣行区に加えて、尿素（一〇kgN／一〇a）と一〇〇日タイプの被覆尿素LP100（一〇kgN／一〇a）の全層施肥区と深層施肥区を設けた。収穫したダイズ種子の収量と外観的品質を調査した。乾物重当たりの整粒比率は、対照区五一%、尿素全層施肥区六五%、被覆尿素全層施肥区六一%、尿素深層施肥区六一%、被覆尿素深層施肥区六六%であり、被覆尿素深層施肥区でほかの区よりも整粒の割合が高まった。窒素の施用により、しわ粒（亀甲しわ）と皮切れ粒の比率が低下した。

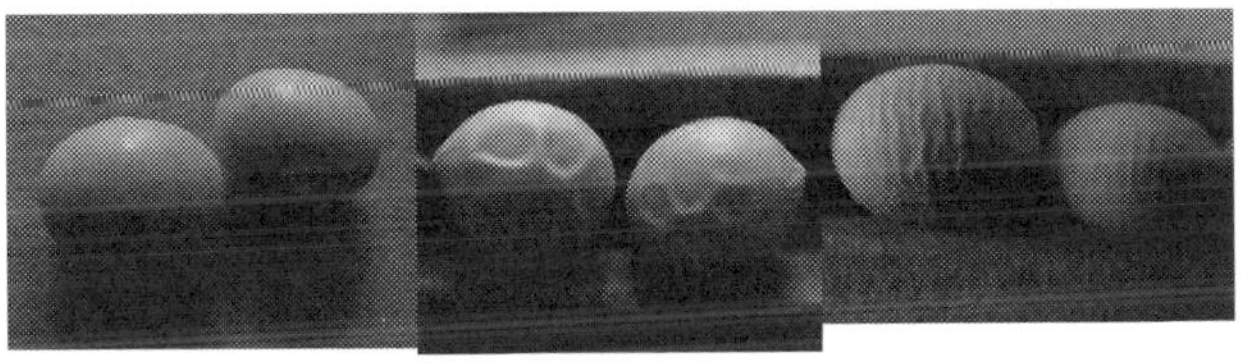

写真4　ダイズのしわ粒
左：整粒、中：亀甲しわ粒、右：ちりめんしわ粒

これらの結果から、ダイズの収量と種子品質向上の両面から、緩効性窒素肥料の深層施肥の有効性が示唆された。その後、同様の品質改善効果が石灰窒素の深層施肥でも得られている。

しわ粒発生の機構はまだ解明されていないが、生育後期の窒素や光合成産物の不足や、カルシウム、ホウ素などの養分欠乏が関係することが予想されている。石灰窒素の深層施肥は、生育後期の窒素、光合成産物の栄養状態を改善するとともに、石灰窒素に含まれるカルシウムが、しわ粒を防止する効果も期待される。

硝酸による阻害がなく促進された窒素の固定

被覆尿素（LP100）の深層施肥による増収効果は、深層施肥した肥料が開花以降に効率的に吸収されることと同時に、窒素肥料、とくに阻害効果が強い硝酸態窒素が、地表部近傍に多く着生する根粒と直接接触せず、窒素固定を阻害しないことによると考えられている。また、被覆尿素の深層施肥により、施肥位置近辺の深根の発達を促し、深層部からの養水分吸収が確保される。

さらに、生育後半に肥料窒素が継続的に供給されるため、葉面積が維持され、クロロフィル含量が保持されるため、多量の光合成産物が終盤まで供給される。このことにより、慣行区では窒素固定が低下する九月まで、窒素固定活性が維持される。これらの結果、分枝数、節数、節当たり莢数が増加し、結果的に粒数が増加することが、多収の要因である。被覆尿素の深層施肥部近傍には、被覆尿素から溶出した尿素から生じたアンモニアが集積していたが、根粒が多く着生した地表部近くには、無機態窒素（硝酸＋アンモニア）がまったく蓄積していなかった。転換畑下層土では硝化能が低いため、被覆尿素から溶出した尿素はアンモニアの形態でとどまり、流亡や脱窒が少なかったと考えられる。化合態窒素、とくに硝酸による根粒肥大と活性の阻害は、直接硝酸と接触する部分で強くあらわれる。したがって、根系上部では主に窒素固定を、根系下部では無機窒素吸収という役割分担をさせることにより、窒素固定がむしろ促進されると予想された。

このことを確認するために、ダイズを二重のポットで栽培し、下部根からの継続的な硝酸投与が、上部根の根粒形成と窒素固定にあたえる影響を調べた。下部ポットに連続して硝酸一mMを含む水耕液をあたえたところ、上部根の根粒乾物重は、無窒素培養液をあたえた区を上回った。着莢始の株当たりの上部根粒の窒素固定活性も、硝酸一mM区が最高値を示した。この結果、低濃度の硝酸が持続的に下部根から供給されると、上部根の根粒形成と窒素固定を促進することが確認された。ただし、高濃度の五mM硝酸培養液を下部ポットから連続的にあたえると、上部ポットの根粒重と活性は抑制された。

圃場条件や土壌型で施肥位置と量の検討が必要

深層施肥した石灰窒素の土壌中の挙動については、まだ十分調べられていない。石灰窒素は、土壌中で、シアナミド、尿素を経てアンモニアに変化するが、石灰窒素の分解過程で生成するジシアンジアミドには、硝酸化成抑制作用がある。硝酸はアニオンとして土壌中を移動しやすく、しかもダイズにおける根粒形成と窒素固定は、ともに培地中の硝酸の存在により可逆的に、かつ強く抑制される。石灰窒素の深層施用により、無施用の慣行区や尿素区よりもダイズの株当たり子実窒素同化量を増加させたことは、石灰窒素の硝化抑制作用により、硝化、流亡、脱窒が抑制され窒素が施肥位置近傍に長くとどまり利用率が高まったことと、根粒肥大と窒素固定活性が抑制されなかったためと考えられる。

また、高濃度の石灰窒素は、植物と直接接触すると、発芽、発根などに対する阻害作用があるが、深層施肥では、播種位置と施肥位置が離れているためにこれらの害作用が回避されたと思われる。

石灰窒素（一〇kgN／一〇a）の深層施肥による根粒の窒素固定を活用したダイズ増収と品質改善の可能性が示されたが、今後、実用技術として確立するには、圃場条件や土壌型による石灰窒素の施用位置や施肥量の検討が必要である。また、石灰窒素の深層施肥は、肥料利用率が高く、環境保全にも役立つことから、ダイズだけでなく、比較的生育期間の長い作物一般に適用できると思われる。さらに、トラクターに装着する深層施肥播種ユニットの量産と普及が望まれる。

『石灰窒素だより　№１４１』（日本石灰窒素工業会）より転載

あっちの話こっちの話

豆腐作りの消泡剤に米ぬかを使う

三浦貴子

米ぬかといえば、肥料になったり、除草剤の代わりになったり、はたまた健康にもよいなど、その万能ぶりは目を見張るものがあります。そんな中、宮城県迫町で子取り和牛を飼う佐藤文彦さんから、豆腐を作るときに消泡剤として米ぬかを使う珍しい話を教えてもらいました。

　文彦さんは減反田に大豆を植えています。その大豆を使って、今でもお母さんが自家用の味噌、醤油、豆腐を作っています。佐藤さんのあたりでは豆腐を作るときの消泡剤に石灰を使うのですが、佐藤さんの家では米ぬかを使うのです。

　お母さんによれば、むかしから米ぬかを消泡剤として使う話はあったそう。泡といっしょに米ぬかは取り除いてしまうので、味は変わりません。冬の暇なときにお母さんが作った手作り豆腐は「なんともいえない豆の味がする」。しかも青バタ豆で作った豆腐は「よりいっそう甘い」と文彦さんも太鼓判です。皆さんも、豆腐作りに挑戦してみてはいかがでしょうか。

一九九九年三月号　あっちの話こっちの話

花豆はヘソを下にして植えるといいんだよ

秦秀治

標高七〇〇m以上ないと実がうまくつかないといわれるのが、花豆（ベニバナインゲン）。長野県小県郡東部町の上原みくいさんは、花豆を作り続けて二十年。それでも、「毎年が一年生」と言うみくいさんの作業は、さすが日々の工夫の中から生まれた賜物。

　種播きのときは、マメのヘソが下になるように、一つずつ丁寧に播かないと、樹は真直ぐ上に育たないそうです。また、マメは日陰で莢ごと乾かさないと、いい保存ができないし、仕上がりもきれいにならないそうです。

　さらに、図のように、パイプの片側にだけ花豆を植えることです。以前は両側から登らせて、パイプの内側にいる人が見えないようなトンネルになっていましたが、これでは風通しも悪く、むれてしまいます。

　片側にだけ植えるので、もう片側には大根などを植えます。来年は、今年植えなかった側に植えられるので、輪作が可能です。自家用畑や、青空市場向けの畑にはピッタリ。しかもA品率は上がるので、作業が楽とのこと。

　非農家からきて、現在おつとめのお嫁さんも、花豆だけはずっと作り続けたいと、みくいさんに言っているそうです。

九九二年二月号　あっちの話こっちの話

ダイズの根粒菌接種

中野　寛（農業・食品産業技術研究機構北海道農業研究センター）

多収ダイズの栽培事例では、豊富な日照、旺盛な地上部の生育によって得られる光合成産物の根系への潤沢な供給、根圏における十分な水分や酸素供給といった良好な栽培条件が備わっている。これらは根粒による窒素固定活性を増進させる条件であり、窒素固定増進が収量向上のために必要であることを意味している。優良根粒菌の人工接種は窒素固定活性向上に向けて期待される技術であるが、根粒菌の人工接種がダイズ栽培の基本技術として位置づけられることができるかどうかは、土壌中に棲息している土着根粒菌よりも優れた根粒菌を選抜することができるか、接種菌を効率よくダイズに感染させ根粒形成や窒素固定活性を高めることができる接種技術を開発できるかという点にかかっている。

国内での根粒菌接種の実施状況

わが国の場合、ダイズ作付け面積に対する根粒菌接種実施面積の割合は、北海道では約八〇％前後であるが、東北各県では十数％前後にとどまり、東北以南の各県ではほとんど皆無に近い。北海道の場合は、十勝農業協同組合連合会が接種技術の開発と普及を精力的に進めたという経緯も関係していると思われるが、根粒菌接種技術の普及が寒冷地に偏っていることからみて、気象的要因なども関与している可能性がある。

ダイズが栽培されたことのない圃場では、土着根粒菌の密度が低いため根粒菌接種が必要であるといわれる。しかし、一九七五年ころから全国で転換畑ダイズ栽培が始められたときにも、関東などの温暖地では根粒菌接種がほとんど実施されなかったが、根粒着生不良が問題視されることはなかった。逆に、ダイズ初作地であり土着根粒菌数が少ないにもかかわらず根粒着生が良好であるという報告は、温暖地では昔から見受けられる（辻村・渡辺一九六〇、松代ら一九九〇）。一方、寒冷地の場合、秋田県八郎潟の干拓地であり地域全体でみてもダイズが栽培されたことのなかった大潟村では、当時、根粒着生不良が問題となり、根粒菌接種が実施された。ダイズ栽培圃場では土壌中の根粒菌数が増加し周囲に拡散すると考え、周辺のダイズ既作地の有無が根粒菌接種の要否を左右すると想像する向きもある。すなわち、大潟村の場合は、周囲にダイズ既作地がなかったために根粒着生問題が発生したのであるという理解である。しかし、一九九八年ころから水田転換が再拡大した北海道空知地域の転換畑ダイズ地帯では、ダイズ既作地が隣接していてもダイズ初作地では根粒菌密度が低く、根粒着生不良の圃場が多数発生し問題となった（北海道立中央農試二〇〇五）。

ダイズ栽培を一作でも実施することにより、土壌中の根粒菌密度は10^4～10^6個／g土壌前後に高まる。また、根粒菌は好気性菌であるため、畑条件の場合にはダイズ栽培後も土壌中の根粒菌密度は長期間維持されるが、水田に戻された場合には数年で菌数は一〇〇分の一～一〇〇〇分の一程度に低下する（赤尾一九八九、臼木ら二〇〇五）。そのため、水田期間が長い場合には、地域によっては根粒菌接種が必要となる。

根粒菌の種類

ダイズに根粒を形成する根粒菌は、*Bradyrhizobium japonicum*、*Bradyrhizobium elkanii*、*Rhizobium fredii* の三種にまたがっているが、わが国や米国に広く分布しているのは *Bradyrhizobium japonicum* であり、わが国では市販根粒菌にこの種が用いられている。しかし、*Bradyrhizobium japonicum* のなかにも多くの系統があり、地域や圃場によって異なる土着根粒菌系統が土壌中に棲息している。

現在、北海道では、ダイズの既作地であっても根粒菌が人工接種されている。これは、各地の土壌に棲息する土着根粒菌系統は接種菌に比べて窒素固定能が劣っている場合が多いため、優れた接種菌を利用するべきであるという考えに基づいている。市販される根粒菌は、多くの根粒菌系統からダイズの窒素固定能や収量に関して能力の高いものが選抜されている。わが国で接種されている市販根粒菌も、北海道から本州の温暖地域にかけて広い地域から収集された根粒菌のなかから選抜された系統である。しかし、菌系統の能力はダイズ品種との相性によっても異なっている。そこで、多くの品種に対して平均して接種効果の高いオールラウンドの菌系統を選抜し、その系統のみを利用するという考え方や、比較的能力の高い複数の菌系統を混合して利用するという考え方で接種菌は選抜利用されている。しかし、多数とはいえ、限定されたダイズ品種と根粒菌系統のなかで評価しているため、当然、市販根粒菌よりもその地域の土着菌から分離された菌系統のほうが優れていたという報告例が見受けられる。

接種根粒菌の消長と土着根粒菌との競合

根粒菌系統の選抜試験は、土着菌の存在しない土壌を用いたポット試験で実施される。しかし、ダイズ既作地の土着根粒菌密度は通常10^4～10^6個／g土壌に達するため、実際の根粒菌接種では、土着根粒菌に対して接種菌を優先的にダイズの根に感染させ根粒着生させねばならない。根粒菌に抗生物質耐性能などの特性を付与したマーカー根粒菌などを活用した研究によって、根への感染・根粒着生の能力に関して菌の系統間の競争力に差が存在することが確認されている。また、供試された当時の市販根粒菌は、土着根粒菌に比べ必ずしも競争力が高くなかったという結果もある（東田一九九〇）。さらに、根に感染が成立するまでの期間、接種された根粒菌は土壌中で徐々に減少する（図1）。そして、これについても菌の系統間差が存在することが知られているが（石井ら一九八七）、菌数の減少は高地温や乾燥条件下ではいっそう激しくなる。すなわち、共生による窒素固定能の大小だけでなく、根への感染の際の土着根粒菌系統との競合力や、土壌中での生存性に優れた菌系統の選抜が実施されなければ、人工接種による接種効果の向上は期待できない。

現在の接種法では、うまく接種できたとしても、土壌一g当たり土着根粒菌数の

図1　接種根粒菌の土壌中での生存（東田・石井，1988）

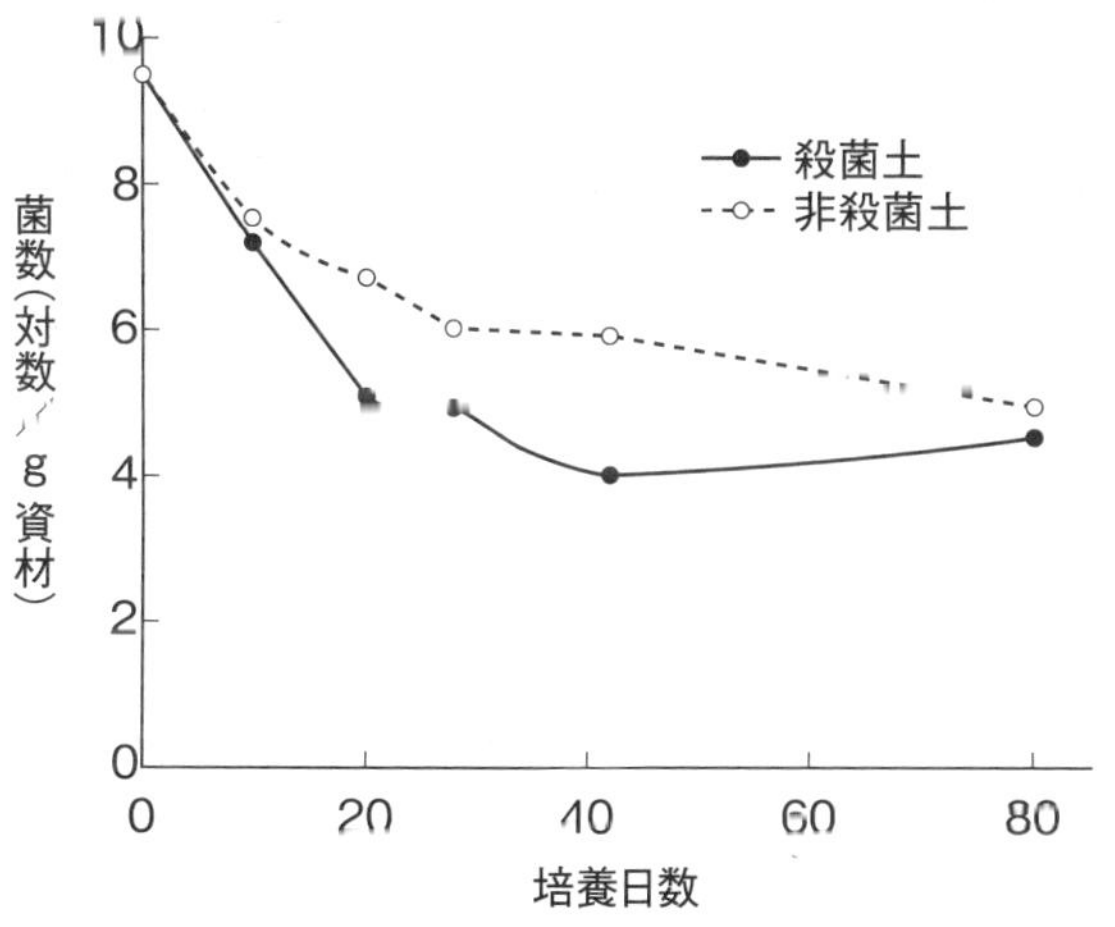

根粒菌A1017，黒ボク土壌

一〇〇〇倍程度の菌数を種子に接種しなければ、ダイズ根粒内で土着菌よりも接種菌を多く占有させることはできない（図2）。そのことは、土壌中の土着菌密度、ダイズ根圏の土壌の量、土壌中での接種菌の生存性、土着菌との競合からも容易に理解できる。実際、根粒菌を高濃度接種することにより、根粒中の根粒菌の大半を接種菌で占有させることができ、さらにダイズ栽培後の土壌中の土着根粒菌も優良な接種菌に置換できたと報告されている（赤尾一九八九）。しかし、根粒菌の高濃度接種はコスト面から実用性は乏しく、接種法の向上技術の開発が必要である。

図2　根粒菌の接種菌数と接種菌系統の感染率の関係

（十勝農協連，1997）

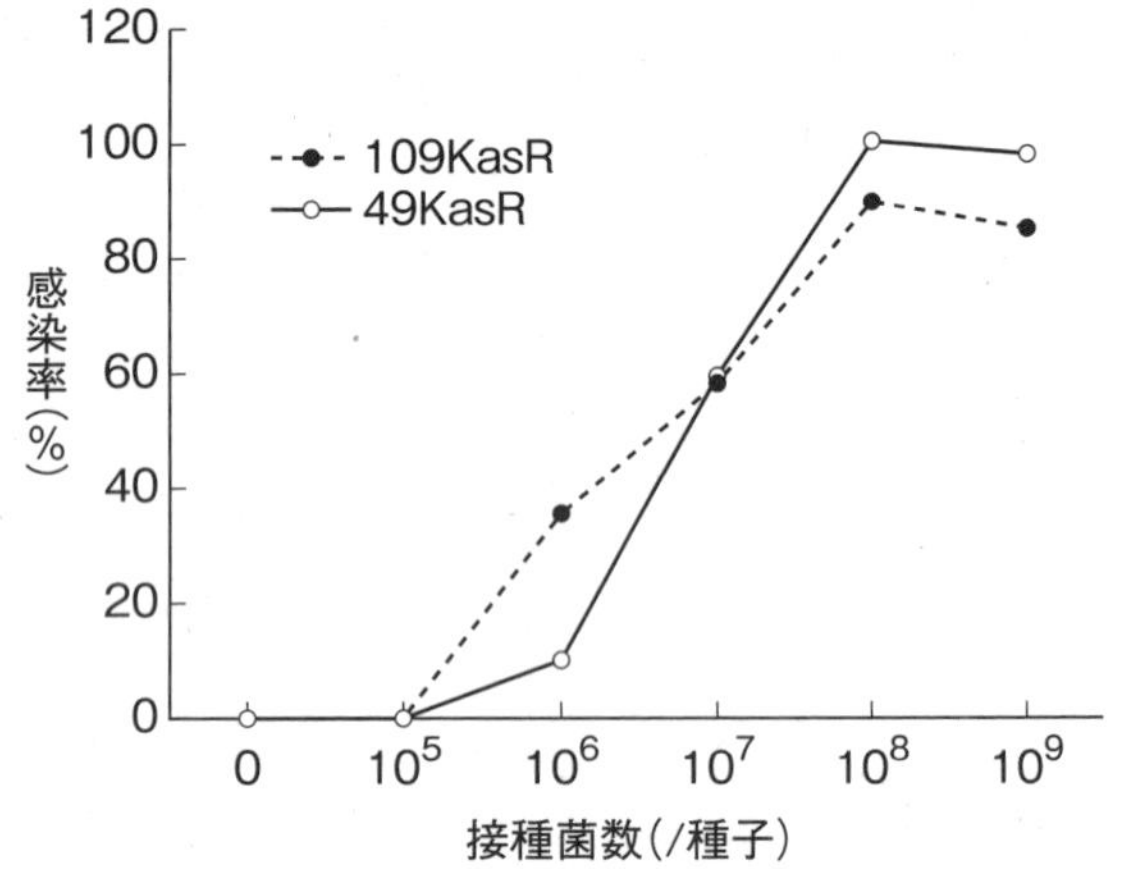

土耕ポット試験，菌液接種，土着根粒菌10^4個/g土壌，
ダイズ品種：トヨムスメ

ダイズ品種と根粒着生

ダイズ品種によっても根粒着生や窒素固定能力に差があるという報告事例は多い。そのような品種間差は、多くの場合、品種比較試験を実施した圃場の土着菌系統とダイズ品種の相性に影響されている可能性がある。しかし、ダイズ根粒菌の複数の種や菌系統を通じても変わらないということが確認されている場合もある（図3）。この場合では、キタムスメはトヨスズに比べて主根から発生する第一次側根の数が多いが、それが多数の根粒を着生させている要因である（Ikeda 一九九九）。窒素固定能の向上にはダイズの品種育成面からも進める必要がある。

根粒菌接種法の種類と特徴

根粒菌接種法は、①企業があらかじめ種子に根粒菌を吸着前処理、②農家が根粒菌の粉衣剤などを播種直前に種子処理、③菌液や粒状資材を播種床に散布、の三種類に分類することができる。ダイズの場合、現在、国内では根粒菌を真空吸着処理した種子の利用が大半を占め、泥炭（ピート）粉末に根粒菌を混

図3　各種根粒菌によるダイズ品種の根粒着生（Ikeda，1999）

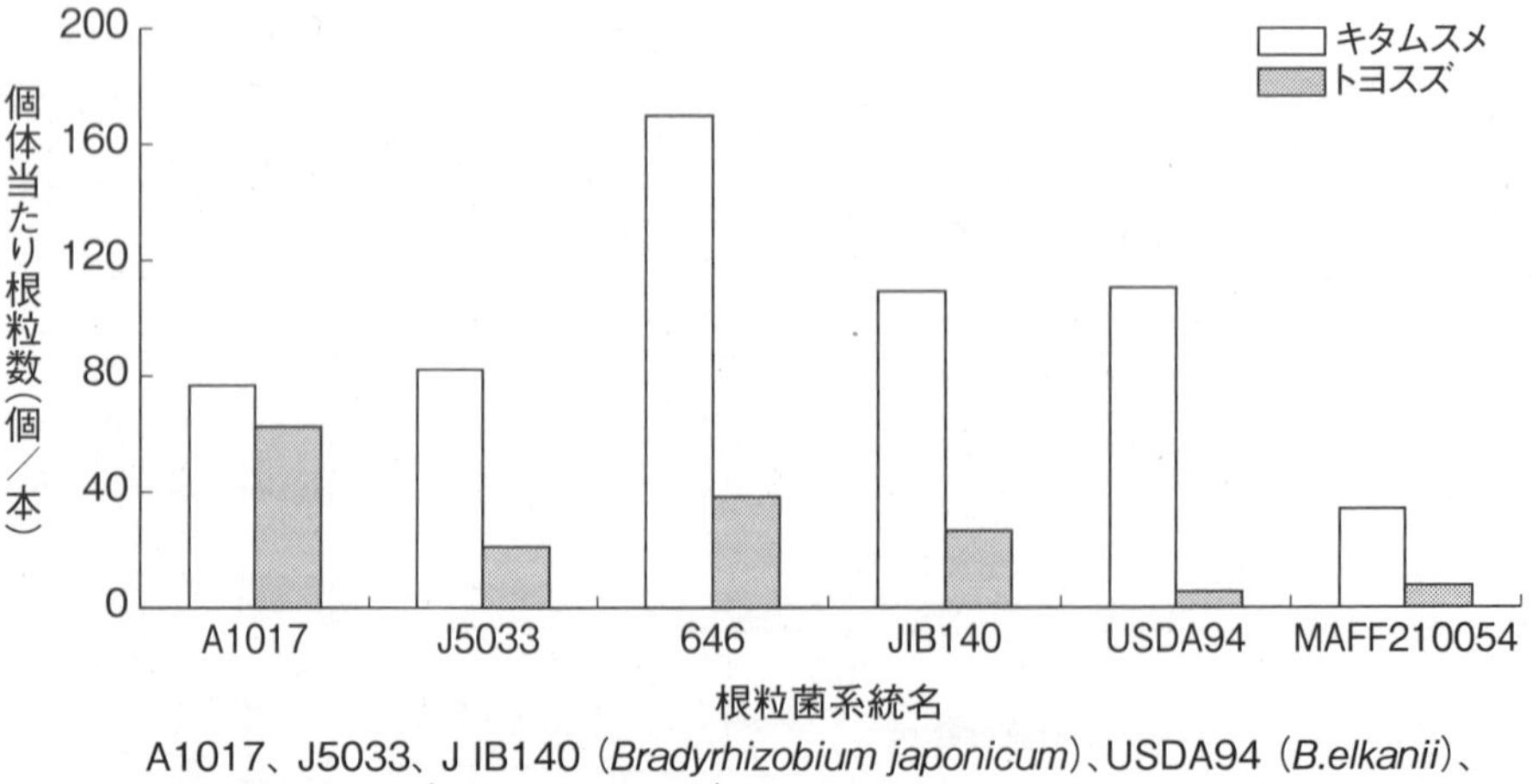

A1017、J5033、J IB140（*Bradyrhizobium japonicum*）、USDA94（*B.elkanii*）、
MAFF210054（*Rhizobium fredii*）

合する粉衣剤も利用されている。一方、米国では種子処理用や播種床処理用の菌液剤、播種床散布用の粒状資材も含めさまざまなタイプの資材が流通している。

　農家にとっては、根粒菌吸着前処理を施した種子の利用が最も簡便であるが、貯蔵中に種子上の根粒菌数が徐々に低下する。そのため接種種子の保管条件を厳密にする必要があり、接種種子の大量流通体制の確立に困難が伴う。種子粉衣では、粉衣剤中の菌の増殖性が高いこと、粉衣剤の種子への接着性がよいことが必要であり、粉衣剤の担体にはピートが優れているといわれている。ピートを産出しない国では、土壌、バガス（サトウキビ搾汁残査）、コンポスト、パーライトなども用いられている。

　根粒菌の吸着前処理や種子粉衣の場合、①接種できる種子当たり根粒菌数に限界がある、②機械播種作業において播種機の中で粉衣剤が脱落する、③殺虫剤や殺菌剤の種子処理によって根粒菌が死滅する、④出芽時に種皮が地表にもち上げられ根圏の根粒菌数が低下する、⑤種子から根系の根粒形成位置まで根粒菌の移動が必要である、などが問題となる。播種機内での粉衣剤の脱落を防ぐために、菌液やピート粉末に水を添加してスラリー状にしたものを種子に混合塗布したり、展着性を高めるために糊状物質を混合して塗沫するなどの対策も考えられる。ブラジルでの種子処理には従来はピートが用いられていたが、現在では菌液も多く用いられている。

　農薬の種子処理との適合性に関しては、殺菌剤だけでなく殺虫剤でも阻害される。そのため、米国で播種床への菌液や粒状資材の施用が広がった理由の一つになっている。播種床施用の場合、粒状資材の場合は播種機に装着されている農薬用のタンクを利用できるが、液状資材の場合は専用のアタッチメントが必要となり、多くのタイプが市販されている。

接種法と接種効果

　接種菌数の制限、播種機内の種子からの脱落、農薬との関係を別にしても、資材や接種法によって接種効果が異なる可能性はある。種子処理よりも、菌液や粒状資材のほうが接種試験でよい結果が得られる場合が多いといわれている。播種床施用の場合、菌液や粒状資材の施用位置は、種子の周囲、種子の側方、もしくは種子の数cm下方となる。高地温や土壌乾燥条件に遭遇したときには、種子より下層の土壌に接種したほうが接種菌はストレスを回避できる可能性がある。さらに、出芽によって種皮上の接種菌が地表に排出される問題、低土壌水分時に種子から根粒形成域までの接種菌の移動性が低下する問題なども、種子処理と播種床接種の優劣にかかわる可能性があり、これらの問題について詳細な検討が必要である。

　世界的に見て接種資材の生産流通はさほど広がっていない。ダイズ大産地の南米でも、ブラジルでは根粒菌接種が奨励され積極的に進められているが、隣国のパラグァイではほとんど実施されていない。米国の場合、新しい接種資材の登場に対応して、各地の公共機関で評価試験が現在も続けられている。既作地でも接種効果があると報告する評価結果も見受けられる。資材によっては、インディアナやミシガンのような北緯四〇度以上の北部諸州でのみ接種が有効と報じられる場合もあり、接種効果に関し地域性が存在する可能性もある。しかし、現時点では、既作地でも接種が必須であるということでなく、土壌条件が根粒菌の棲息に適さない圃場や数年以上にわたりダイズ栽培の途絶えた圃場では念のために接種するという考え方が一般である。

農業技術大系作物編第六巻　根粒菌接種　二〇〇六年

加工から見た大豆品種選び

喜多村啓介（農水省農業研究センター作物開発部）

高たんぱく質で豆腐・油揚げ向き

豆腐用として評価が高い品種は、フクユタカ、エンレイであり、たんぱく質含有率が四五％と高い。高たんぱく質は、豆腐・油揚げ用原料として歩留まりが高く、豆腐が固まりやすく硬い豆腐ができることにつながる。そして、生産量が多くロットがまとまりやすいことが、両品種を豆腐用の人気品種としている。

ただし、エンレイは病害抵抗性が十分でなく、ダイズモザイクウイルス（ＳＭＶ）病の発生が多い地域では、褐斑粒が発生しやすいことや主産地での寡占的作付けが生産を不安定化することが問題となっている。

エンレイなみの高たんぱく質で豆腐加工適性に優れる有望系統に九州一三一号（＊1）がある。

この系統はタマホマレなみ熟期の多収大豆で、平成十三年度に兵庫・岡山・山口三県で同時に奨励品種に採用される予定となっている。

たんぱくは低めでも「こだわり豆腐」ができる

エンレイほど高たんぱくではないが、たんぱく質含有率が四二〜四三％で豆腐加工適性に優れる最近の品種として、ニシムスメ、リュウホウ、すずこがね、あやこがね、ハタユタカをあげることができる。これらは、フクユタカ、エンレイと比べると豆腐用原料としての評価はやや低いが、病害虫抵抗性やコンバイン収穫適性を有しており、省力・安定栽培が可能。とくにハタユタカは、ダイズモザイク病・ダイズシストセンチュウに抵抗性で、多収かつ広域適応性がある。コンバイン収穫も十分可能なので、関東地域を中心とした作付け拡大が期待される。

また一般に、たんぱく質含有率が中程度の品種は脂質・糖質含量が比較的多く、コク味のある良食味の豆腐を造ることができる。地域の嗜好にマッチした「こだわり豆腐」の原料として最適であろう。

煮豆・惣菜・高級豆腐向き

煮豆用として好まれる品質は、白目で粒が大きく、蒸煮大豆が軟らかく皮うき・煮崩れが少ないことに加え、美味しいことである。こうした品質をもつ大豆は外国品種には見あたらない。煮豆・惣菜用の八五％は国産品種が占めている。煮豆用には、トヨムスメ、トヨコマチ、トヨホマレ等の、いわゆる「とよまさり」銘柄の北海道品種が主力。百粒重三〇ｇ以上の大粒でたんぱく質含有率が低く、美味しさの代表的指標であるショ糖含量が高い特徴を有している。タチナガハ、ミヤギシロメ、オオツル等も煮豆用に好適な品種

表1 育成された用途別主要品種

主要な用途	品種名（育成年、育成場所）	普及面積（平11、ha）	品種の特徴 品質・加工特性	栽培特性	主要栽培地域
豆腐	エンレイ（昭46、D）	13,380	高タンパク	晩播適性高	北陸
	フクユタカ（昭55、E）	19,970	高タンパク	広域適性有、多収	九州、東海、四国
	スズユタカ（昭57、C）	6,221	良食味	SMV抵、SCN抵	東北
	むらゆたか（昭63、F）	5,178	高タンパク、煮豆適性有	多収	九州
	ニシムスメ（平2、E）	996	良食味	耐倒伏性強	近畿、中国
	リュウホウ（平7、C）	2,980	煮豆適性有	SCN抵、機械化適性有	東北
	すずこがね（平10、D）	20	良食味	SMV抵、多収	中国、近畿
	あやこがね（平11、D）	—	良食味	SMV抵、多収	東北、北陸
	ハタユタカ（平11、C）	—	良食味	SMV抵、SCN抵、広域適性有	関東
	九州131号（＊、E）	—	高タンパク	広域適性有、多収	中国、近畿
煮豆	トヨムスメ（昭60、A）	2,933	高糖分	SCN抵、耐倒伏性強	北海道
	タチナガハ（昭61、D）	8,716	豆腐適性有	機械化適性高	関東
	トヨコマチ（昭63、A）	2,726	高糖分	SCN抵、耐倒伏性強	北海道
	トヨホマレ（平6、A）	429	高糖分	耐冷性・耐倒伏性強	北海道
	十育233号（＊、A）	—	高糖分	早生、耐冷性・機械化適性有	北海道
	中育47号（＊、B）	—	豆腐適性有	わい化病抵、機械化適性有	北海道
納豆	スズマル（昭63、A）	2,190	百粒重12〜14g	機械化適性有	北海道
	鈴の音（平7、C）	10	百粒重9〜10g	機械化適性有	東北
	スズオトメ（平10、E）	—	百粒重9〜10g	機械化適性有	九州
	東山187号（＊、D）	—	百粒重13〜15g	SMV抵、耐倒伏性強	関東、北陸
味噌	タマホマレ（昭55、D）	5,933	高糖分	耐倒伏性強、多収	近畿、中国
	さやなみ（平9、D）	13	高糖分	SMV抵、耐倒伏性強	中国
	ハヤヒカリ（平10、A）	142	もやし適性有	耐冷性・機械化適性有	北海道
	タママサリ（平10、D）	—	高糖分	SMV抵、黒根腐病抵、多収	中国

注：育成年の＊は有望系統、「SMV抵」はダイズモザイクウイルス抵抗性、「SCN抵」はダイズシストセンチュウ抵抗性

〈育成場所〉A：北海道立十勝農業試験場大豆科（TEL 0155-62-2431） B：北海道立中央農業試験場畑作科（TEL 0123-89-2001） C：東北農業試験場大豆育種研究室（TEL 0187-75-1043） D：長野県中信農業試験場大豆係（TEL 0263-52-1148） E：九州農業試験場大豆育種研究室（TEL 096-242-1150） F：佐賀県農業試験場水稲研究室（TEL 0952-45-2141）

である。

一般に、煮豆適性の高い品種はたんぱく質含有率が四〇%程度と低い。豆腐にすると軟らかくなりやすいが、ショ糖等の糖質が多いことから食味の良い豆腐の原料としても好評である。実際にかなりの量が豆腐原料用としても利用されている。加水量を少なめにすれば豆腐の硬さも確保でき、歩留まりは低めとなるが、味の濃い良食味の高級豆腐を製造することができる。

納豆向き

納豆用として好まれる品質は、百粒重が九〜一五gと極小粒か小粒で、蒸煮大豆が軟らかく、納豆の色調が明るく美味しいことである。

納豆用に育種された米国・カナダ品種は、極小粒で高い納豆加工適性を有し、また価格も安いため、納豆用大豆の八割以上を輸入大豆が占めている。しかし国産は、味・香りの点で輸入大豆より優れているとの評価があり、スズマル、納豆小粒、コスズが納豆用の主力品種として利用されている。最近、コンバイン収穫適性をもつ温暖地向けの納豆用品種スズオトメ（東山一八七号）が育成された。地場での納豆用として期待される。

味噌向き

味噌用として好まれる品質は、たんぱく含量が低い反面、糖質や脂質含量が高めで、蒸豆が均一に軟らかいことである。国産は輸入大豆に比べ品質は良いが、味噌にした場合の製品差が出にくいため、原料大豆はほとんどが輸入大豆となっている。贈答用等の高級味噌用に国内品種が使用されており、キタムスメ、タマホマレ、ナカセンナリ、ギンレイの評価が高い。

煮豆用品種と同様、これらの品種の豆腐は軟らかめになるが、糖質・脂質が多いことから食味の良い豆腐ができるので、豆腐用としての使用も多い。

最近育成のハヤヒカリ、さやなみ、タママサリは、障害・病害抵抗性やコンバイン収穫適性が強化された味噌用品種であり、今後の作付け拡大が期待される。

有色大豆にも新品種登場

黒豆、青豆、茶豆などの有色大豆は、煮豆、有色豆腐、枝豆など用途が限られ、特定用途大豆と呼ばれる。

黒豆の代表格品種「丹波黒」は、世界一の大粒品種。煮豆にすると見栄え、味ともに良く、最高の材料とされている。丹波では江戸時代から作付けがあり、近年は品種改良でより極大粒・高品質となった。近畿・中国を中心に四〇〇〇ha近い作付けがある。

最近、丹波黒ほどの大粒ではないが、早生で草型が改良された、ウイルス病抵抗性のみすず黒が育成された。北海道黒豆としては、中生光黒の血を引く極大粒高品質・わい化病抵抗性のいわいくろが育成され、作付けが拡大している。これらの黒豆品種はいずれも枝豆としても美味で評価が高い。

枝豆用として山形・新潟県の特産となっている「ダダチャ豆」にはいくつかの在来品種があり、茶豆のものが多く独特の甘みと風味をもつ。

最近育成されたキヨミドリ、あきたみどりは、種皮および子葉が緑の在来品種を改良して作りやすくした良質緑大豆品種である。黄大豆にない風味の豆腐原料として、また製菓や枝豆にも利用できる。耐冷性や耐倒伏性が強化された「音更大袖振」銘柄の音更大袖、大袖の舞は、種皮色が緑で、菓子用煎り豆、煮豆、枝豆としての加工適性が高い。

表2　有色品種、新規用途品種

品種名（育成年、問合せ先）	用途	品種の特徴 品質成分	品種の特徴 栽培特性	主要栽培地域
丹波黒（―、G）	煮豆、枝豆	百粒重85g、黒皮、高ショ糖	極晩生	中国、近畿
みすず黒（平9、D）	煮豆、枝豆	百粒重45g、黒皮	早生、SMV抵	関東
いわいくろ（平10、B）	煮豆、枝豆	百粒重46g、黒皮、風味良	わい化病抵	北海道
キヨミドリ（平9、E）	緑豆腐、製菓	百粒重31g、緑皮、子葉緑	機械化適性有	九州
あきたみどり（平10、H）	緑豆腐、煮豆	百粒重44g、緑皮、子葉緑	耐倒伏性強	東北
音更大袖（平3、A）	製菓、煮豆	百粒重35g、緑皮	耐冷性強	北海道
大袖の舞（平4、A）	製菓、煮豆、枝豆	百粒重34g、緑皮	SCN抵、耐倒伏性強	北海道
いちひめ（平8、E）	豆乳、食品素材	リポキシゲナーゼ全欠	SMV抵、SCN抵	関東
エルスター（平11、E）	豆乳、食品素材	リポキシゲナーゼ全欠	広域適応性有、多収	九州、東海
東北124号（＊、C）	特殊食品素材	高栄養・低アレルゲン	SMV抵、耐倒伏性強	東北

注：育成年の＊は有望系統
〈問合せ先〉A,B,C,D,E：表1に同じ　G：兵庫県立北部農業技術センター農業部（TEL 0796-74-1230）　H：秋田県農業試験場作物部畑作物担当（TEL 018-881-3338）

大豆臭さがない大豆

ところで、大豆を豆乳やデザート類など新規用途に利用する場合には、大豆のもつ独特の風味が問題となる。風味成分の大部分は、種子中の酵素リポキシゲナーゼが大豆油を酸化することにより発生する。

これまでに、この酵素をすべて欠く（全欠）いちひめとエルスターが育成されている。豆乳等の食味評価試験で、いちひめ、エルスターは明らかに普通品種より評価が高い。小麦粉や卵など他の食材と混合しても、お互いの素材の良さを生かせることがわかった。また、全欠品種では、種子の脂質・たんぱく質の酸化が少なく、貯蔵された大豆の油揚げの伸びが高く保たれた。

栄養価が高く、低アレルゲンの品種も登場

たんぱく質に特徴のある品種も育成されている。大豆たんぱく質の約七〇％は、7Sグロブリン（7S）と11Sグロブリン（11S）である。11Sは7Sの四倍ほど含硫アミノ酸（メチオニン、システン）を多く含む。7Sを構成するサブユニット（α・α′・β）のうち、αおよびα′を欠失する東北一一四号（＊2）では、11Sが大幅に増大し、含硫アミノ酸量が増えて栄養価が向上している。

また、αサブユニットは大豆のアレルゲンたんぱく質の一つである。したがってαおよびα′をもたない東北一二四号は、最大のアレルゲンたんぱく質Bd30Kを効率的に取り除くことができる。しかも偶然に、もう一つの主要なアレルゲンたんぱく質Bd28Kももたないことから、低アレルゲン食品素材として利用できる。この系統は、平成十二年度に命名登録される予定である。

大豆はもっと穫れる

このように、国産品種は用途別の優れた加工適性をもち、また、品質成分にも輸入大豆にはない特徴をもち、利用面での選択の幅は広い。だが輸入大豆に比べて価格が高く、収穫量が不安定なことが実需者にとって使いづらい要因となっている。

国産大豆の収量は平均で一ha当たり約一・八tで、米国やブラジルの収量（約二・五t／ha）に比べかなり低い。これは、雨害・湿害・干魃害等の克服が十分でないことや、農家の生産意欲が今ひとつ足らないことに主な原因があるように思う。

実際、試験場や豆類経営改善共励会の収量は一ha当たり三t以上である。また、上位五県をとれば、平均収量は毎年二・五t／haに達している。少し努力すれば、国際水準なみの平均収量をあげることは十分可能であろう。我々も、いっそうの安定生産・省力化に向けて、産地条件に応じた品種開発と栽培制御技術の開発を進めるとともに、実需者・消費者の品質に対する用途ごとの要望にマッチした「使いやすい」品種の開発を加速していきたい。

二〇〇一年二月号　加工から見た大豆品種選び

（編集部注）
＊1　九州一三一号＝現サチユタカ
＊2　東北一二四号＝現ゆめみのり

アズキの起源と栽培

アズキは、ササゲ属アズキ亜属に分類されている。栽培アズキは、東アジア（中国、日本、韓国）のグループと、ブータン、ネパールのグループに大きく分けられ、東アジアの栽培アズキは、日本に自生する野生アズキが起源という説が有力である。日本で最も古いアズキは、六〇〇〇年前の滋賀県粟津湖底遺跡や福井県鳥浜貝塚から出土している。

アズキは、寒さに弱く、温暖でやや湿潤な気候を好む。発芽の適温は三〇～三三℃で、最低温度は七～八℃である。霜にも弱く、種播きの時期は地温が一〇℃以上になってからがよい。開花温度は二〇～三〇℃で平均二六℃以上とされる。

アズキの栽培法

種播き　アズキは霜に弱いので、播種時期は、地温一〇℃以上で、遅霜の心配がない頃にする。うね間六〇cm、株間は二〇～三〇cmで二～三粒播きにする。浅く播くと乾燥しやすいので、三～五cmの深さに播く。

根粒菌の接種　アズキを栽培したことがない畑では、土壌中に根粒菌が少なく、生育が劣ることがある。根粒菌が少ない畑では根粒菌を接種する。

肥料　生育の初期に土壌中に窒素が多いと、根粒菌の生育が悪くなる。また、アズキは、開花始め以後の生育後期に、窒素を多く吸収する。このため、堆厩肥で地力窒素を高めるか、緩効性肥料を施すか、深層への溝施用をするなどの施肥方法がよい。

堆厩肥によって地力窒素を高める場合には、リン酸が不足しやすいので、リン酸肥料と組み合わせる。

摘心　側枝が四～五本出たころに、先端の芽を摘心する。側枝が多く伸びだして、茎も太くなり、莢が多く着く。

中耕、除草、土寄せ　アズキは雑草に弱いので、草が見え出したら、中耕、除草を行なう。このとき株元に土寄せすると、倒伏防止になる。

収穫　アズキの収穫適期は、葉がほとんど落ちて熟莢が七〇～八〇％に達した時期。

主要品種

わが国のアズキ生産量の九割近くを占める北海道で育成された主要品種と、その特性・用途を表にまとめた。北海道以外でも、丹波丹波大納言（兵庫県）、京都大納言（京都府）、大館一号・二号（秋田県）、赤アズキ、白アズキなど、地元の特色ある品種が栽培され、地域特産として流通している。（編集部）

北海道立農業試験場で育成された主要品種の特性と主な用途

種類	品種名	品種決定年	百粒重	種皮色(色調) L*	a*	b*	主な用途
普通アズキ	宝小豆	1959	14.2	40.55	11.79	5.06	こしあん
	寿小豆	1971	14.5	39.88	11.92	4.40	こしあん
	エリモショウズ	1981	15.3	40.49	11.74	5.02	こしあん
	ハツネショウズ	1985	15.6	40.04	11.21	4.31	こしあん
	サホロショウズ	1989	17.0	40.18	11.57	4.60	こしあん
	アケノワセ	1992	15.5	39.98	12.25	4.52	こしあん
	きたのおとめ	1994	14.3	40.21	11.18	4.61	こしあん
大納言アズキ	アカネダイナゴン	1975	19.7	39.60	9.78	4.03	粒あん,甘納豆
	カムイダイナゴン	1989	27.3	40.09	8.95	3.41	粒あん,甘納豆
	ほくと大納言	1996	26.2	40.31	11.53	5.00	粒あん,甘納豆
白アズキ	ホッカイシロショウズ	1979	16.1	66.82	6.77	22.28	こしあん

注　百粒重，種皮色は 1998 年十勝農試産。色調はミノルタ CI−1040i（D_{65} 光源，10 度視野）による。*L：明度, a：赤味度, b：黄味度

（『食品加工総覧』第 9 巻「アズキ」より引用）

行事食と結びついたアズキ栽培

岩手県九戸郡軽米町　松村チヨさん

藤村　忠（岩手県軽米農業改良普及所）一九七六年記

軽米町の由来は一説に「物が豊かにとれる場所」という意味があるとされる。この地域は古くから雑穀の集散地、馬産地として知られ、海岸と内陸部とを結ぶ交通の要所として発展してきた。

松村チヨさんの住む上館部落は約四〇戸。その名のとおり館のあった古い部落で、今では若夫婦が通勤出稼ぎの関係で、農作業を一手に引受けて農業を守りつづける気丈夫なおばあさんである。

労働力が少ないから手間のかかる作物の導入はみられない。大豆、アズキを中心にオカボは菓子原料に、小麦、スイートコーンは販売に仕向けられる。

数年前は耕馬四頭を飼い、ヒエ栽培だけでも約二haあったという。ヒエ—麦—大豆という二年三作の作付体系上から、小麦、大豆もほぼ同様の作付面積だったにちがいない。

耕耘機が導入されてからは畑地帯の作付体系に変化をもたらしたように、ここでも馬の飼育の必要がなくなり、五～六年前から耕馬とヒエの姿は完全に消え去った。

アズキ栽培面積は最高三〇a、四～五年前で二〇aあった。最高収量は、黒アズキで一〇a当たり三俵はとれたということである。

輪作・地力維持方式

松村さんは、労働力が少ないから手間のかかる作目は選定していない。せいぜいスイートコーンくらいのもので、現在の輪作体系は下のようである。

オカボ（マルチ栽培）——大豆
　　　　　　　　　　　　アズキ

スイートコーン——小麦—飼料カブ
　　　　　　　　　（酪農家に貸す）
　　　　　　　　　アズキ

かつての二年三作の伝統的輪作にあったヒエがオカボに変わり、小麦は全面栽培へと変わり、したがって大豆、アズキ栽培は間作から単作へ移行した。

稲わら、麦稈、スイートコーン、大豆、アズキなどの粗大有機物はすべて隣の酪農家に運び込み、酪農家からは堆厩肥をもらいうけ畑に還元する仕組みをとっているし、近所のブロイラー農家からの鶏糞も利用している。

小麦跡地は酪農家へ貸しており、飼料カブが栽培され、その年のうちに秋耕して返してもらっている。このことは小麦跡の雑草防止と耕地の維持管理に役立っており、酪農家にとっても飼料生産拡大のメリットがある。このような部落間の貸借、交換事例はしだいに増加の傾向がみられてきた。

五十年度には、スイートコーンの作付増加にともなって、跡作としてのアズキ栽培面積も二〇aとなった。

アズキ栽培の経過

松村さんのアズキ栽培は古い。頑固に古い営農形態をとってきたからで、最近まで畦豆《あぜまめ》としてもアズキを作りつづけてきた。黒アズキといっても、来歴がはっきりしない。赤アズキの大納言とちがってウイルス病にかかりにくいから、作りやすいという。

アズキを選んだのは、①労働力がかからな

い、②輪作に適する、③販売用としても自家用としても簡単に利用できる、④晩霜、発芽不良、病虫害で失敗した作物の代作としてとり入れることが容易。いわゆる晩播対策作物として、さらに労働調整作物として重宝、などの理由からである。

　この地域は昔から晩霜害になやまされてきた。五十一年度は、昭和になって前例のないほど遅い七月一日に降霜があり、野菜やトウモロコシが思わぬ被害を受けた。

　晩霜に対する代替作として晩播適応性が高いのはアズキかソバくらいのものであろう。アズキは土地、気象の不良条件に耐え、しかも晩播き、早どりができる長所がある。晩播きをしても、大豆とちがって子葉が地表に出てこないから、ハト害はほとんどない。したがって、アズキは晩播対策用作目としていつでも確保していなければならない。換金作としてスイートコーンなどの栽培面積を拡大しても、その後作として、アズキ栽培はやはり一番適する—これが松村さんの考えだ。

　自家用としてのアズキは盆、正月の赤飯用としてもちろん、部落の祭や日々のおやつ用としても欠かせない。また「上京している娘にときどき送り、郷里の味がよろこばれています」という。

栽培体系と自然条件

　栽培暦は表のようである。オカボのほかにスイートコーンの後作としてのアズキは、大豆と同様輪作に適し、しかも大豆とちがって鳥害は少なく、販売に有利である。

　半面、大きい欠点もみられる。それは、霜に弱いことだ。この地域の平年晩霜は五月一七日ころで、五月の別れ霜といって、五月末までに霜がなければその年はもう晩霜はないとされる。五十一年のように七月に入ってからの霜は記録的で六月以降の晩霜はいっそう被害を大きくしている。だから、アズキでは決して播き急ぎはしない習慣である。

　軽米町は岩手県内では最も雨が少なく、年間降水量は一〇〇〇mm内外なので春先の干ばつはしばしばである。また、気温の日較差も大きい。ちなみにアズキの最豊年次は大正十四年の一〇a当たり一〇九kg、最凶年次は昭和二十年の三五kg、軽米町の平均反収は七四〜七五kgである。この大きな差は六〜七月の気温と雨量によるものであり、大正十四年は高温と適度の雨量が高収量をもたらしている。

表1　栽培歴

月/旬	5/上	5/中	5/下	6/上	6/中	7/上	8/上	9/中	9/下	10/上	10/中
生育		播種	発芽				開花始	落葉	収穫	乾燥	
作業	種子の選別 トラクター耕、整地、両線、施肥	堆厩肥一〇〇〇kg(鶏糞)	畦幅六〇〜七〇cm 株間三〇cm、2本立て	第一回中耕除草	第二回中耕除草	第三回中・耕除草、土寄せ			五〜六株抜取り束ねて圃場乾燥		まどり打

品種

　黒アズキは在来種で自家用に用いている。表皮がうすく、きわめて多収品種で、こしあんがよくできるが、つぶあんには適しない。量的にも少なく、赤アズキに比べ価格は四〇〜五〇%安い。「色が黒いからなあ」と笑うが、自給用であれば多収な黒アズキでよい。

　販売用としては、量的にまとまった岩手大納言のように大粒種、俗に赤アズキがよいと、松村さんは自家用と販売用とを区別して栽培している。

播種前の作業

粒選は雪どけまでに終えるようにしている。松村さんのばあいはほとんど、トラクター耕を頼んで踏んで（耕起して）もらっている。オカボやスイートコーン跡であるだけに深耕には意を用い、鶏糞のほかに堆厩肥を全面に散布し、耕起に備えている。アズキは大豆より初期生育が劣るから鶏糞の肥効が高いし、深耕も加わって初期生育が助長されることになる。

播種、覆土

整地と同時に、画線定規でひっぱりながら畦溝をつける。これは簡単な木製で、六〇cm間隔にくさび形の板を三~四枚打ちつけ、それに柄をつけて引けば六〇cm間隔の溝ができ、平畦となる。この画線定規は、平畦であれば大豆、アズキ、デントコーン、ニンジンなど何にでも応用できる。

化成肥料は一〇a当たり三〇kgを溝に施し、播種は手播きてある。株間は栽植密度を決める大物要素だが、これには足幅が定規がわりになる。一歩ずつすすみながら、足先に二粒ずつ播き、同時に足で覆土し踏みつければ播種が終わる。「隣の家とアズキは遠いほどよい」という諺がある。アズキはトウモロコシとちがって、肥沃なほど株間を広げなければ蔓化するおそれがある。したがって株間は、地力や前作物の種類、草型によって決めなければならない。

播種期は五月中・下旬で松村さんはつねに晩霜には注意し、このころの週間天気予報は聞きもらさない。なお、この播種期は乾燥期に入ったころでもあり、足で覆土と同時の踏みつける方式は乾燥地帯での慣行法として長い間の経験から生まれたものであろう。

中耕、除草

乾燥がつづく時期はスベリヒユなどを除けば割合雑草は少ないし畑はきれいだ。六月に入ってから雨があると、一斉に雑草が発生する。一回目の中耕、除草は最も大切で、発芽後一〇日ころから晴天がつづいて地表が乾いたころをみはからって、午前中に手取り除草をする。

その後は一〇日おきくらいで「一回目の作業はよほどていねいに行なわないと、あとでとても苦労だ」という。アズキ栽培では、開花前までに生育量をできるだけふやすことが大切なので、三回目には土寄せを行ない、倒伏防止に役立てている。

収穫

アズキは開花しながら生長し、開花期間も二〇~二五日にわたる。したがって熟期が揃わない。松村さんも昔は熟莢ごとに何回かに分けとったものだが、今は落葉期をみはからって株ごと抜取り、その場で土を落として五~六株を一束とし、圃場で乾燥する。「葉が一斉に落ちた年は作柄がよい。しかし葉落ちの悪い年は未熟粒が多く、おくれて収穫すれば脱粒が多いからこの見分けが大切です。青立ちの株があるときは病気か害虫の被害株と思ってまちがいないので、最初にその株を扱いて混ぜないようにし、あとは一斉に抜き取るようにします」と、そのこつを話していた。

乾燥後は、まどりで打ち落とし、ふるいかけをして精選する。

脱穀後はもう一度むしろ干しをして乾燥に努めている。乾燥、調製作業の良否は直接品質や価格に影響するし、へたすれば買いたたかれる原因ともなり、また長い間の貯蔵にも影響してくるので最も注意している。

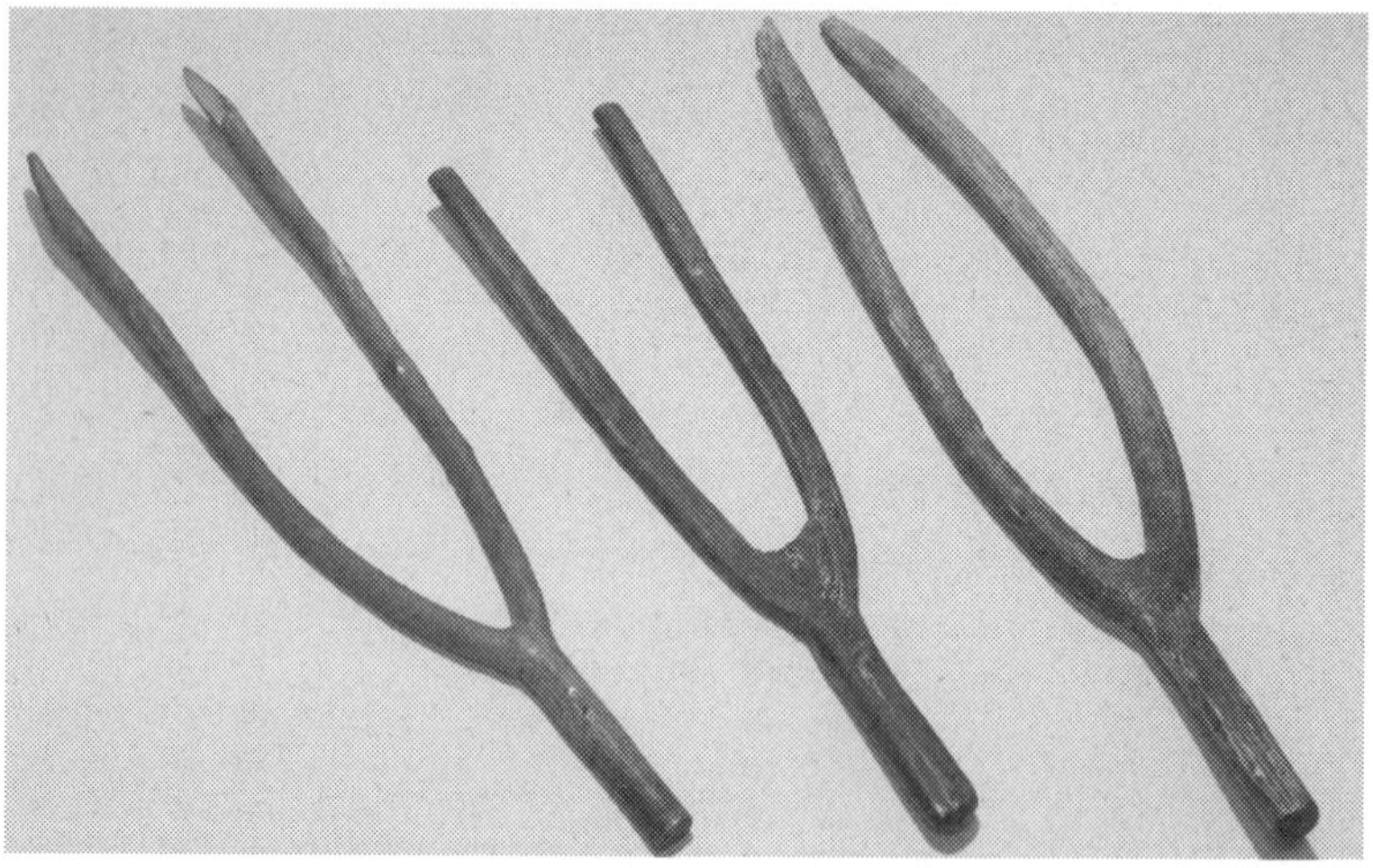

まどり　脱穀に使う木製の道具（撮影　千葉　寛『聞き書　岩手の食事』）

流通

「アズキ買いはオッカネェもんだ。値段の変動が大きいから昔はよくだまされたもんだ。そしてアズキの集荷が始まる十一月から十二月にかけては県内外の仲買人が部落に入りこんで、それはたいへんでした」と笑う。このへんの事情をもう少し述べよう。

元来、普通畑作問題は生産技術が先行し、経営上からは補完作としてその位置付けや経済性の検討がなされているが、実際には、その生産物がどのようなしくみで、生産から流通の段階に移るか、その実態例は少ない。

普通畑作では俗に「作り上手・売り下手」とされ、生産物の販売は物によっては業者まかせが通例であるが、流通問題が検討されて初めて生産の合理化が得られるものである。

軽米地方は古くから麦類、マメ類、雑穀生産の中心地で、明治の時代から雑穀商が存在し、広く大豆、アズキ、麦類、ヒエ、ソバ、アワなどを取扱ってきた。これらの業者はほかに肥料、農薬、種子を販売し、米販登録を取得するなど多様な販売活動をしてきた。集荷業者によっては最近、精米、粒選、包装機などの最新機械を設備し、経営の合理化を急いでいる。

創設が古いことから販売、購入を通じて地域農家と結びついている。こうした業者は地域的にも多く、相互の競争に立っての営業がなされている。町内業者は生産者との信頼感の上に立って結びつきが強い。

県北地域では十二から一月で集荷の約九〇%が、県南地域ではアズキが十月中旬から、大豆は十一月上旬から十二月上旬をピークに三月下旬で集荷の大部分が完了するとされている。つまり年内が買付集荷のピークで、この期間には自動車で巡回し戸別に買付けていく。もちろん以前からの買付けの予約とか、飼肥料代の精算とかが同時になされることもある。

県北地域の生産者は、タバコ耕作農家であれば納入期日に秋作業の労力配分が焦点となり、出稼時期との関連で出荷がなされることも多い。

さらに、この集荷時期には青森県からの集荷繰込みもみられ、現金決裁のほかに魚類などとの物々交換もみられるが、そのような形の販売数量は意外と多いと推定される。

生産農家は、収穫量の多いときは全量または一部を販売するが、残量分は高値の時期を待って販売しようとする意図が十分にうかがわれる。また、集荷業者では、マメ類価格の変動が大きいことから長期間貯蔵して販売仕向とすることは少ないが、小出しする業者もみられる。

集荷業者は以前から栽培技術指導も兼ね、見返りに集荷とりつけをしている。その技術内容は普及所、農協などから指導をうけたもので、それを農家に伝達している。集荷にあっては品質と価格は相互に密接な関係をもつが、品質検査技術は高く、庭先で即刻格付けがなされ、現金決裁が行なわれる。

集荷範囲は広く、県北では軽米町全域、大野村、青森県の一部までにおよび、また同業者も多い。

県北地域での一日の集荷量は、以前では、ヒエならば一戸当たり五〇～六〇俵が集荷単位とされたが、現在は五～六俵ていどだ。大豆でも五～六俵だし、アズキはまとまりが少ない。集荷対象農家数は五〇〇～六〇〇戸とみられる。

県北地域のマメ類では品質による価格差が大きく、異品種、紫斑粒、カッパン病粒の混入が目立ってきた。このような生産物は約一〇〇〇円安となって、生産者の損失が大きい。また、この地域のマメ類の特性もしだいに薄れ、大粒種から普通種への格付け低下がみられる。優良品種の早急な育成が期待される。また、集荷したマメ類の粒質をそろえ格上げをはかろうとするため、一部人夫を雇い入れ、再度粒選をして販売する例もみられる。

業者の買付価格情報は直接電話、電報によって得て、新聞に報道される価格情報は参考ていどである。生産者のほうは価格情報を得る関心は少なく、集荷者の価格決定にまつことが多い。

県北地域のアズキは魚貝類、リンゴなどと物々交換されることが多く、大豆ではそれを豆腐に加工してもらう形もみられる。最近、物々交換はしだいに少なくなってきた。

相場の変動が大きいため、二～三日で一車まとまるような生産単位が業者から期待されている。三～五升の少量であれば集荷に日数を要し、最近では一車分をまとめるのに半月以上かかり、しかもその中に大粒あり、中粒ありで粒質をそろえるのが困難な状況にある。取引は見本取引が多い。

大豆は俵単位の販売が多く、販売者は経営主が多い。アズキは多くて三〇kgていどで主婦の販売が多く、一般には主婦の小遣銭となったり学費の一部にも仕向けられたりしている。

経営と生活

上館地域といってもきわめて広い。昔は八戸藩軽代官の軽米名主下にあった集落で、町の中心部から約三km、古い庭園のある農家もみられる。部落には八坂神社があって旧六月十五日（天皇様）が夏祭で、この日は部落を挙げて赤飯を炊き祝う。

松村さんの家では労働力が二・〇人と少ない。だからといって農機具を整えれば、それだけ投資もかさむ。結局、労働時間も多くかかっているが、働くことの好きなチヨさんはいっこうに苦にしない。

収入の多い作物は米、スイートコーン、大豆、小麦の順序であるが、畑地が多いため自給的だ。なかでもアズキは行事食として、正月から始まって節句、彼岸、八十八夜などに、農家生活と深くかかわっている。神社の祭典でも、四班に分かれて順番に部落全員分の赤飯を炊くという。

常食としてこの地方特異な用途に、うきうきだんご、アズキはつとがある。いずれもアズキと小麦粉を中心とした食品だ。間食としては秋から冬にかけて、きんつばがよろこばれてきたが、この現代版として、アズキのごっそり入った鯛焼きにかわり、孫の食欲を旺盛にしている。

真夏はアズキの水ようかんだ。寒天をちぎって水にひたす。寒天一本に対し水〇・五ℓもあれば十分。アズキは別に砂糖をつけて煮て寒天に混ぜ、あとで形切りすればよい。だから一年分のアズキとして一俵ちかくはどうしても確保しておかなければならない。

豊かな食生活もアズキや小麦が自給できればこそで「物が豊かにとれる場所」というカルマイのイメージがそのまま松村さんの生活ではなかろうか。

農業技術大系作物編第六巻　アズキ　一九七六年

ササゲの起源と栽培

成河智明（農水省北海道農業試験場）

原産と来歴

ササゲの原産地には諸説があったが、ペッカーによりササゲの一種ヤッコササゲ（*Vigna unguiculata*）がアフリカ大陸タンガニーカ（現タンザニア）のキリマンジャロ山麓から海抜二〇〇〇mの地帯まで分布することが明らかにされ、ササゲの原産地は熱帯アフリカとされるにいたった。ササゲのなかには三種の栽培種が含まれる。

ヤッコササゲ　*Vigna unguiculata*（L.）Walp. 栽培種のうち最も野生的な種といわれ、前述のようにアフリカのキリマンジャロ山麓に分布している。

ササゲ　*Vigna sinensis*（L.）Savi. et Hassk. 栽培種のササゲの総括的名称である。

ジュウロクササゲ　*Vigna sesquipendalis*（L.）Fruw. つる性で著しく長い莢をつける。

ササゲの伝播については、古代エジプトにはなかったことからみて、まず海路でインドに渡り、そこから西進してイラン、地中海沿岸を経てヨーロッパに到達し、一部がエジプトに渡ったと考えられる。インドから東南アジア各地に広まったが、中国へはシルクロード伝いに入ったという。パビロフは原産地を中国とした。

日本へは中国からもたらされたと思われ、その年代は九世紀ごろといわれるが、詳細は不明である。

ササゲは豇あるいは豇豆と書くが、これは紅色の豆からきたという。『本草綱目』に豇豆とあるのが最初の記録というが、九世紀に導入されていれば、このころ日本に定着していたと考えられる。『農業全書』（一六九七）には、つる性とわい性、種皮色に白、青、赤の三種、莢の長さに長短などが書かれていて、品種の分化がかなりすすんだことがわかる。

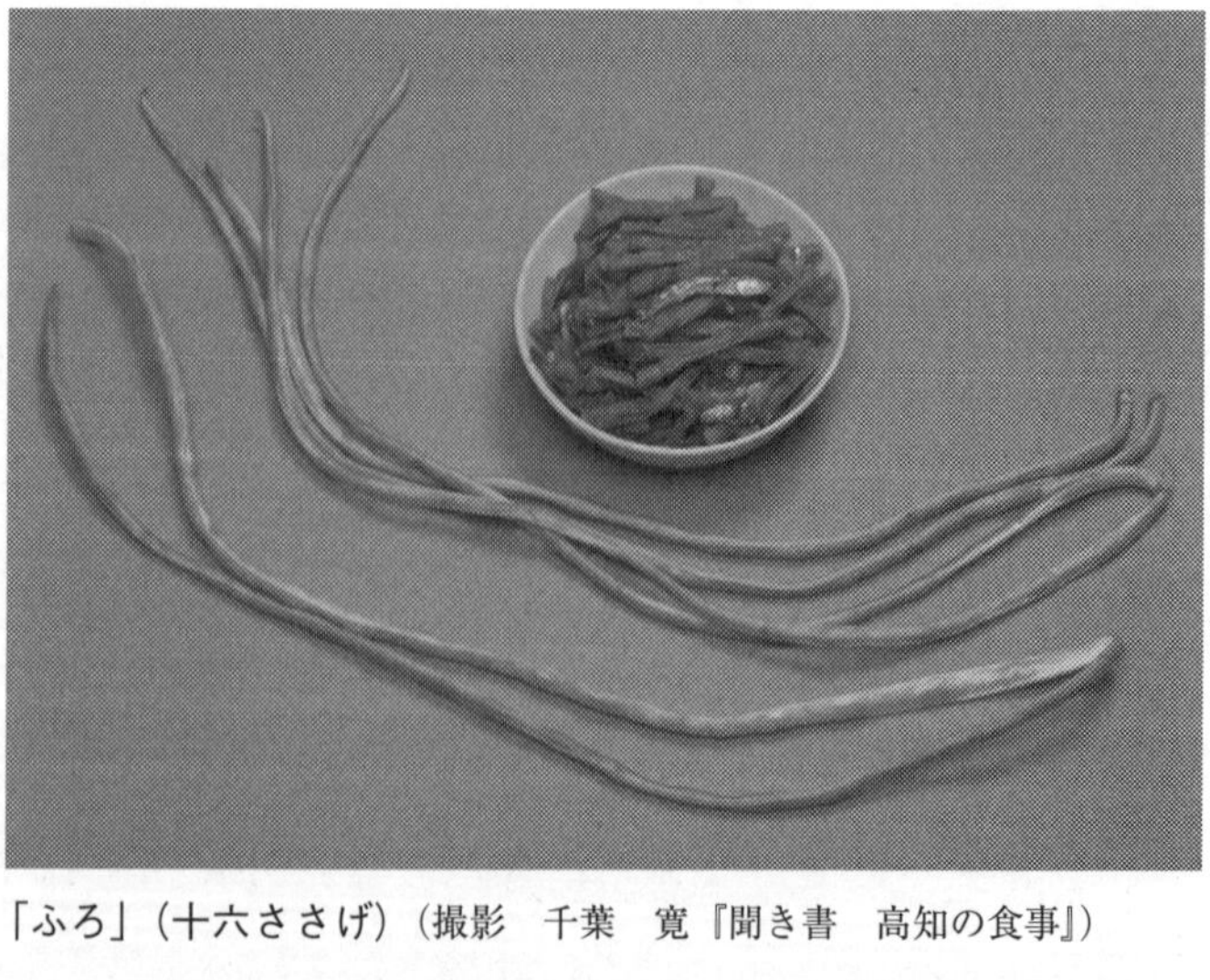

「ふろ」（十六ささげ）（撮影　千葉　寛『聞き書　高知の食事』）

用途・利用

日本では古くから若莢、乾燥種子ともに利用されてきた。赤色の乾燥種子は煮くずれしないためアズキのかわりに赤飯に用いられた。現在はもっぱら若莢利用の野菜として栽培されている。ジュウロクササゲは、乾燥種子は味が悪く、若莢専用種である。

アフリカや熱帯アジアでは乾燥種子が食糧

として利用されるばかりでなく、コーヒーの代用に用いられたり、モヤシとしても利用されたりする。また、若莢ばかりでなく、若葉や芽も野菜として食される。

形態的特徴

茎葉　つる性とわい性とがあるが、ジュウロクササゲはつる性のみである。一年生草本で、茎は平滑で、葉は長い葉柄をもち互生する。三枚の小葉からなる複葉で、小葉はひし形にちかい長卵形で欠刻はなく、長さは一〇cm内外である。複葉の基部には、約一cmの長さの托葉がある。

花　葉柄の基部から長い花柄を伸ばし、その先端に二～三対の花をつける。花は白、黄白、または紫、直径約二cmで早朝開花する。がくは鐘状で五裂、先端がとがる。花弁は五枚あり、旗弁は一枚で円形、翼弁は一対で三角状、竜骨弁は一対が癒合して半卵形で内曲する。雄ずいは一〇本で、一本は旗弁の下にあるが、他の九本は基部で癒合し、花糸の長さには長短がある。子房は線形で毛を生じ、多数の胚珠を含む。花柱はわん曲し、上部は内側に毛を生ずる。

莢柔軟で、細長い円筒形で径一cm内外、長さは十数cmから一m以上にもおよぶ。若莢の色は大半が緑で、ほかに紫色企帯びたもの、紫などがあるが、成熟すれば黄褐色になる。

種子　種子は腎臓形または西角形で、長・短、扁平・豊円などの変異がある。種皮色は赤、白、褐、黒などのほかに斑紋をもつものもあり、臍のまわりに黒い輪状の〝目〟をもつものもある。白色または褐色に黒色の目をもつ斑紋が牛の毛色に似るところから、英名のcowpeaといわれるようになったという。

栄養的特性

若莢　若莢はビタミンAを比較的多く含むほかは、目だった成分はない。しかし、高温乾燥に耐えるため夏野菜として随時利用できる利点がある。水分八九％、蛋白質三％、炭水化物七％、脂質〇・三％などを含む。

乾燥種子　乾燥種子は日本では大半が製あん用に用いられるが、アフリカその他の国々では食糧として重要である。その成分は、水分一六％、炭水化物五五％、蛋白質二四％、脂質二％などを含む。

作型

栽培しやすく、高温・乾燥に強いところから、盛夏期の野菜として大いに利用されたが、低温・過湿に弱く、作型の分化はそれほどすすまなかった。露地を主体にした早熟栽培～抑制栽培と四国・九州の一部に促成栽培がある（表1）。

表1　ササゲの作型

作型	適応地	播種期（月　旬）	定植期（月　旬）	収穫期（月　旬）
促成	四国九州	12中～1中	1中～2中	3中～5下
早熟	東海以西	2下～3中	3下～4中	6上～8下
普通	各地	4下～5		7中～9上
抑制	各地	6～7上		8中～10上

早熟栽培　トンネル栽培では二月下旬からハウス内に播種し、三月下旬トンネル内に定植する。収穫は六月上旬から始まる。収穫初期は価格的にも有利であり、しかも長期間収穫できるのもこの栽培の特徴である。一方、労力・資材を多く要し、高度な技術をも求められる。

普通栽培　苗床播種は三月下旬、直播では四月中旬ごろから始める。収穫が最も需要の多いときにあたり、この作型が最も多い。

抑制栽培　六月に直播して八～九月に収穫する。生育期間が短く有利であるが、生育前期が盛夏にあたり、高温すぎるときには一時寒冷紗による日よけ、

表2　ササゲの品種の分類　（川延ら、1952）

群	草　型	早晩性	さや長	粒形	主 な 品 種
Ⅰ	Ⅰ—A	早	短	C，D	蔓無豇豆、金時豇豆、オカメ、白豇豆
Ⅱ	Ⅰ—B	早	短	D	奴豇豆、中黒、黒斑、金時ササゲ、小豆豇豆、白奴豆、鶉豇豆
Ⅲ	Ⅱ—A	早	中	C	褐色豇豆
Ⅳ	Ⅱ—B	早	短	C	黒豇豆、米豆
Ⅴ	Ⅲ	中	極長	A	大長豇豆、長豆、長紅豇豆、三尺豇豆、早生十六、赤十六、長江豇豆
Ⅵ	Ⅳ	晩	長	B	南海豇豆、セレベスサラサ豆、カウビー、ギジ種
Ⅶ	Ⅳ	晩	長	C	美人豆、黒豇豆、琉球豇豆、金時豇豆

図1　ササゲの草型とそれによる分類

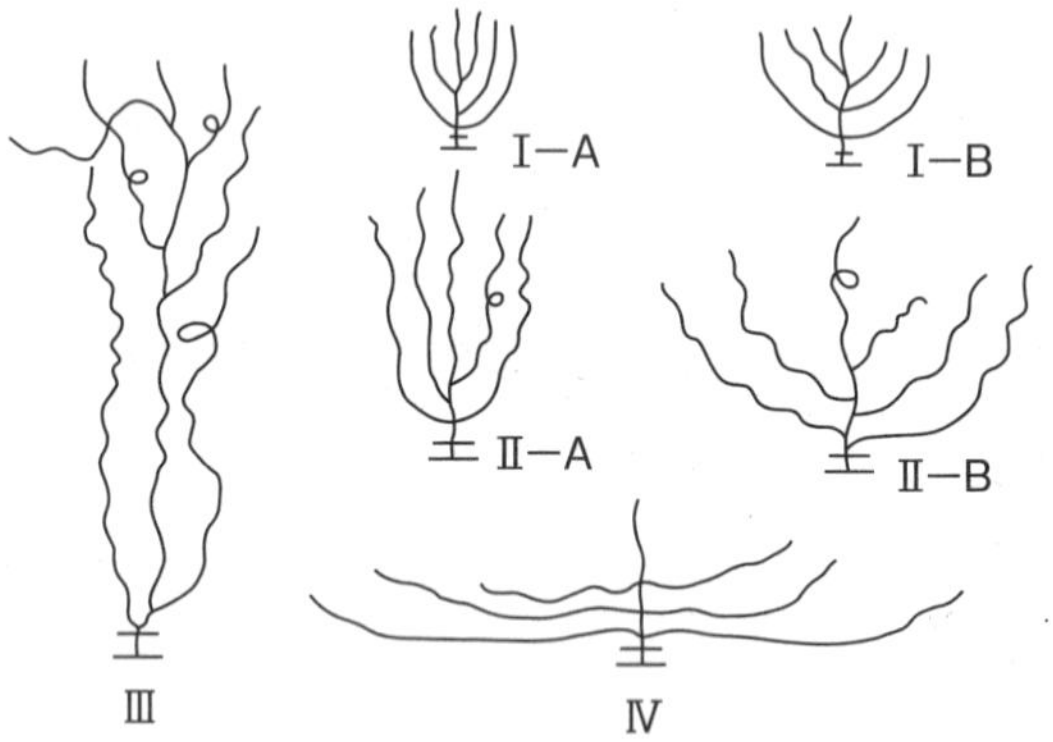

あるいは灌水を行なうほうがよい。秋季の気象条件により、価格の変動が大きい。

品種

日本の品種は十分には整理されていないので、同名異品種、異名同品種も多いと思われる。ここでは川延ら（一九五二）による分類を示した。すなわち、草型がⅠ（わい性）からⅣ（つる性）に分類されており、ⅠとⅡはさらにAとBとに細分され、全体がⅠからⅦ群に分けられている（図1）。

品種はほとんどが在来種的なものであり、この十数年間に育成された品種は三品種だけである。

姫ささげ　愛知県尾張地方の在来種である。早生、つる性で草丈は三m以上に達し、側枝の発生も多い。莢の長さは三〇～三五cm、淡緑色で先端は赤色を帯びる。市場性も高く、種皮色は黒褐で小粒。

十六ささげ　十六ささげと呼ばれるものは各地にあるが、本品種は岐阜県美濃地方の品種で中生のつる性、莢の長さは三〇cm内外、淡緑色で先端がわずかに淡紫色を帯びる。種皮色は赤褐。

柊野《ひらぎの》　京都府下柊野地方の在来種で、莢は一・二m前後で丸みを帯び品質がよい。種皮色は赤。

その他　檜原（福島県）、かけささげ（新潟県佐渡地方）、黒三尺（関西以西）、だるま（広島県因島地方）などがある。

栽培環境

熱帯原産のため、低温とくに夜間が低温の気候では生育が劣る。ヨーロッパでは北緯四六～四八度が北限とされ、アメリカではイリノイ～オハイオ州の北緯四〇度あたりまでである。わが国ではおもに関東以西で栽培されているが、北限は秋田～岩手県あたりといわれている。

霜に対しては著しく弱く、初霜、晩霜にあうと枯死する。高温、干ばつには強い。土壌に対する適応性は広く、やせ地でも、あるていど酸性の土地でも比較的よく育つ。ただ肥沃地では過繁茂になりやすい。

乾燥ぎみの土壌にはよく適するが、過湿には弱く著しい減収につながる。低温に弱いため露地での早期播種、早期定植は初霜にあう危険がある。

窒素過多による過繁茂は病害とくに輪紋病、すすかび病の発生を助長し、若莢の品質を極端に低下させる。このため過繁茂をさけると同時に、開花前に銅剤の散布を行なう。また、発病茎葉は摘みとって焼却するのがよい。

普通ササゲの収穫適期は短いので、適期収穫に努める必要がある。適期をすぎると、商品価値がなくなってしまう。

播種・育苗

露地直播のばあいは晩霜の危険がなく、一日の最低地温が一〇℃以上になった時期に播種する。西南暖地では四月以降であり、関東、東北では五月にはいる。移植栽培をするためハウス内で播種するばあいは、育苗期間を三〇日間として播種日を決定する。

発芽適温は二〇～二五℃、播種後四～五日で発芽する。育苗時の温度は高すぎないようにし、昼間一五～二〇℃をめやすにし、夜間の最低気温は七～八℃以下に下がらないようにする。根が粗剛で細根が少なく、植えいたみしやすいので、子葉展開後ただちに3号ポリポットに鉢上げする。

施肥

施肥基準は一a当たり窒素一・〇kg、リン酸一・二kg、カリ一・五kgていどで、ハウスは露地よりもやや多めにし、わい性種はつる性種よりも多く施す。

窒素過多は生育を過繁茂にして落花を促し、病害の多発につながりやすいので、土壌の肥沃度と品種を勘案して施肥量を決定する。元肥をややひかえ、生育を見ながら追肥するのも一法である。

定植・管理

移植栽培では播種後三〇日前後で本葉四～五葉展開したとき定植する。栽植距離は、うね幅一〇〇～一二〇cm、株間三五～四五cmで、一a当たり二五〇株をつる性の標準に、わい性は四〇〇～五〇〇株ていどとし、つる性早熟栽培では三〇〇株植えとする。

通常、摘心は行なわないが、とくに早出しを目的とするばあいは、主茎を支柱の先端あたりで摘心する。

おもな病害虫は、輪紋病、すすかび病、白絹病など、アブラムシ類、カメムシ類、メイガの類があげられる。

収穫・出荷

播種後五〇～七〇日で開花期に達し、開花後約二〇日で若莢の収穫適期になるが、普通ササゲは種子が肥大する前で莢の上から種子が認められないころが適期である。ジュウロクササゲはそれより少しすぎたころで、種子の肥大がわかるころがよい。莢は花柄をつけたまま通常は一対ずつ収穫できる。

農業技術大系野菜編第一〇巻　ササゲ　一九八八年

エンドウの起源と栽培

エンドウの栽培の歴史は古く、最も古いエンドウは、紀元前八〇〇〇～七〇〇〇年のシリア、トルコ、ヨルダンの遺跡から出土している。現在の栽培エンドウは、西アジアからトルコにかけての、小麦や大麦の原産地に自生していた野生エンドウ（*P.humile*や*P.elatius*）から、栽培化されたと推定されている。

麦の伝播と同時に世界中に拡散し、早い時代からヨーロッパ系とアジア系に分化した。冷涼なヨーロッパで、春播き品種が発達した。一方、アジアには大豆があったせいかあまり品種が発展しなかった。

麦と同じで、発芽した種子や幼苗が低温に遭遇すると花芽分化し、長日条件下で花芽分化が促進される。このため、春播き、夏播き、ハウス栽培ではそのままでは開花、結実しにくい。そこで、催芽種子を低温処理（二℃で二〇日間）したり、幼苗期に電照して長日条件にする方法がとられている。

秋から春にかけて雨が降る地中海性気候に適応し、冷涼な時期に生育する。発芽温度は二～三〇℃で、適温は一八～二〇℃。生育の適温は一五～二〇℃で、二五℃以上では生育が悪くなる。幼苗は低温に強く、零下でも枯死しない。土質は、排水のよい耕土の深い壌土や粘土質土壌が望ましい。酸性土壌を嫌い、適正pHは六～六・五。

基本の作型は、秋播きして、幼苗で越冬させ、春～初夏に収穫する。越冬が困難な寒冷地、高冷地では、春播きして夏に収穫する。

品種は、若莢を利用する莢エンドウと、未

莢エンドウ

	種播き	収穫	品種
寒地	4月上～ 6月中	6月上～ 8月中	三十日絹莢、ゆうさや、美笹、鈴成砂糖、オランダ、スナック
	7月上～ 7月下	9月中～10月中	
寒冷地	3月下～ 5月下	5月下～ 9月中	
	6月上～ 8月上	7月中～11月上	
	10月中～11月上	5月上～ 7月下	
温暖地	7月中～ 8月上	9月中～12月下	美笹、ニムラ赤花きぬさや2号、伊豆選1号、鈴成砂糖、ニムラ白花きぬさや、オランダ、天草八雲、スナック753、グルメ
	9月中～11月上	1月上～ 7月上	
暖地	7月中～ 8月下	9月中～ 3月下	
暖地、亜熱帯	9月上～11月上	11月上～ 6月上	

実エンドウ

寒地、寒冷地	2月下～ 5月上	6月中～ 8月下	緑ウスイ、アルダーマン、久留米豊
寒冷地	10月下～11月中	5月上～ 7月中	
温暖地	2月下～ 3月上	5月中～ 6月中	ウスイ、きしゅううすい、改良ウスイ、緑ウスイ、白竜、矢田早生うすい、南海緑、久留米豊、久留米緑、ミナミグリーン、スーパーグリーン
	10月中～11月上	4月上～ 6月下	
温暖地、暖地	8月上	10月中～12月中	
暖地、亜熱帯	9月上～11月上	12月下～ 6月中	

エンドウの作型と品種

成熟の種子を利用する実エンドウの二つに分けられる。莢エンドウは、莢の大きさにより絹莢品種と大莢品種がある。近年は、莢が厚肉で、甘みがあるスナップ品種が増加している。

肥料　畑に堆肥と苦土石灰を施して、耕耘しておく。溝を深く掘って元肥を施し、幅五〇cmくらいのうねを立てる。うね間は一二〇cmくらいにする。豆類は空中窒素を固定するので、元肥の窒素の量は全体の三分の一くらいにしておく。追肥は、秋播き栽培の場合では、二月ころ施す。また、エンドウの連作はできない。

種子の低温処理　春播きや夏播きの作型では、催芽種子を低温処理して、花芽分化を促す（一四八頁参照）。

根粒菌接種　それまで、エンドウを栽培したことのない畑では、根粒菌を接種するとよい。

種播き　寒冷地の春播き栽培では育苗も行なうが、ふつうは畑に直播きする。株間一五～二〇cmで点播きする。深さ二～三cmの穴を掘って二粒播き、一cmくらい覆土する。その上から、籾殻や切わらで覆うとよい。

土寄せ、支柱立て　発芽後にうねの表面を削って除草し、株元に土寄せする。草丈一〇cmくらいのころ、支柱を立ててネットを張る。

灌水　土が乾燥しないように適宜灌水する。追肥は莢ができ始めたころから適宜行なう。分枝数が多い場合は弱い枝を除去する。

収穫　莢エンドウは、豆が肥大する前、実エンドウは十分に肥大してから収穫する。次々と生長するので取り遅れないようにする。

（編集部）

エンドウのうね立てと施肥位置

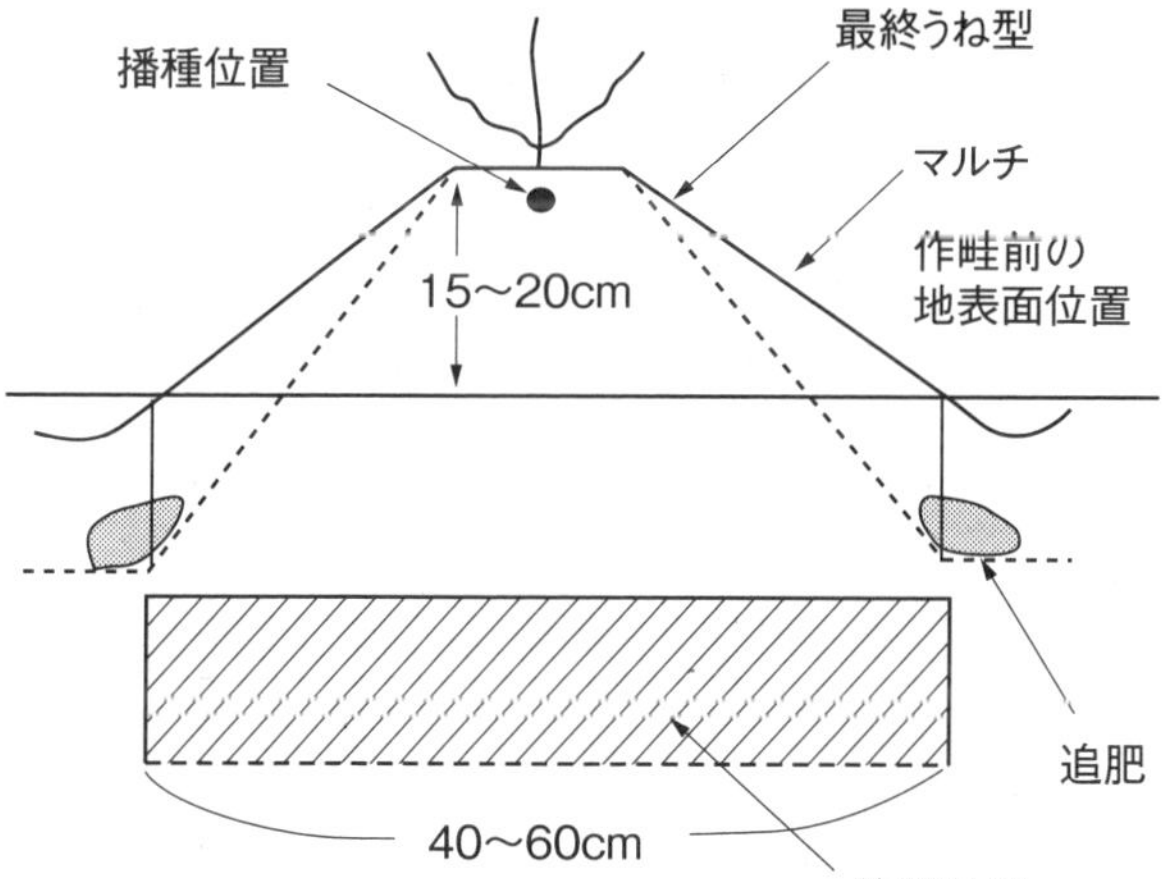

（『農業技術大系野菜編第10巻』）

エンドウの支柱立て方法

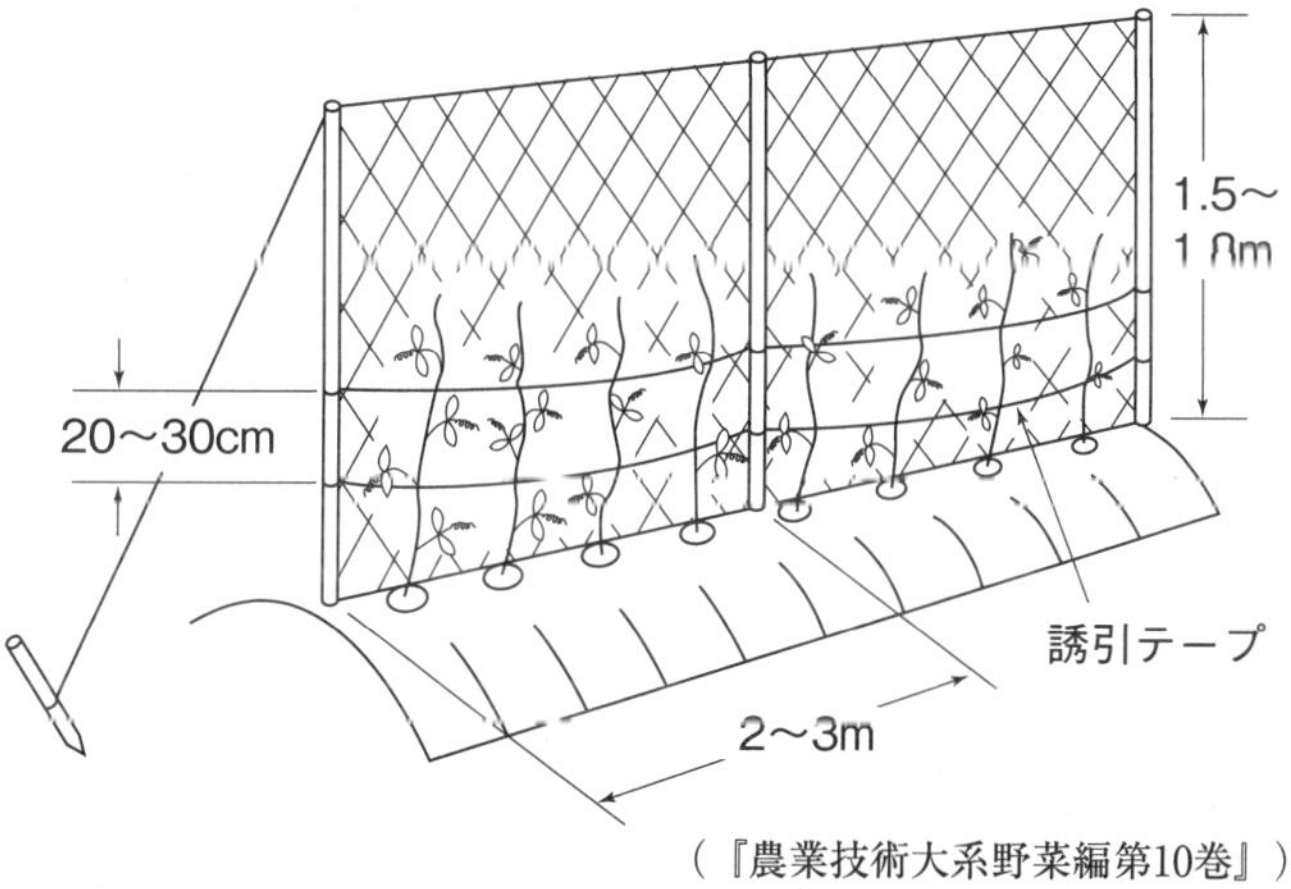

（『農業技術大系野菜編第10巻』）

エンドウの開花促進処理

藤岡唯志（和歌山県農林水産総合技術センター）

エンドウの花芽分化や開花は、種子の登熟期や催芽期または幼苗期の低温により促進される。秋播き露地栽培では、越冬中に低温を受けるが、夏播き栽培や秋播きハウス栽培では、播種から幼植物の時期に低温を受ける機会がない。これらの作型で、「きしゅううすい」や「オランダ」「鈴成砂糖」などの晩生品種を栽培し、収益を向上させようとする場合、開花促進処理を行なう必要がある。

催芽種子の低温処理

処理の方法　エンドウの種子を三～四時間水に浸漬して吸水させ、その後、水を切って濡れタオルなどをかぶせ、約一日室温（二〇℃前後）で放置し、催芽させる。幼根が一～二㎜見えるようになった種子を、乾燥しないように湿らせたおがくずなどの中へ入れ、二℃の冷蔵庫内で貯蔵する。冷蔵温度が高い（五℃）と、処理中に幼根や幼芽がかなり伸長し、播種の作業性が悪くなる。また、種子が腐敗しやすくなるので、凍らない程度の低い温度がよい。

処理終了後の催芽種子の播種は、夏播き栽培や秋播きハウス栽培の場合、気温・地温ともに高い時期となるため、夕方、陽が陰ってから行なうのがよい。播き穴にたっぷり灌水した後、播種するようにする。

処理期間　処理期間について香川（一九六一）は、「渥美絹莢」などを用いて、〇日、一〇日、二〇日、三〇日間処理を比較し、一〇日間処理でも開花促進効果が認められたが、二〇日間以上の処理で効果が高く、三〇日間処理では二〇日間処理と差がなかったとしている。また、篠原（一九五九）は「ウスイ」を用いた実験で、三～五℃、三週間処理区は二週間処理区よりも五日以上開花を促進したとしている。以上のことから、催芽種子の低温処理期間は、二〇日程度が適当と思われる。

処理の開始時期　低温処理開始時期について、佐田ら（一九八七）は、吸水低温処理区、吸水直後低温処理区、催芽低温処理区、二～三葉期処理区、四～五葉期処理区、無処理区を設けてその効果を比較した。その結果、開花日は吸水直後から二～三葉期に低温処理を開始した区が早く、開花節位は催芽低温処理区が最も低かった（図1）。

品種間の差異　エンドウの開花に対する低温要求度には品種間差異がある。「三ツ谷」や「富戸」「伊豆絹莢」など暖地の夏播き用品種は低温要求度が少なく、「ウスイ」など秋播き用品種は大きく、「青手無」や「三十日絹莢」など寒地春播き用品種は両者の中間とされる（池谷・篠原一九五七、香川一九六一）。佐田ら（一九八七）は、催芽種子の低温処理効果について、「きしゅううすい」や「オランダ」「和歌山在来絹莢」などの晩生品種は高く、「美笹」や「ニムラ大莢」「白姫」などの早生品種は低いとしている。

種子の登熟中に受ける低温の影響

篠原（一九五九）は、登熟中の種子に起こる春化現象に着目し、「ウスイ」の夏播き露地栽培採種種子と秋播き露地栽培採種種子を比較し、前者のほうが開花が早くなるとしている。藤岡ら（一九九六）は、「きしゅううすい」を秋播きハウス栽培（一月末に開花、三月末に完熟）、夏播き露地栽培（十一月中旬に開花、一月初めに完熟）、秋播き露地栽培（四月上旬に開花、五月中旬に完熟）の三つの作型で栽培し、採種した種子の開花について比較した。その結果、秋播きハウス栽培、夏播き露地栽培、秋播き露地栽培の順に、採種した種子の開花が早くなった。つまり、登熟中に低温に多く遭遇した種子ほど、開花が早くなることになる。

登熟中の春化に効果的な温度を明らかにするため、一〇℃、一五℃、二〇℃および二五℃の四段階に設定した恒温人工気象器の中で採種した種子の開花を検討した。その結果、「きしゅううすい」「美笹」「オランダ」の三品種とも、一五℃以下の温度で登熟した種子は、二〇℃以上の温度で登熟した種子と比較して、開花節位が低下し、開花時期が早くなった（藤岡ら一九九六）。

図1　低温処理開始時期とエンドウの開花時期（佐田ら，1987）

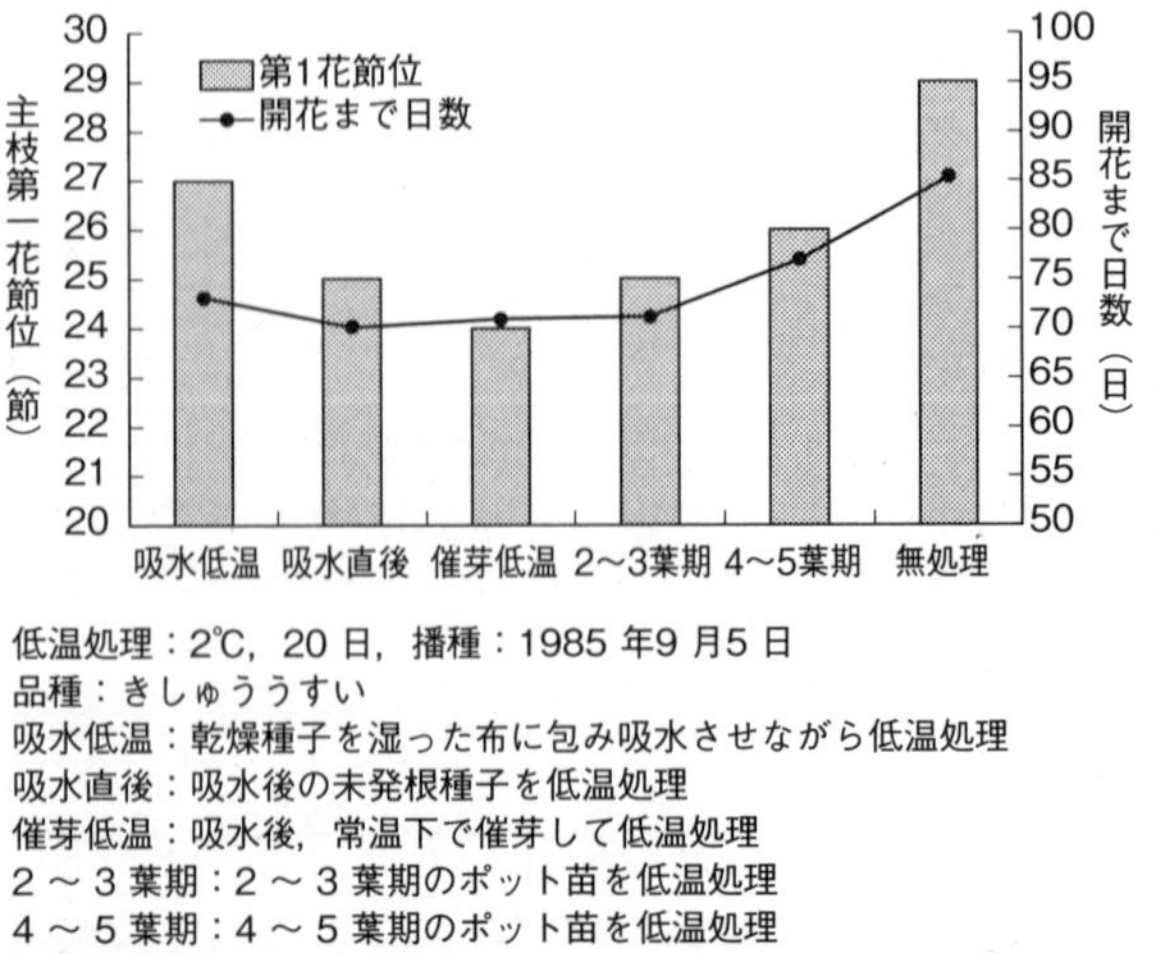

低温処理：2℃，20 日，播種：1985 年9 月5 日
品種：きしゅううすい
吸水低温：乾燥種子を湿った布に包み吸水させながら低温処理
吸水直後：吸水後の未発根種子を低温処理
催芽低温：吸水後，常温下で催芽して低温処理
2 ～ 3 葉期：2 ～ 3 葉期のポット苗を低温処理
4 ～ 5 葉期：4 ～ 5 葉期のポット苗を低温処理

登熟中に春化された種子を獲得するには、低温条件での採種とともに、収穫後の莢の低温処理が考えられる。篠原（一九五九）は「ウスイ」と「渥美白花」を用いて、川田ら（一九六七）は欧州系エンドウを用いて、登熟途中の未熟種子を含む莢を採取し、低温（五℃前後）で二〇～三〇日間処理することにより開花が早くなることを認めている。この場合、開花促進効果が高くなる莢の生育ステージは、「きしゅううすい」では収穫適期前後のようである（藤岡・加藤一九九八）。

長日処理

日長時間と処理時期　エンドウの開花は、短日よりも長日条件で早くなる。日長時間を二四時間、二〇時間、一六時間および自然日長（約一二時間）とした比較では、「きしゅううすい」「オランダ」ともに日長が長いほど開花促進程度が大きかった（図2）。処理時期について、播種後の生育ステージ別に検討した結果、開花促進に最も効果的な長日処理時期は、五葉期から八葉期の間であった（図3）。エンドウの秋播き栽培で最初の花芽は、展開葉数六枚前後の時に、主枝頂部一〇～一五節の葉腋に分化するといわれる（井上・鈴木一九五四）。五～八葉期に低温を受けなくても、長日条件にある場合、エンドウは花芽を分化するものと考えられる。

有効な照度と電照方法　長日処理での開花促進に効果的な照度は二〇lx以上であり、この照度は、一〇〇W白熱電球（一個）から二m以内の距離であった。実際には、一〇〇Wの白熱電球を一〇a当たり三〇～四〇個点灯して電照が行なわれている。電照の方法としては、間欠照明や光中断、日長延長法などいずれも効果が認められた（和歌山県暖地園芸センター）。

品種間差異　長日処理の開花促進に対する品種間差異については、「きしゅううすい」や「オランダ」、和歌山在来絹莢などの晩生品種で促進効果が高く、「美笹」や「ニムラ大莢」「白姫」などの早生品種では少なかった。中村ら（一九六二）は、長日処理により着花節位の低下する程度は、アルベンス系の品種（GW、白花在来、赤エンドウ）が、ホルテンス系の品種　アラスカ、アルダーマン、ウスイ）よりも大きいとしている。

図2　日長時間とエンドウの開花時期（佐田ら，1989）

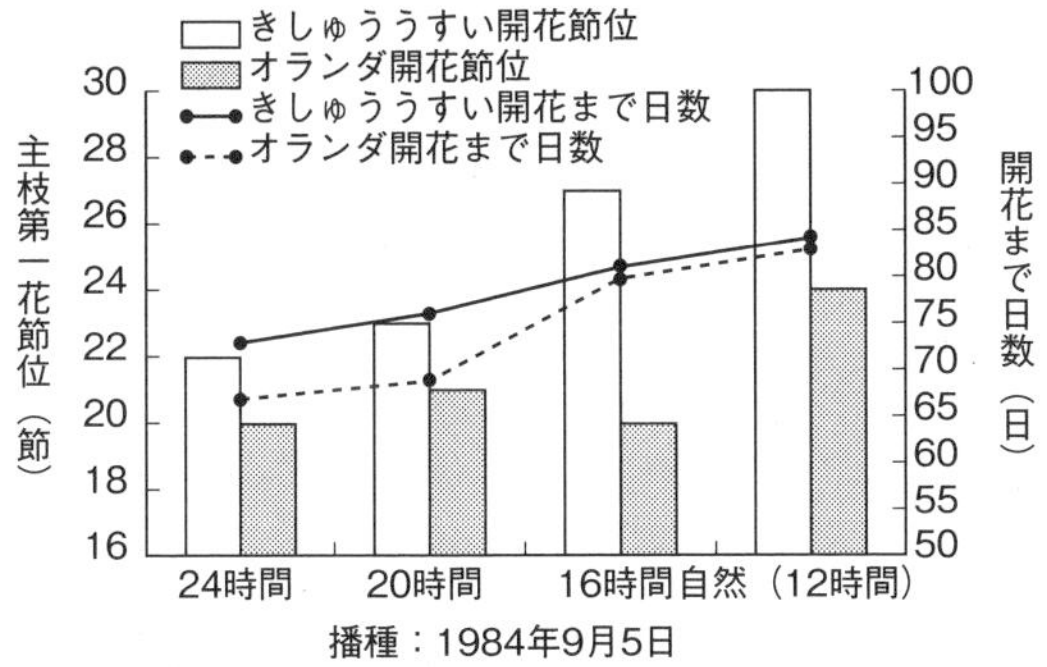

図3　長日処理ステージとエンドウの開花時期

（佐田ら，1987）

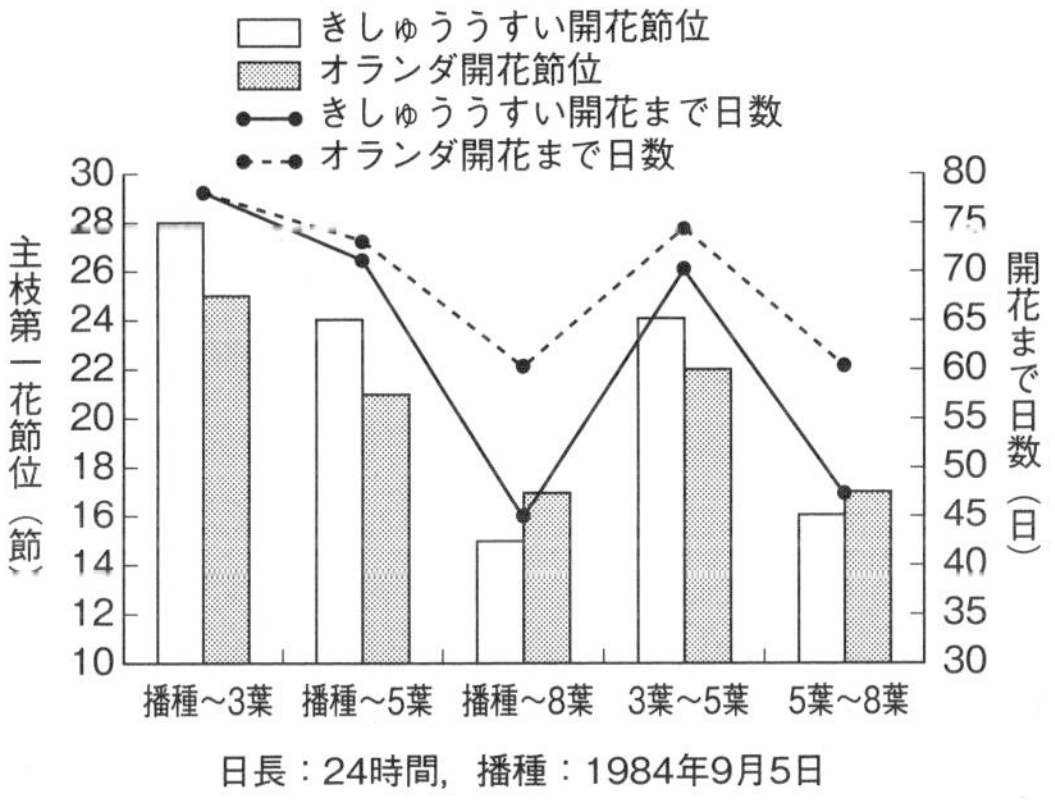

種子低温処理と長日処理の併用

低温処理した種子を播種した後、幼植物の時期にさらに長日処理を行なうことにより、催芽種子低温処理や長日処理を単独で行なうよりも開花促進効果が高くなる。この場合も、催芽種子低温処理＋長日処理の開花促進効果は、晩生品種が早生品種よりも大きい（佐田ら一九八七、中村ら一九六二）。

開花促進処理と生育・収量への影響

種子低温処理や長日処理によって、エンドウの第一花節位が低下するとともに、分枝、特に低節位分枝の発生が減少する（中村ら一九六二）。また、長日処理を一一葉期以降、遅くまで続けると地上部の生育が抑制され、品種によっては収量の低下をまねく（佐田ら一九八七）。

しかし、開花節位が低下することにより、「ウスイ」などの節間の長い品種では、収穫位置が低くなり、作業性がよくなる。また、開花促進処理で収穫時期が前進することにより、秋播きハウス栽培で収穫労力を分散することが可能となる。また、収穫が降霜で終了する夏播き露地栽培では、早くから収穫することにより、総収量が増加する。

農業技術大系野菜編第一〇巻　開花促進　二〇〇〇年

エンドウ

疎植、深層施肥、根粒菌接種で反収二五〇〇キロ

鹿児島県阿久根市　藤園健一さん

久留須清孝（鹿児島県阿久根農業改良普及所）

作物のとらえ方

藤園さんは、「実エンドウの収量を上げるには、基本的には土つくりであり、よい堆肥を施すことが大切である」という。完熟堆肥をできるだけ深い位置に十分施し、根域を確保することが重要である。

他の農家、とくに樹勢の弱い圃場のうねは床幅六〇cm、高さ約二〇～二五cm程度のうねであるが、藤園さんは、床幅九五cm、高さ三〇cmの大きなうねをつくり、根を深く、広く張らせ、樹勢維持を図っている。

土つくりを行ない、根を深く、広く張らせることにより、基準の約七〇％の元肥施肥量で、しかも追肥なしで毎年一〇a当たり二二〇〇kg以上の収量を上げている。

また、藤園さんは「茎葉に十分光を当てることが大切である」という。藤園さんの枝数は一m当たり約一〇本であり、地区栽培基準より五本程度少ない。枝間を広くすることが作業性の向上、病害虫の発生防止、双莢率および品質の向上などにつながっている。

栽培体系

スーパーグリーンは、一〇節付近から着莢が始まり、三五節付近まで二〇～二五段収穫される。早くから着莢するため、寒害の影響の少ない温暖な地帯で栽培されている。

一方、南海みどりは二〇節くらいから着莢が始まり、収穫段数としては一〇～一三段収穫され、寒害の影響を受けやすい内

図1　栽培暦（品種：スーパーグリーン）

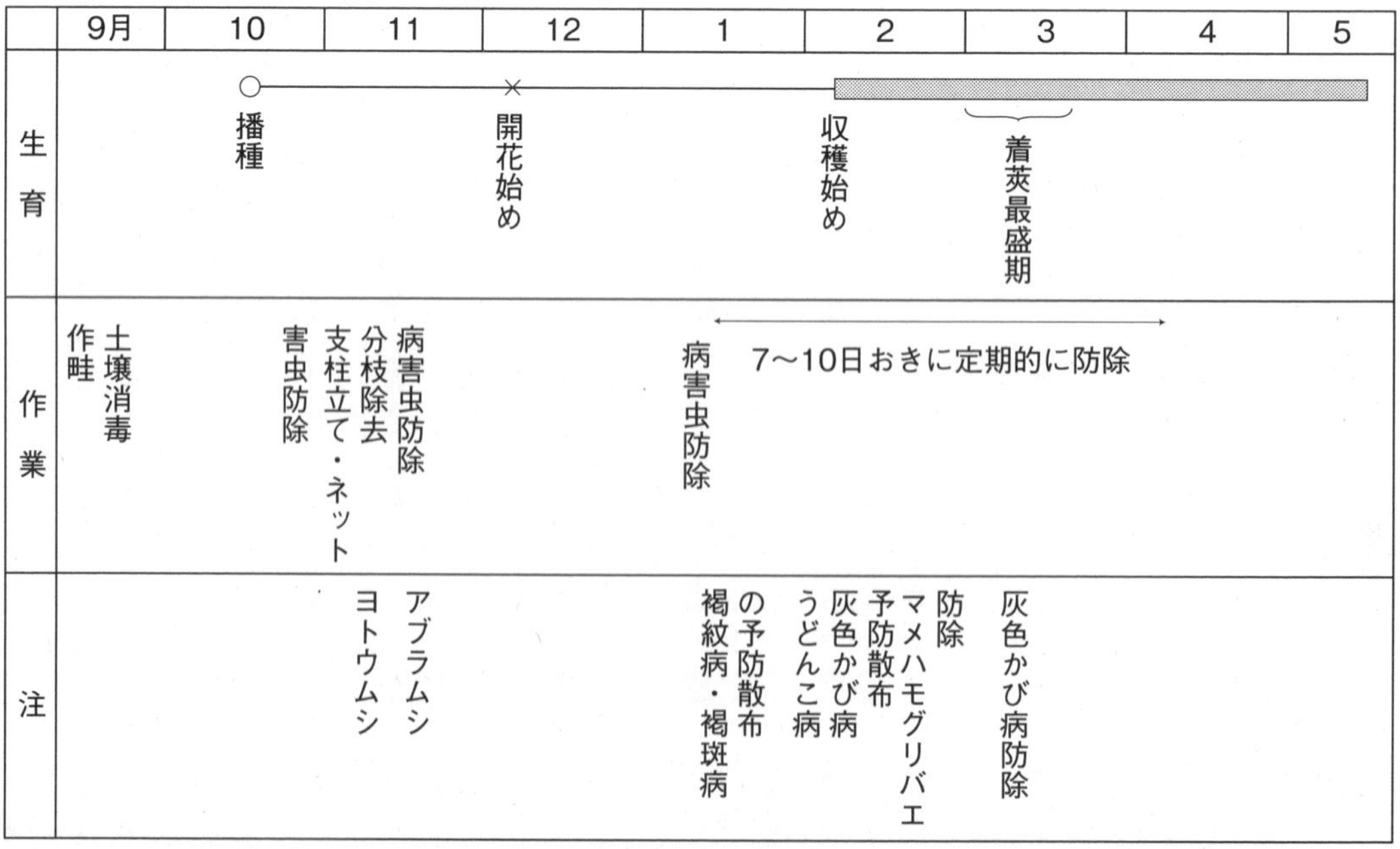

陸部で栽培されている。

藤園さんは、スーパーグリーンのみの栽培であるが、農家によっては、品種の組合わせもなされている。

栽培暦は図1のとおりである。

土つくり

土つくりは、藤園さんの実エンドウ栽培の最も重要な作業の一つであり、基本的な作業である。現在は鹿児島いずみ農協堆肥センターの堆肥を購入し、発酵不足のものはさらに三か月発酵させ、施用している。植付け一か月以上前、九月上旬に一〇a当たり一八〇〇kgの完熟堆肥を、作畦位置に一五cm程度の溝を切り、その上に施している。完熟堆肥を深い位置に、うね内によく混ざるように施している。

実エンドウの根は、深根性であり、過湿に弱く、湿害を受けやすい。排水性、通気性をよくし、健全な根を維持することが樹勢維持につながるが、うねの下層に完熟堆肥を施用することにより、根が深く張り、また、排水性、通気性がよくなる。春期多雨条件下でも樹勢が維持され、生産安定につながっている。

施肥

藤園さんの肥料設計は表1のとおりである。苦土石灰、アズミンは施肥基準に準じて施用しているが、出水豆配合の施用量が施肥基準より四〇kg少ないのが特徴である。

完熟堆肥を用い、十分な土つくりを行ない、根域を確保することにより十分な収量を確保している。

うねづくりは、圃場の水分状態を見て堆肥溝を切り、堆肥、基肥施用後、耕耘し、床幅の広い、高いうねに仕上げている。図2は施肥・うね立て方法の例である。

表1　10a当たりの施肥量

肥料名	施用量（kg）	成分（kg）		
		N	P	K
完熟堆肥	1,800			
骨粉	60	2.2	11.4	
苦土石灰	100			
アズミン	20			
出水豆配合	100	12.0	18.0	14.0
計		14.2	29.4	14.0

図2　施肥・うね立て方法（例）

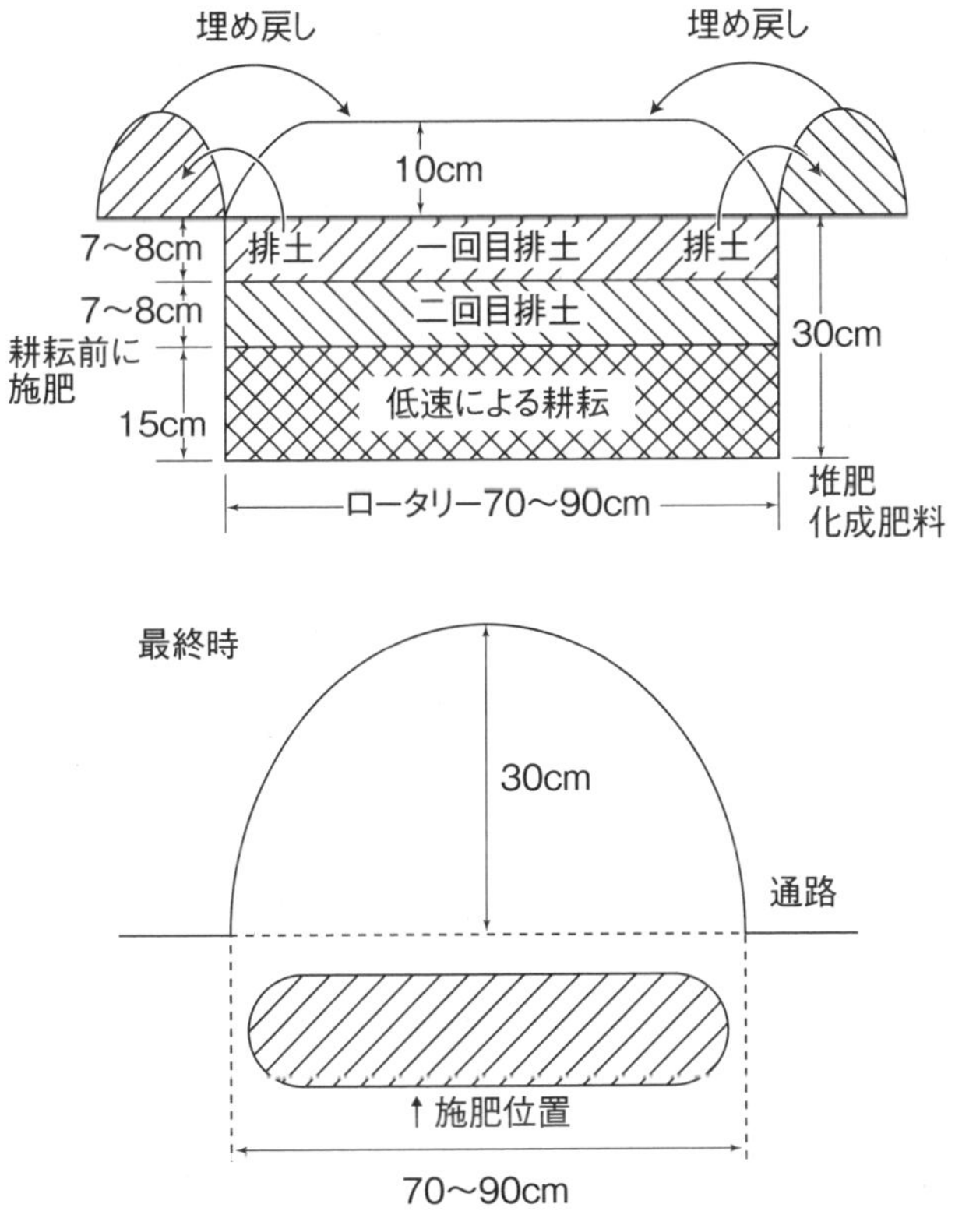

土壌消毒

土壌消毒は作畦後、播種二〇日前までに行なっている。

他の農家は、通常うねに一条、

三〇cm間隔でクロールピクリンを灌注しているが、藤園さんはうねが大きいため三〇cmおきに三条（三列）灌注している。

土壌水分の状態などによっては土壌消毒の効果が不十分となり、立枯病が発生するが、藤園さんの圃場では全く見られず、生育初期の立枯病などの薬剤処理も実施していない。

播種、根粒菌接種

スーパーグリーンの栽植密度は、栽培基準ではうね幅一五〇～一七〇cm、株間一五～二〇cm、一m当たり枝数一五～二〇本である。

しかし、藤園さんはうね幅一五〇cm、株間二〇cm、一穴二粒まきで、一m当たり枝数は一〇本である。基本的に一株一本仕立てである。枝間が広いため、側枝の除去など作業性、風通しも良いため病害の発生が少ない。双莢率もきわめて高い。

なお、ここ数年根粒菌の接種は行なっていなかったが、二年前から再度播種時に接種を行ない、その効果が認められている。

播種位置は、うねの中央部よりやや片側にずらして播種している。

支柱立て、ネット張り

支柱立て、ネット張りは一〇月下旬に実施している。

図3に示すように、うね中央部より片側にずらして播種し、うね中央部と播種位置の反対側に、一六〇cmおきに竹支柱を立てる。

まず下のほうに仮誘引用のバインダーひもを張るが、播種位置から遠くならないように張る。遠すぎると莢がマルチにつき品質および作業性が悪くなるためである。その後ネットを張り、途中を三心テープで補強している。

なお、うねの端は太い支柱を立て、補強をしている。

図3　本支柱、ネットの設置

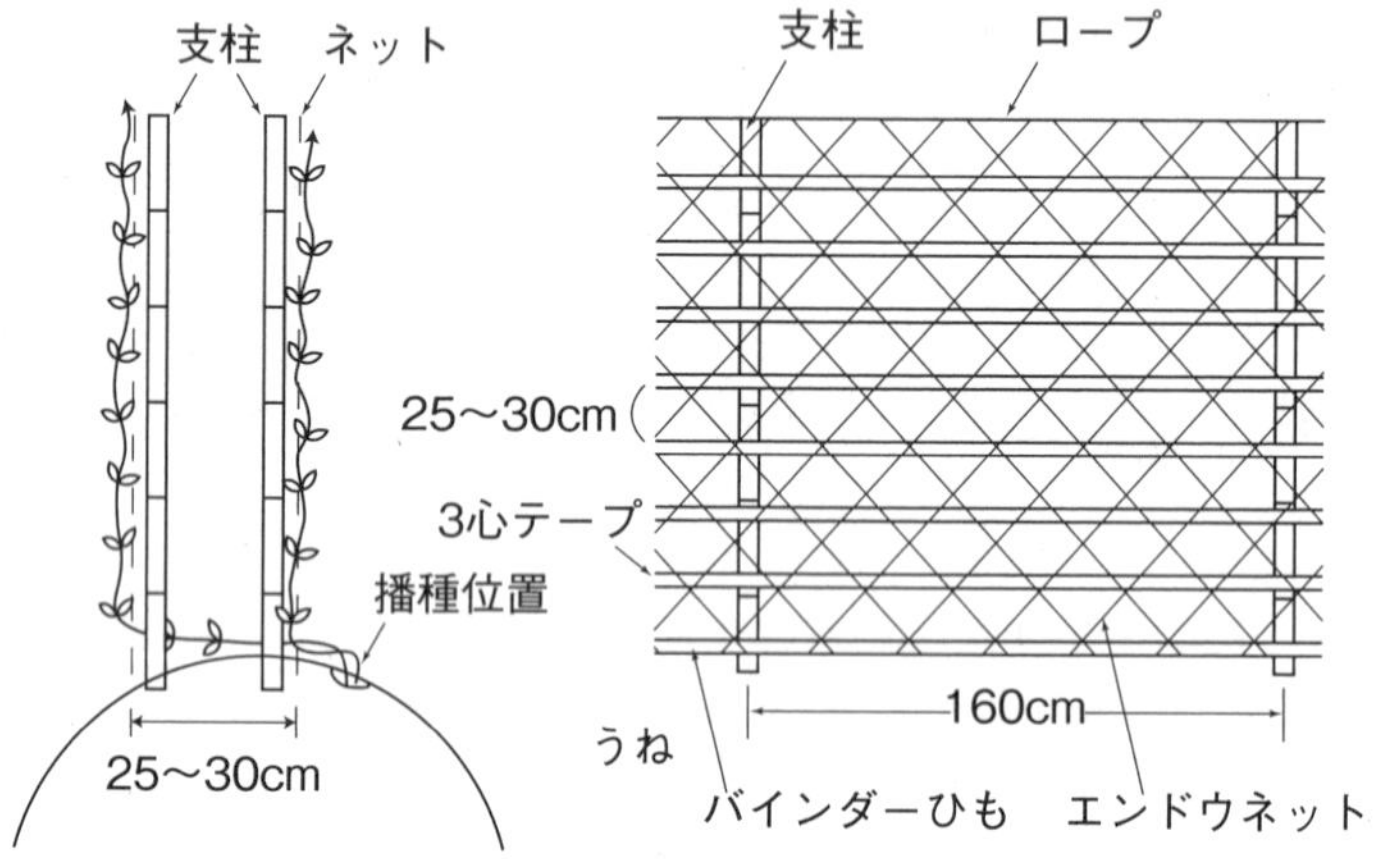

整枝・誘引

本支柱、ネット設置後誘引を行なうが、藤園さんはネット二条誘引を行なっている。

ネット二条誘引は、ネット一条誘引に比べ、風に対して比較的強く、うねのなかに光が入り、空間の利用効率がよいなどの長所がある。

ネットは間隔を二五～三〇cmとり、遅れないように設置し、つるがネットの内側に入らないように振り分け、二〇～三〇cm間隔で三心テープを張っていく。

整枝方法は、主枝一本仕立てとし、発生した側枝は除去している。側枝の除去は遅れないように実施している。

追肥

通常、樹勢維持対策のための追肥が必要であり、栽培基準では、一回目の追肥を開花始め後、その後は樹勢を判断し実施するようになっている。

しかし、藤園さんは、年によっては葉面散布を二～三回程度実施することもあるが、基本的には追肥は全く実施しておらず、基肥のみで樹勢維持を図っている。

肥料がききすぎると、莢の熟期が遅れるとのことである。

摘心

地域の基本的な摘心時期は、最終収穫時期より逆算して、おおむね二五日前である。摘心をすることにより、実入りをよくし、良質な莢が得られるとともに、収穫期が早まる効果がある。

しかし、藤園さんは、基本的に摘心作業は実施していないが、まれに樹勢の弱い株のみ四月上旬頃摘心を行なっている。四月中～下旬頃着莢負担などで自然に心が弱くなる。

樹勢の弱い圃場では、三月下旬～四月上旬に、着莢負担により自然に心が弱くなり、止まる圃場もある。収量を上げるためにはこの時期でも強い心であることが必要である。

病害虫防除

年内は、ハスモンヨトウ、ハモグリバエなどの害虫と褐紋病、褐斑病の防除を主体に薬剤散布を行なっている。

暖秋、暖冬の年は年内から褐紋病、褐斑病の発生があるので、年内の予防散布は大切である。

病害虫の発生は三月以降多くなる。問題になるのが、褐紋病、褐斑病、うどんこ病、灰色かび病、ハモグリバエである。

病害虫防除の基本は、排水対策、樹勢維持対策を行ない、病害が発生しにくい環境、生育にすることと予防的な薬剤散布である。

藤園さんは、「病害虫の防除は、実エンドウをよく観察し、散布ムラのないように、予防散布、適期防除を行なうことが大切である」という。

病害虫の発生の多い年でも、藤園さんの圃場では、生育後半でも病害の発生はほとんど見られない。実エンドウの生育をよく観察し、気象予報にも注意し、適期に効果の上がる散布を実施しているためである。

収穫最盛期、最後まで健全な茎葉を維持することが生産安定の最大のポイントである。

収穫

収穫は二月上旬頃から始まり、五月上～中旬頃まで続く。収穫最盛期は四月中旬以降である。

収穫初めの頃は、気温も低く、莢の肥大が遅いので、一圃場で七～一〇日に一回の収穫であるが、最盛期は三～四日おきに収穫を実施している。

収穫にあたっては、若どりをしないことに心がけている。また、品質保持のため、雨の日の収穫は実施していない。

収量は一〇a当たり二二〇〇～二五〇〇kg、圃場によっては二七〇〇kgである。

栽培技術上の問題点

実エンドウ栽培での問題点の一つは、輪作が難しいことである。

また、ここ数年一月下旬～二月上・中旬の寒波により、下節位が三～五段寒害莢となる。藤園さんは、「下節位三段ぐらいの莢はもともと期待していない」というが、寒害対策がとれればさらに増収が期待できる。

農業技術大系野菜編第一〇巻　精農家のエンドウ栽培技術　二〇〇〇年

ソラマメの起源と栽培

ソラマメの原産地は確定していないが、遺跡や近縁野生種の分布から、中近東起源とされている。栽培の歴史は古く、紀元前八〇〇〇年といわれる。

性質から見ると、大きく秋播きと春播きの二系統が見られる。秋播き系統は、花芽の分化に低温が要求されるもので、地中海沿岸、揚子江流域、日本の暖地など暖かい地方で栽培される。一方、春播き系統は、花芽分化に対する低温要求性が比較的小さい品種で、北欧、アフリカ山岳地帯、中国の山岳地帯など、冷涼な地方で栽培される。

秋播き系統は、下位節にたくさん分枝茎を出した後、主茎は枯死し、莢が茎の中央部に集中してつくために、半有限伸育型の叢状の草型となる。一方、春播きは、生育環境がよければ茎が無限に伸長して結莢を続け、無限伸育型となる。

発芽適温は二〇℃で、二五℃以上では腐敗しやすく、一〇℃以下では発芽が悪くなる。生育適温は一五～二〇℃で、幼苗期には耐寒性が強く、マイナス数℃に耐える。暑さには弱く、二五℃以上で生育が悪くなる。地中海性気候に適応しており、花芽の分化には低温に遭遇することが必要である。秋播きの場合は、冬季に自然に低温に遭遇するが、春播きでは、催芽種子を低温処理して春化させる。

一般にマメ科の植物は花の数が多く、結実せずに落花してしまうものが多い。ソラマメの栽培では、充実した子実を得るために、摘心と摘花で結実数を減らす。支柱を立てて、テープを横に張り、誘引する。整枝法には、二条U字仕立て、一条L字仕立てなどがある。

土質は選ばないが、乾燥を嫌うので、生育中も適宜灌水する。追肥は二回くらい行なう。連作はできない。

（編集部）

主要品種と作型

中島　純（鹿児島県農業試験場）

ソラマメの二条U字仕立て法

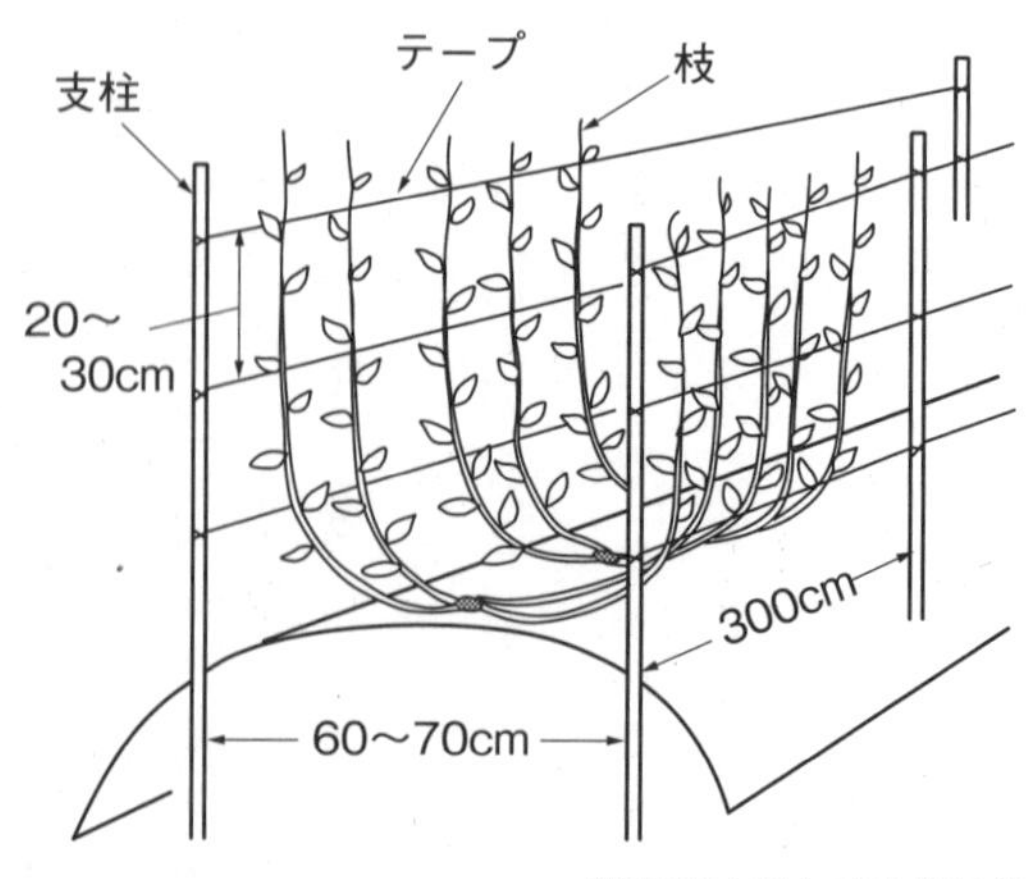

（『農業技術大系野菜編』）

主要品種の特徴

ソラマメの品種は、表1のとおりに分類されている。種実用種は製粉や製菓、飼料などに、雑穀または緑肥として用いられている。一方、青果用としては早生種、長莢種、大粒種が用いられている。主要な産地ではほとんどが大粒種を用いている。

房州早生　千葉県白浜町の在来種を、館山市の小宮氏が選抜育成した品種である。草丈が低く、節間が短い、早生で着莢性に優れる特性を持っている。莢と青実は中～小型で、二～三粒莢が多い。分枝があまり多くないため、密植で収量が多くなる。

讃岐長莢　香川県三豊郡大野原町で大麻勘四郎が明治二二年頃から改良した品種である。原種は欧州系といわれている。晩生で着莢性が優れ、収量は多い。莢は長さ一五～二〇cmのS型の長莢で、一莢に五～七粒程度入る特性を持っている。青実の大きさは中～やや小粒である。栽培条件が悪かったり密植にしすぎると莢が短くなり、長莢の特徴が現われない。また、年々選抜を繰り返さないと長莢の特性を失うといわれている。

陵西一寸　堺市の相良採種場で「芭蕉成」から改良された品種である。「河内一寸」より開花、熟期が数日早い特性を持っている。着莢性が優れ、収量も多い。莢はやや細長く、三粒莢が多い。青実は一粒が五g程度で、市場評価が高い。花は白花が多く、赤紫花が少し混じる。現在、最も多く栽培されている品種である。

表1　ソラマメの品種分類

品種群	代表品種	類似品種
種実用種	在来小粒	芦刈在来，熊本小粒，宮崎在来，鹿児島在来，エンドウソラマメ，青ソラマメ（鳥取）
	在来中粒	熊本中粒，ソラマメ（埼玉，岡山），在来種（埼玉），武昌（大阪農試）
	極早生ソラマメ（愛媛）	在来種（鳥取）
	赤ソラマメ	黒ソラマメ，小豆ソラマメ
早生種	房州早生	伊豆早生，清水早生，静岡早生
長莢種	金比羅	長莢（愛媛，香川），長莢大粒，早生大莢，長莢ソラマメ，讃岐長莢
大粒種	一寸	於多福，芭蕉成，陵西一寸，畿内一寸，河内一寸，武庫一寸，清水一寸，茶豆一寸，房州八分

注）琴谷稔．1985．野菜園芸大辞典．養賢堂．より引用

ハウス陵西　昭和六十二年に「陵西一寸」の原種から選抜された品種である。早熟で着莢性が優れ、三粒莢も多く、収量が多い。花は白花で、莢と青実の形状、色は「陵西一寸」並である。ハウス栽培や無霜地帯での夏播き栽培に用いられている。

清水一寸　江戸末期に愛媛県松山市清水町に導入された京都於多福系の品種である。晩生で葉の形が丸く、花は白花と赤紫花が混じる。一莢に二粒程度入り、青実の大きさは国内で最も大きく、一粒が八g程度まで肥大する大粒種である。水田裏作で栽培されている。

河内一寸　明治二十年代に尼崎市姫島から富田林市喜志村に入り、尻谷喜三郎らにより選抜された品種である。晩生で茎葉が大きく、一莢に二粒程度入る。青実の大きさは「清水一寸」と同程度で、大粒種のなかでも青実が大きい品種の一つである。

仁徳一寸　昭和五十二年に「河内一寸」から選抜された品種である。草姿は「陵西一寸」と同程度だが、花色が赤紫で、莢色と青実色が「陵西一寸」より濃い特性を持つ。一莢に二～三粒程度入る。

唐比《からこ》の春《はる》　平成九年に東海地方の在来種から選抜育成された品種である。草勢は「陵西一寸」と同程度だが、草丈がやや高く、花色が白い特性を持っている。着莢性に優れ、三粒以上の莢も多い。莢と青実の大きさは「陵西一寸」と同程度である。

茶豆一寸　「河内一寸」系で、へそが白い特性を持つ品種である。莢は「一寸ソラマメ」よりやや細く、青実も小さい。一莢に三粒程度入り、草姿は「一寸ソラマメ」に似ているが、草勢が強く、花色は赤紫花が多く混じる。

房州八分　千葉県館山市の在来小粒系と「一寸ソラマメ」の自然交雑後代から育成された品種である。一莢に三～四粒入り、莢は大きいが、青実が小さい。草丈が低く、草勢が強い。

一寸ソラマメ　草丈が高く、生育が旺盛で茎葉ともに大きい品種である。莢は短く、一莢に一～三粒入り、二粒が最も多い。花は白花と赤紫花が混じる。

各作型の特徴

ソラマメの作型は、夏播き、秋播き、春播きの三作型に大別される。

夏播き冬どり栽培　年平均気温一八℃前後の無霜地帯で、冬期の最低気温の月平均値が五℃以下にならない極暖地で成立する。夏播き冬どりは、晩秋から冬の温暖性を利用し、十一月下旬～四月上旬に収穫する作型であ

る。催芽種子を低温処理し、開花を早めて栽培する。

一方、この作型を年平均気温一七℃前後の地域で適用する場合、冬期の最低気温の月平均値が五℃以下になり、低温障害を生じるおそれがあるので、無加温ハウス栽培や簡易加温栽培が必要になる。

秋播き春どり栽培　年平均気温一七℃以下の地帯で、春の適温期に開花結実させる、ソラマメ栽培の最も一般的な作型である。栽培地域は広く、九州から東北まで分布している。この作型は低温処理した催芽種子を十～十一月に播種し、四～五月に収穫する栽培や、無処理種子を十～十一月に播種し、幼植物で越冬させて五月に収穫する栽培、トンネル被覆で冬期に保温する栽培など、栽培する地域の気象条件に合わせて、いろいろな方法で行なわれている。

春播き夏どり栽培　東北、北海道などの冷涼地や東北以南の高冷地で、晩春から夏の適温期を利用する作型である。六～八月に収穫する、収穫期が最も遅い作型である。この作型では、秋播き春どり作型とは異なり簡易ハウスで育苗し、移植後に低温感応させて開花結実させる栽培法をとっている。また、低温処理した催芽種子を四～五月に播種し、七～八月に収穫する栽培もある。

図1　ソラマメの作型

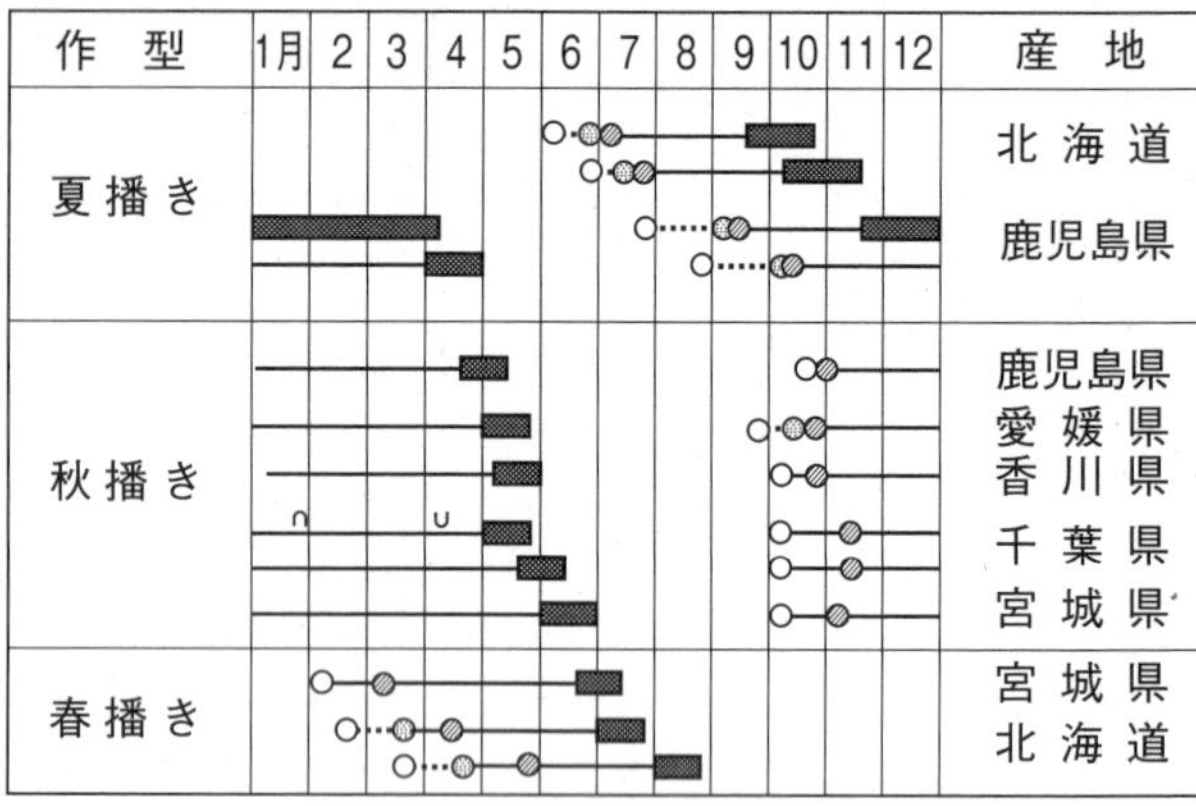

○：播種 ‥◎：低温処理 ◎：定植 ■：収穫 ∩：トンネル被覆 ∪：トンネル除去

催芽、播種、育苗、定植

三角洋造（鹿児島県農業試験場）

種子の準備　種子量は、「陵西一寸」では一〇a当たり一〇ℓが必要である。種子には過熟、緑熟、未熟があるが、緑熟の種子は種皮もきれいな灰緑色で、発芽もよいとされる。播種前に、小粒、傷、割れ、形のいびつなものを取り除く。

催芽　ソラマメでは、乾燥種子を直接圃場に播種すると、発芽の不揃いや腐敗が生じるおそれがあるため、催芽処理が行なわれる。

播種箱に消毒した粗めの砂を二cm程度敷き、へそを下向きに、条間五cm、種子間隔一・五cmに並べ、種子が隠れる程度に覆土する（約一八〇粒／一箱）（図1）。種子を浸漬処理すると発芽率が低下する。催芽中は多湿や乾燥条件下で発芽率が低下し、腐敗が多く

図1　ソラマメの播種法

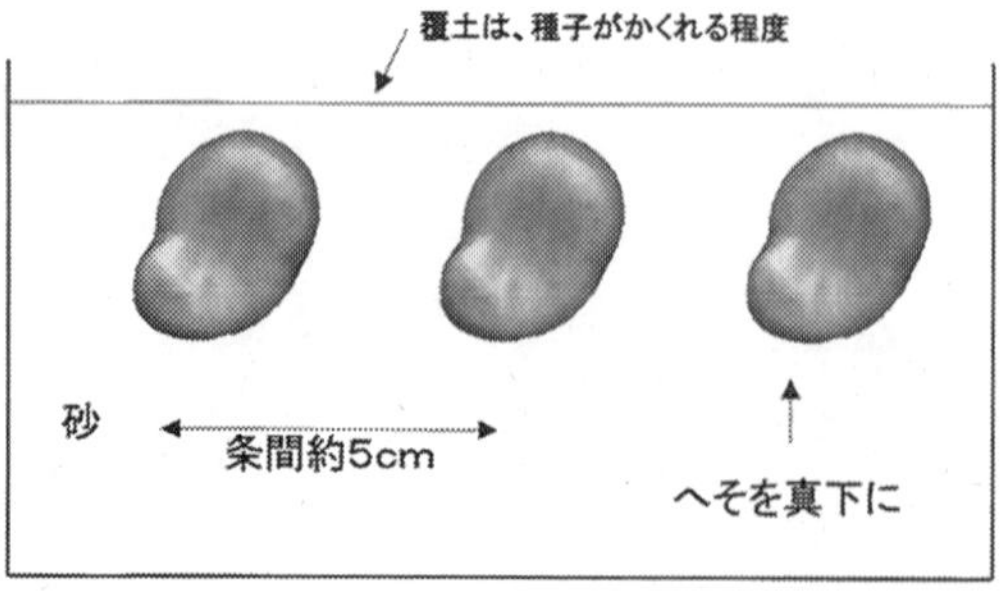

なる。そのため、適度の水分条件を保つように、新聞紙をかぶせ、砂が乾いたら表面をぬらす程度に灌水し、適湿を維持することが大切である。

ソラマメの発芽適温は二〇℃で、二五℃以上では腐敗が多く、一〇℃以下では発芽率が低下する。水洗いした催芽種子は、ポリ袋に入れる。腐敗種子が混入すると他の種子も腐敗するので注意する。

低温処理　ソラマメは、一定の低温を経過しないと花芽分化しない特性を持っている。したがって、夏播き作型など不時栽培では、低温処理が行なわれる。低温処理（二〜三℃）の期間が長くなるほど、下節位から開花する。また、品種により効果に差が見られ、中粒種の「房州八分」では三週間で十分な効果が得られるが、大粒種の「陵西一寸」では三〜四週間、「河内一寸」では四週間程度処理する必要がある（木幡、一九七二）。

予冷庫内では、冷気がよく循環するように隙間をあけて積み上げ、庫内の温度ムラがないようにする。

出庫　低温処理後すぐに播種すると腐敗などにつながるので、前日に庫内温度を一五℃程度にし、当日外気温に馴らしてから定植する。

育苗　育苗作業や定植に労力を要するため、催芽種子を本圃に直接播種するのが一般的である。台風被害の回避、積雪地帯の春播き栽培などで直接播種できない場合などに育苗が行なわれる。

育苗用土には、排水、保水性に優れる山土などを用いる。九cmのポリポットに催芽種子の根を折らないようにていねいに植え、種子が隠れる程度に覆土する。育苗期間は作型、ポットの大きさによるが、鉢の底に軽く根が巻く程度が適期である。育苗期間が短いと鉢土が崩壊して植えいたみが生じ、育苗期間が長いと根が硬く巻いて著しく活着不良となる。育苗期間は、九月の育苗では二週間程度、十月の育苗では三〜四週間程度である。アブラムシ飛来によるウイルス病の防止のため白寒冷紗などで被覆するとともに、ウイルス罹病株は早めに除去する。

定植　催芽種子を本圃に直接播種する場合は、スプーンなどで植え穴を開け、根を折らないように、また深植えにならないように播種する。覆土は種子が隠れる程度でよい。

鉢育苗の苗は、本葉四枚程度で鉢の底に根が軽く巻いたころ、根をいためないようにていねいに定植する。

定植後は、腐敗を防止するため薬剤を灌注し、活着までこまめに灌水する。

摘花・摘莢

大江正和（鹿児島県沖永良部農業改良普及所）

ソラマメの着花、着莢の特性

多くのマメ類と同様に、ソラマメも開花数が多いため、すべての花が着莢し、収穫莢となる（以下、結莢）わけではない。井上ら（一九六二）は、栄養競合により着莢時に半分以上の花が落花してしまうこと、着莢しや

表1　ソラマメの1枝当たり花数が着莢数，結莢数に及ぼす影響　（鹿児島農試，1988）

区名	花数（個）	着莢数（個）	結莢数（個）
3節1花	5	4.8	4.3
3節2花	10	9.2	7.7
1節1花	15	13.4	6.9
1節2花	30	20.7	6.9
放任	51.2	22.8	7.1

注）着莢は開花後幼莢がついたもの，結莢はそのなかで収穫に至ったもの
3節1花区は3節当たり1花を残しその他の花を摘除。その他の区も同様の方法で処理した摘心節位20～21節

すいのは花房の基のほうの花であることなどを明らかにしている。

放任すると途中で発育を停止する莢（発育異常莢）が多発して減収し、また収穫に至っても小莢、不良莢になりやすい。

摘花・摘莢と収量、正常莢数

これらの問題を解決するには摘花と摘莢を行なうとよい。摘花・摘莢の時期が収量に及ぼす影響を検討したところ、摘花・摘莢の時期が早いほど収量が多く、莢長六cm時の摘莢までは莢数制限の効果が認められた（図1）。また、摘花・摘莢の方法について検討したところ、一節当たり一花または一莢とする処理区の収量が優れた（図2）。

さらに、正常莢数の節位別着生状況は、摘花・摘莢が早い区ほど節位間の分布変動が小さく、遅れるほど大きくなった。各区とも五〜八節には正常莢数が多いが、九〜一〇節で少なくなり、一三〜一四節で再び回復するパターンとなり、着莢の周期性が認められた。特に開花当日摘花区では正常莢数の落込みが少なく、枝の栄養状態が安定していた。

これらの結果から、実際場面での摘花・摘莢の方法としては、一節当たり一花（一莢）となるように他の花、莢を摘除すればよい。

摘花・摘莢の実際

開花時点で一節当たり一花とする方法は、着莢節位を一五節以上確保できれば有望である。一節に三〜五花つく花は茎に近いほうから一日一花ぐらいずつ順番に咲くが、自然に放置すると茎に近いほうが着莢しやすく、また花の素質もよいようなので、茎に近い花を一個残せばよい。

着莢後に一節当たり一莢とする方法も有望である。この方法は、着莢を確認し、さらに莢の形状、粒数を見てから行なえること、もし着莢しない節位があったときは上下の節位で莢数を調節できること、数節をまとめて摘莢すれば省力的に作業できること、などの利点がある。ただし、莢が肥大してからの摘莢では栄養競合の弊害がある。着莢後の早い時期、莢長五〜六cmになる頃までに摘莢すると効果が高い。

図1　ソラマメの摘花・摘莢の時期が収量に及ぼす影響　（鹿児島農試，1987）

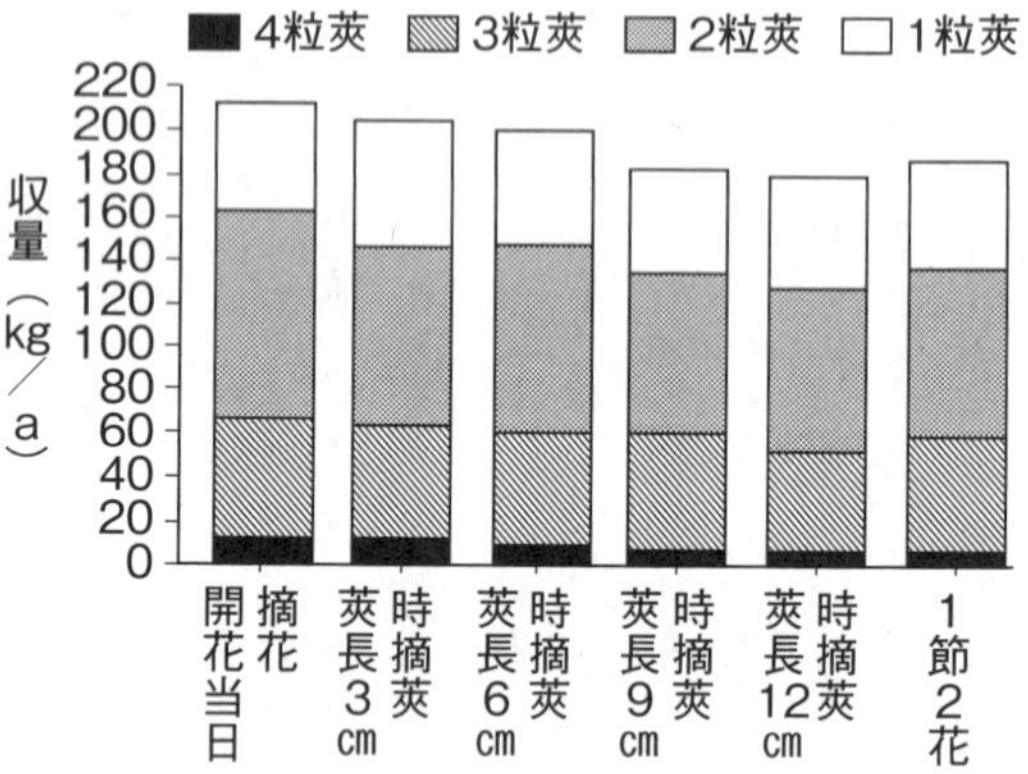

莢長が3，6，9，12cmの各長さに達した時点で，1(2)花，1莢を残して，他の花・莢を摘除した

図2　ソラマメの摘花・摘莢の方法が収量に及ぼす影響　（鹿児島農試，1989）

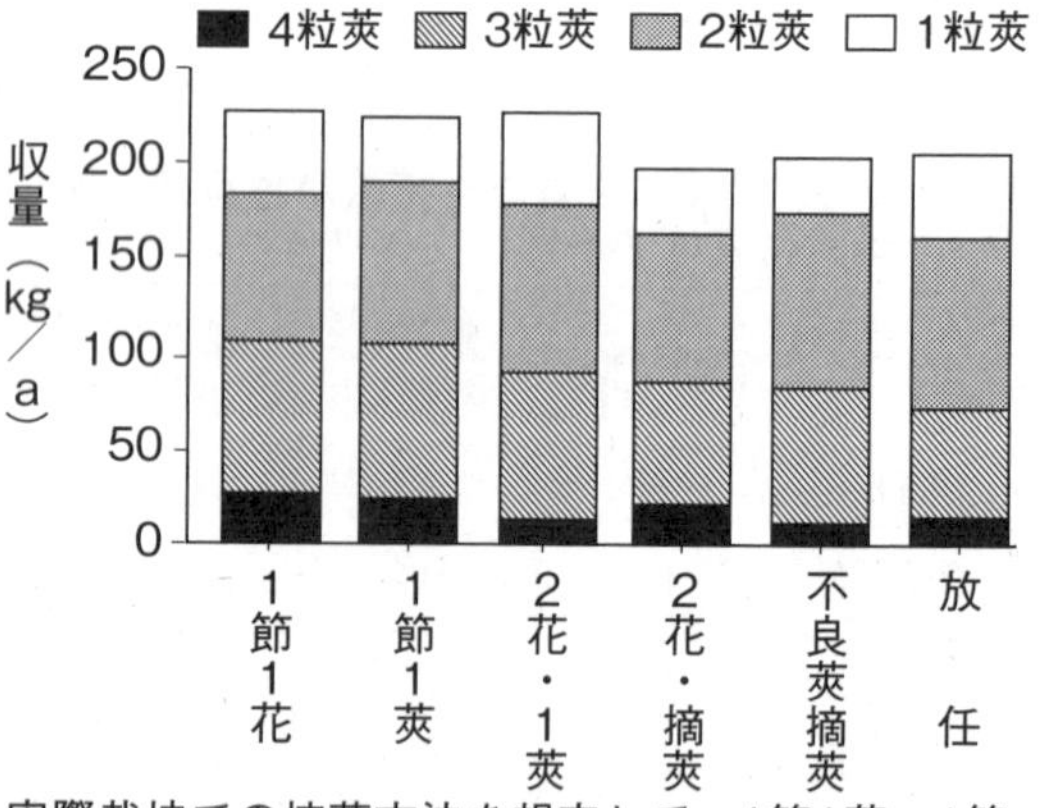

実際栽培での摘莢方法を想定して，1節1花，1節1莢，2花・1莢，2花・摘莢，不良莢摘莢の各区を設け，対照区を放任とした
2花・1莢区は1節当たり2花に摘花し，着莢後さらに1節1莢となるように摘莢した
2花・摘莢区は1節当たり2花に摘花し，着莢後さらに不良莢を摘除した

摘心

大江正和（鹿児島県沖永良部農業改良普及所）

一寸系ソラマメで普通に行なわれる秋播き作型では、四～六月の開花、急激な莢肥大、高温などで自然に心止まりとなって、特に摘心を必要としない場合もある。

しかし、ハウス内での栽培や無霜地帯での露地栽培では、秋に開花を始めた株が冬期間を通じて開花、枝の伸長を続けるため、節数が四〇節以上、草丈も人の背丈以上の高さになってしまう。節数が増えれば収量も増えそうだが、そうではない。枝が伸長して開花を続けると着莢率、結莢率が劣る。摘心すると同化養分が貯蔵器官としての莢に集まるので、急激に莢肥大する。

摘心節位の決定

摘心節位を一五、二〇、二五、三〇節とし、一枝当たり着莢数を一二莢に統一して結莢数に及ぼす影響を検討したところ、摘心節位が低いほど結莢数が多く、発育異常莢の発生が少なかった（表1）。

これらのデータから、鹿児島県でのハウス栽培の摘心節位は一六～二〇節程度を基準としている。ハウス栽培で摘心節位を低く設定しているのは、早く栽培を終了してハウスの後作利用をはかるという経営的理由も考慮されている。

また、摘心節位を決めるときは栽植距離との関係も重要である。ハウス栽培では単位面積当たりの株数が多く（うね幅一三五cm、株間四〇cm）、露地栽培では少ない（うね幅一五〇～一六〇cm、株間四〇～五〇cm）。栽植距離が近い状態で摘心節位を高くすると密植状態となり、受光態勢が悪くなる。露地栽培で、摘心節位を高くしたいときは栽植距離を広げる必要がある。

摘心時期の決定

無霜地帯の露地栽培で摘心時期を判定するには、栽培の終了時期から逆算するのがよい。これから咲く花については、栽培終了時期に収穫が間に合わないという時期に摘心する。そうすると、栽培終了のおよそ四〇日前が摘心時期となるが、低温では開花から収穫までの日数が長くなり、高温では短くなるので、季節によって調整する。鹿児島県では露地栽培の摘心時期は三～四月になるが、開花から収穫までの期間は三月一〇日頃の開花で約五八日、三月二〇日頃の開花で約五三日、三月三〇日頃の開花で約四七日、四月一〇日頃の開花で約四〇日であった。

摘心時期の決定にあたっては、晩霜の時期を考慮する必要がある。摘心後に強い低温害を受けるとその後の開花・着莢が望めないため、甚大な被害となり、場合によっては収穫皆無となる。したがって、地域と圃場ごとの晩霜時期を考えて摘心時期を決定するなど、細かい配慮が必要である。

農業技術大系野菜編第一〇巻　ソラマメ　二〇〇〇年

表1　ソラマメの摘心節位が着莢と発育異常莢の発生に及ぼす影響
（鹿児島農試，1984）

摘心節位（節）	第1花節位（節）	総節数	枝長（cm）	着莢数 正常	着莢数 異常	着莢数 合計	異常莢発生割合（%）
15	5.0	16.2	91.0	10.0	2.7	12.7	21.3
20	5.1	20.8	127.1	9.9	2.6	12.5	20.8
25	5.1	25.8	173.3	8.9	3.2	12.1	26.4
30	5.2	33.6	235.5	7.5	3.9	11.4	34.2

注）正常は，正常に肥大して収穫に至った（結莢した）もの

ソラマメ
一節一莢で良品多収

鹿児島県枕崎市　山崎克大さん

厚ヶ瀬英俊（鹿児島県加世田農業改良普及所）

枕崎市は、鹿児島県薩摩半島の南西部に位置し、南は東シナ海に面している。年平均気温一七・五℃、年間降水量二一〇〇㎜、年間日照時間二〇〇〇時間と温暖な気候に恵まれた純農村地帯である。土壌条件は、市中央部から南部にかけて阿多火砕流とシラス土壌が広がり、西部は砕岩と粘土性土壌で中腹以上に砂礫土が、東部は厚層黒ボク土壌が広がる。

山崎さんは、昭和六十二年の退職を契機に奥さんが行なっていたカボチャ栽培に取り組んだ。その翌年、ソラマメを導入（七a）したが、日々ソラマメの生育を見ているうちにその魅力にとりつかれ、徐々に栽培規模を増やしてきた。両品目ともに比較的労力がかかることから、年齢を考え、むりのない作付け規模としているため、管理が十分ゆき届き、ソラマメ、カボチャとも収量が非常に高い。

秋冬作としてソラマメを栽培し、後作でソラマメのうねとマルチを活用してサツマイモの栽培を行なっている（図1）。五月中旬、ソラマメのマルチ上にサツマイモを挿し苗し、十一月に収穫する。この圃場が翌年のソラマメ栽培に使われるため、二年に一回の作付けとなる。

生産の目標と技術の特色

山崎さんの収量目標は一ケース／株（二kgケース）で、この目標を達成すべく適期作業に心がけている。

また、大莢生産のために草勢を強くすることを心がけており、目標着莢節以下の花房は早めに摘除している。さらに、着莢節でも栄養競合の起こることがないように、早期摘花によって、初期肥大が順調に進むようにしている。

図1　山崎さんの畑の作付け体系

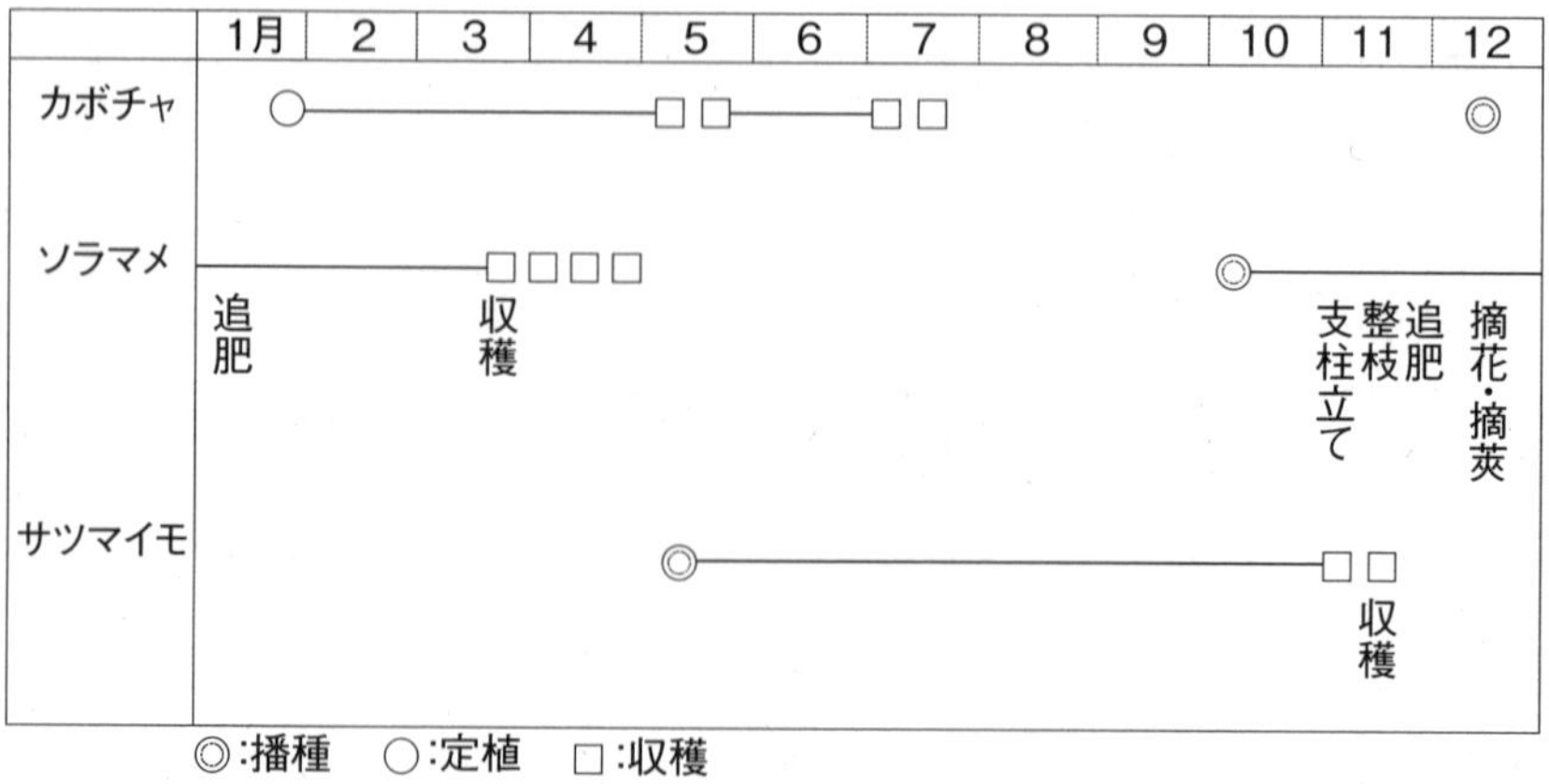

圃場の準備

作畦にあたっては、根域を十分確保するため、うね幅一六五cm（ベッド幅九五cm）の大きなカマボコ形のうねをつくる（図２）。このとき、アブラムシ防除を行なっておく。また、アブラムシ対策と地温抑制対策をかねてシルバーポリトウによるマルチングを行なう。

定植

催芽処理はすべて農協で行なわれ、定植前に各自に配布される。十月上旬とはいえ日中の気温は高いから、冷蔵庫から早朝に出庫した後冷暗所で外気温にならし、午後三時過ぎの涼しい時間帯に定植する。定植の際、竹べらで植え穴をつくり、種子を挿してから軽く覆土する。このとき、摘心後に誘引しやすいように同一方向に向けて種子を挿している。

定植直後に活着促進と立枯病防止のための薬剤で処理する。

摘心、整枝

活着が順調に進むと、定植後一〇～一四日前後で主枝四～五節くらいまで展開する。山崎さんは本葉四枚で摘心している。

第一節と第二節から伸長するそれぞれ二本の分枝四本を、収穫する枝として仕立てる。定植後一か月を目途に、ナイフ状につくった竹べらを用い、主枝から種子とその接合部を切り離している。とくに生育初期の分枝はこの種子接合部から発生するため、その基となる芽を除去することで、その後の分枝発生量を少なくすることができる。また、分枝間から発生する側枝は仁丹大の頃までに爪で除去する。

第一次分枝が一〇cm程度に伸びた頃、この分枝を水平に押さえるためのテープを設置し、以降、分枝が伸びるごとにずらして誘引する。

誘引

当地のソラマメ栽培では、生育期間が長く日照量が少ないことから、葉の受光体勢をよくすることが大切である。山崎さんは分枝間を六五cm程度とし、採光を図っている。

誘引では一段目のひもをうね上一五cmの位置に設置し、以降三〇cm間隔に誘引ひもを張ってい

図2　施肥と作畦の方法

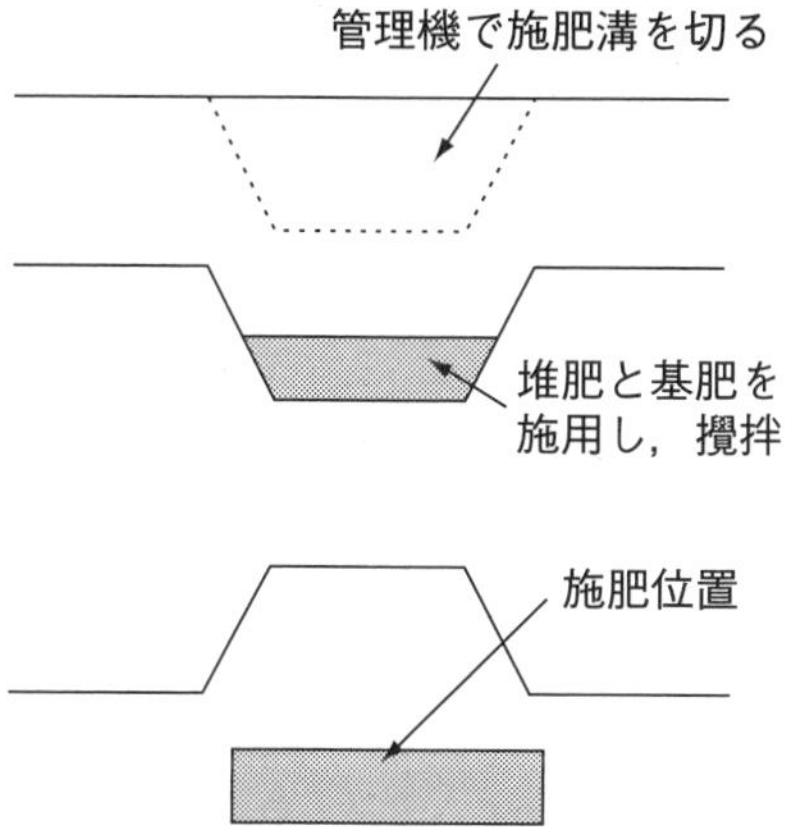

表1　施肥設計

	基　肥	追　肥	備　考
堆　　肥	1,500		
苦土石灰	100		N：13.6
苦土重焼燐	20		P：13.4
ソラマメ配合	80		K：12.0
BBNK44号		40	

図3　うねの形状、ソラマメの株間、分枝間隔

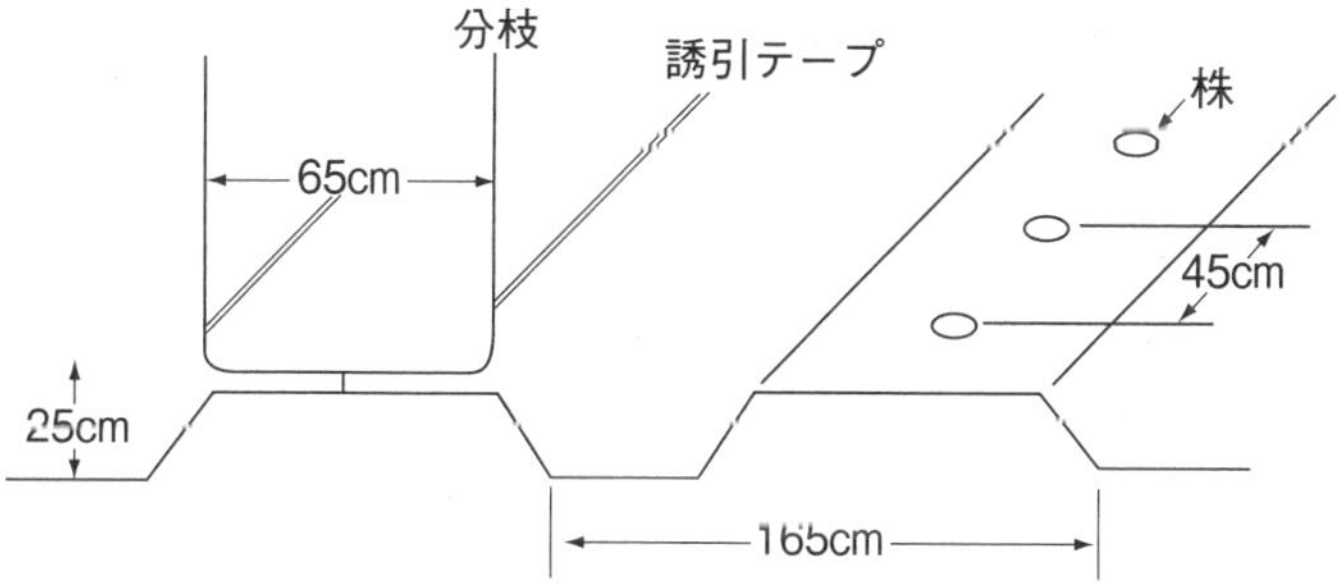

る。さらにバインダーひもなどで編み込み、風によるズレを防止している。
誘引用の支柱は一三〇cmのイボ竹を用い、風で倒伏しないように二五cm程度打ち込んでいる。

写真1　ソラマメの開花状況

写真2　摘花後のソラマメ

摘花

開花は、低温処理によって第一次分枝の五～六節から始まり、以降連続して着生する。しかも一節当たりの花房は開花節位によって異なり、二～五花程度着生する。

山崎さんは、まず草勢を整えることが大事だと考え、小葉が五葉以上になる八節以上に着莢させ、それ以下の花は除去している（五～六節に着莢させる周辺農家ではS・M莢が着生し、一〇節前後が落花している）。

また、各節には二～五花程度着生するが、初期の栄養競合による曲がり莢などを防ぐため、三年ほど前から一花摘花を徹底している（写真）。従来は二花摘花後、六cm大になるまでに一莢摘莢していたが、一花摘花によって省力化が図られ、さらにL莢率も向上した（七五％以上）。

病害虫防除

生育初期にはウイルス対策としてアブラムシの防除を中心に考え、ウイルス株を発見したら早期の抜き取りを実施している。立枯病については、種子の消毒を徹底しているので、発病が少ない。

霜害対策

ソラマメは開花期以降、霜害の影響を受けやすくなり、とくに〇℃以下で顕著であるとされる。当地では一月下旬～三月下旬に霜害が心配される。山崎さんは三年ほど前から霜害対策として簡易被覆資材（寒冷紗など）による防霜対策を講じており、良好な結果を得ている。

収穫

収穫は莢の光沢、子実の張り、莢のたれ具合、莢の縫合先部分を目安に判断している。

出荷はL・M莢のみで、一部発生するS莢については自家消費している。自宅で出荷容器に詰め、翌日選果場へ搬入する。出荷はすべて系統共販で、関西市場中心に出荷される。

農業技術大系野菜編第一〇巻　ソラマメ　精農家のソラマメ栽培技術　二〇〇〇年

ソラマメの三本仕立て

長岡山県岡山市　赤木歳通

親株を切り落とし、三本仕立て

私は、草対策のため移植栽培とし、本葉三枚あたりで定植する。一・二m以下のうねなら中央に一列。二列植えるなら一・八mのうねがほしい。株間は一mと広くとる。マメ科のくせに肥食いで、少肥では樹も育たないから肥料はしっかりくれてやる。

定植一か月後に親茎を切り落とす。やがて周囲からわき芽がいっぱい出てくるから、頃を見計らって大きい芽を三本だけ残す。放射状に三方向に残してやれば最高だ。そして中央に土を乗せて茎を外側に傾ける。やがて茎が立ち上がっても三本が離れて育つから、光がよくあたる。

新しい芽が次々と出るがすべて取り除く。花は葉の付け根に二〜四個、下から順に咲いてくる。この頃もわき芽が下からどんどん出てくるから時折取り除く。三本仕立てにすることが第一のポイントである。欲張って四本に仕立てても莢が小さくなるだけだ。

花は六段まで残して、ちぎり捨てる

続いて第二のポイント。必要な花は下から六段まで。下から数えて八段までを残してその上を切り落とす。七段八段目の花はちぎり捨てて葉だけ残し、光合成をいっぱいさせて、実を太らすというわけだ。栄養がわき芽や生長点に流れないから、葉も実もひと回り大きくなる。

一段に平均二本なれば、一本の茎で一二本の莢。一株三本仕立てだから皮算用では三六本となるが、実際は三〇本程度だ。三〇株もあったら家族でたらふく食べられる。

二〇〇七年四月号　赤木式ソラマメの盆栽仕立て

莢が下を向いたら食べ頃

主茎を切って、わき芽を三本残す。中央に土を乗せて茎を外側に傾ける

インゲンの起源と生理

鈴木芳夫（筑波大学）

原産地

アメリカ大陸の熱帯または亜熱帯地域を、インゲンの原産地とするのが妥当とされるようになった。ソ連のバビロフ（一九三五）は広汎な調査の結果、原産地はメキシコ南部、中央アメリカであり、南アメリカ（ペルー、エクアドル、ボリビア）に第二次的原生中心があるとしている。

アメリカ大陸内には、原住民によって古くから広い地域に作付けされていたとされている。コロンブスが最初の上陸後に、キューバ島の畑に、インゲンが栽培されていたのを認めたことが記されている。当時、すでに北アメリカ大陸のインディアンなどが、トウモロコシを支柱代わりに間作的にインゲンを広く栽培していたことが明らかにされている。

生理、生態的特性

インゲンは、わが国で現在栽培されている品種の生態的分化はほとんどみられない。もともと、インゲンは冷涼な気候条件下でその生産能力を発揮するものであるから、わが国の盛夏における平地の栽培ではいろいろな障害がおこりやすい。導入された品種のうち、暖地でも比較的障害のおこりにくい品種が、暖地型として各地で栽培されているわけである。

ここでは、わが国で莢用として栽培されている暖地型のインゲンの生理、生態的特性のあらましをのべる。

インゲンの生育過程を模式的に示すと、図1のようである。播種された種子は発芽の後、対生の初生葉を展開させる。生育の初期には、地上に出た子葉の役割は大きく、子葉に障害があると、初期生育が抑制され、その後の生育や収量に影響することもある。

地上部の展開葉が四～五枚になると、矮性種では主枝と側枝に一斉に花芽が分化する。つる性種では六～七節の側枝に花芽分化がおこり、順次上部の節位の側枝に移っていくが、その進行は漸進的である。

分化した花芽は、約三〇日で開花にいたる。開花は夜明けから午前中に行なわれるが、開花時にはすでに花粉は放出され、葯は萎凋している。開花前日の真夜中に開綻がおこり、この開綻直前に花粉の放出があるらしい。開花は矮性種で発芽後三〇～四〇日、つる性種でやや遅れて三五～四五日で始まり、その期間は矮性種で二〇～二五日間、つる性種で二五～三〇日間である。開花数はつる性種で株当たり八〇～二〇〇花、矮性種で三〇～八〇花である。

開花後一〇～一五日で、若莢の収穫期となる。収穫は二～三日ごとに行なう必要がある。完熟種実を収穫するには、開花後二五～三〇日、莢が変色したときに行なわれる。若莢やの収穫期間は、つる性種で三〇～四五日間、矮性種で二〇～二五日間である。若莢の収穫数はつる性種で三〇～一五〇、矮性種二〇～五〇（一株当たり）である。

花芽分化、開花、結莢の関係

　インゲンの生育のあらましからわかるように、インゲンはごく幼植物（本葉四～五枚展開時）の時代に花芽分化が行なわれ、図1のようにその数が急速に、しかも短期間に増大することがみられる。したがってインゲンは、花芽分化数・開花数・結莢数の間に大きな差がみられ、花芽分化しても開花せずに落蕾したり、開花しても結実にいたらないで終わるものが多い。

　井上（一九五五）の調査によると、つる性のケンタッキーワンダーで表1のような報告をしている。これによると播種後四五日目の花芽分化数のわずか一〇～三〇％しか開花していない（B／A欄）。そして開花数に対する結莢歩合は二〇～三五％の低率であった（C／B欄）。したがって、花芽分化数に対する結莢歩合は、さらに低く四・五～一〇・八％にしか当たらない（C／A欄）。しかも、この花芽分化数は開花直前の時期のものだから、その後なお増加するはずであり、その後の分化数を加えた全花芽分化数で比べたらもっと低率になるであろう。

　このようにインゲンをはじめとする夏作のマメ類の結莢歩合の低いことはダイズ、ラッカセイなども同様である。この原因については次のように考えられている。

　まず、花芽相互の栄養の問題である。すなわち、栄養的に優位にあると考えられ、かつ分化の比較的早い一〇節前後に有効花芽が多く、他の花芽は多く落蕾したり、潜伏花

図1　インゲンの生育模式図（春播き）

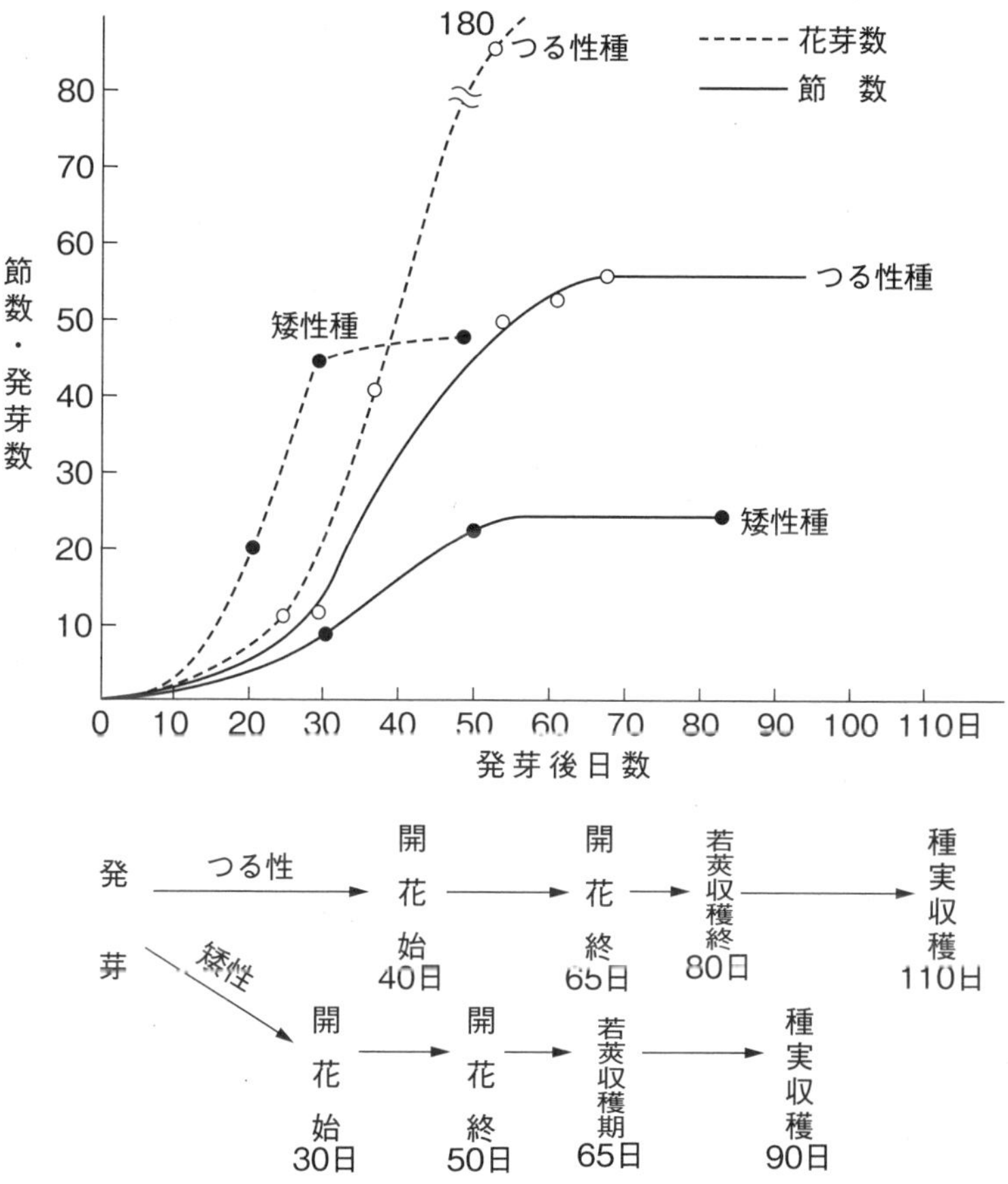

表1　播種期と結莢歩合　（井上、1955）

播種期		播種後45日目迄の花芽分化数(A)	開花数(B)	結莢数(C)	C/A	C/B	B/A
月	日				%	%	%
4	30	173.0	52.0	18.6	10.8	35.8	30.1
5	15	170.5	56.5	17.0	9.0	30.0	31.5
5	30	—	81.3	18.6	—	24.2	—
6	15	542.0	118.0	24.3	4.5	20.5	21.8

注）品種　ケンタッキーワンダー

芽として終わるものと推察している。そして、このことは高温期になるにしたがっていっそうはなはだしくなる。また、短期間に急激に多数の花芽が分化し、それらの養分争奪が激しくなることも考えられる。すなわち、植物体全体としての花芽相互間の競争、一花序内の花間の競争、花芽分化と生長との競争などの栄養問題である。したがって、栄養生長と生殖生長の平衡および花房相互の発育進度の関係などは、花の発育、莢の発育に対して支配的要因となるものと考えられるので、良好な環境と順調な生育を図る必要がある。

図2　主要栽培品種と莢の形状　（田中晟雅『農業技術体系野菜編』）

つるの有無	草勢	品種名	莢の形状		
			形	長さ	色
つる性	無限つる性	ケンタッキーワンダー	丸平莢	長	淡緑
		ケンタッキーブルー	丸平莢	長	緑
	準つる性	鴨川グリーン	丸平莢	長	濃緑
		プロップキング	丸莢	中	緑
	半つる性	ミニドカ	丸莢	短	緑
		ステイヤー	丸莢	短	緑
		いちず	丸莢	短	黄緑
		モロッコ	平莢	短	緑
わい性		キセラ	丸莢	短	濃緑
		サーベル	丸莢	短	濃緑
		スノークロップ	丸莢	短	緑
		すじなし江戸川	丸莢	短	緑

表2　つる性品種の主な作型　（『新野菜つくりの実際　果菜1』）

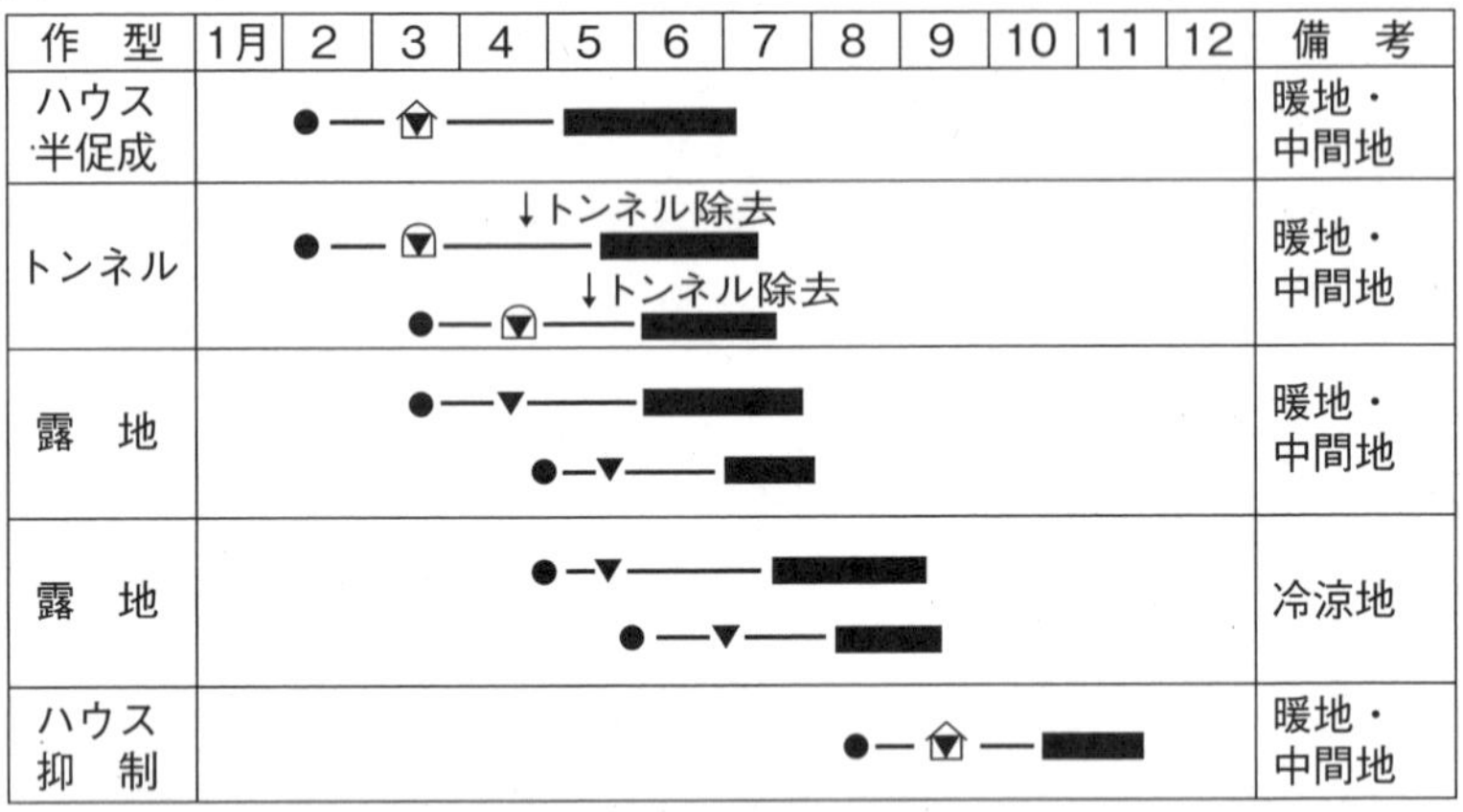

●：播種、▼：定植、⌂：ハウス、⌓：トンネル、■：収穫

環境と生育

インゲンは冷涼な気候を好み、栽培適温は一〇～二五℃の範囲で、二〇℃前後が最もよく生育する。夏期、高温になると生育に種々の障害を生じる。以下環境についてのあらましを述べる。

高温　生育温度が高温になると一般に生育が促進され、花芽分化数や開花数も増加し、開花期も早くなる。しかし、高温（三〇℃以上）すぎると、落花、落莢を多くする。これは不稔花粉の増加、花粉管の伸長阻害、花粉発芽率の低下、不完全開花の増加などによるものだとされている。また、高温になると莢の長さが短くなり、一莢当たり胚珠数、一莢当たり種子数、一莢当たり種子量も減少する。

低温　インゲンはマメ類の中では低温に比較的強い。地温に関しては、限界温度は一三℃以下である。気温に関しては昼間一三℃、夜間八℃ではほとんど生育しない。また、気温が昼間一八℃、夜間一三℃では開花、収穫が遅くなる。なお、一五℃ていどの低温は生殖生理への影響よりも、栄養生理面への影響が大きいとされている。低温によって同化能力は一時的に低下する。開花期の一五℃ていどの低温は、稔実莢数や一莢内粒数を低下させる。

高湿　デイビス（一九四五）は、高温をともなった高湿は結莢に悪影響を与えるとのべている（最低関係湿度と結莢率との間に＋〇・四五三の相関を認めている）。また、花粉の発芽時の湿度は、八〇％あたりが最もよいようで、花粉の耐水性は非常に弱い。

光　インゲンの光周性反応は中間性のものが多く、アラード（一九四五）の実験では、矮性種はすべて中間性を示し、つる他種は八六品種中二八品種（三二・五％）が中間性、五八品種（六七・五％）が短日性を示した。田村（一九五五）の報告では、一一二品種中短日操作によって、開花を促進した品種一八品種（一六％）、中間性六八品種（六〇・八％）、開花が抑制された品種が二六品種（二三・二％）あった。また、日照時間が減少すると開花数が少なくなり、同化割合、結実歩合、結実数も低下する。

インゲンの葉の同化能力は一〇～一五$mgCO_2 \cdot dm^{-2} \cdot hr^{-1}$であり、光飽和照度は二〇～五〇klxである。なお、同化能力は三〇～三五℃でも一五℃のときとほとんど変わりない。

光度の減少（三〇％以下）は同化能力を低下させ、植物体の生育を阻害する。光度が減少するにともない潜伏花芽が増加し、落蕾が多くなり、開花数が減少する。また、落花、落莢も多くなり、したがって結莢数が減少する。

土壌　排水良好で表土の深い肥沃な埴壌土で最もよい生育を示す。しかし、比較的土壌を選ぶことが少ないので、土壌管理、耕種肥培が適切であれば、火山灰土や泥炭地などでも相当の収量をあげることができる（小山、一九六二）。酸性にとくに弱く、pH五・五～六・八（ヘスター、一九四八、トムプソン・ケリー、一九五七）が適度といわれている。マメ類中塩分に最も弱いとされている（NaCl二〇〇〇ppmで地上部重、収穫物とも半減する）。

また、土壌水分については乾燥の害があげられており、土壌水分が十分でないと開花数が減少し、収量も非常に低くなる。開花期に乾燥がつづくと、開花結実に悪影響を及ぼす。逆に過湿地では生育がきわめて悪くなり、滞水すると落葉を生じ、収量は激減する。

また、インゲンはエンドウほど連作をきらう作物でないが、一般に、連作するとしたいに生育が悪くなり、収量も低下するし、タンソ病などの病害やセンチュウなどの発生も多くなる。したがって連作は極力さけるようにし、できれば二～三年休栽することが望ましい。

気象との関係　以上に述べたような生理、生態的特性をもっているインゲンは、わが国で栽培されている気象条件下では、次のようにまとめられる。すなわち、現在栽培されている種子用品種では、七月の平均気温二五℃、雨量二〇〇㎜以下の地帯で好成績をあげている。若莢用ではそれ以上の高温多雨でもあまり減収しないものと考えられる（菊谷、一九五〇）。また、岩見（一九五一）は、開花当日の一〇時の気温と結実率との間に負の相関関係があると述べている。なお、気温、湿度、温度較差（渡辺ら、一九四九）、日照や雨量（小山、一九六二）などとインゲンの収量との関係を考察されている。

農業技術大系野菜編第一〇巻　インゲン　一九七四年

インゲン栽培のコツ

インゲンの栽培のコツは、実が成り始めたら、ちぎるのを休まないことです。これを怠ると樹が成熟して、衰えてきます。今日は食べないからという人間の都合でなく、お豆さんの都合に合わせてあげます。主人（井原豊、故人）はよく「捨ててもいいからちぎってくれ」といっていました。これで、とり始めから終わりまで二か月くらいもちます。

（兵庫県太子町　井原英子）

インゲン

緑肥、被覆、緩効性肥料で反収四〇〇〇キロ

福島県会津高田町　長峯主昭さん

佐藤睦人（福島県会津坂下地域農業改良普及センター）

長峯さんは、五十年以上になるベテラン農家で、サヤインゲンの品質・収量ともに、常に地域の最高クラスの生産者である。平成十年と十一年の平均収量は四t／一〇aと、地域平均の二t強に比較してずば抜けて高く、しかもほとんどがA級品である。

当地域では昭和六十年以降、アブラムシが媒介するCYVV（クローバー葉脈黄化ウイルス）によるインゲンつる枯病が多発し、大きな損害を受けた。このため、昭和六十二年からアブラムシの飛来を防止するため被覆栽培を実施した。当初は被覆資材に不織布を使用したが、耐久性、作業性などを考慮し、さまざまな資材を検討した結果、目合い一㎜程度の防虫ネットが最も適することが明らかとなり、現在に至っている。

長峯さんはサヤインゲン栽培を開始した時点から被覆栽培を採用し、つる枯病の発生を完全に抑えている。

現在使用している防虫ネットは、サンサンネット、ボタレスの二資材である。高温時期の収穫となる鴨川グリーンには、換気率が高く通風性の良いサンサンネットを、早い時期の定植となるステイヤーには、保温性に優れるボタレスを使用している。なお、これらの資材は、アブラムシ、オンシツコナジラミ、ハモグリバエは通さないが、スリップス類、ハダニは一部通過できるため、最小限の防除を行なっている。

品種特性を生かした作型分化

当初はアブラムシ防除を目的としていた防虫ネット栽培は、それ以外にもさまざまな利点があることがわかった。そのなかでも、作型の前進化と高温障害を回避できることに注目し、作型分化を進めている。

防虫ネット被覆を行なうと、初期生育が良好となる。これは、定植後の風による物理的なストレスをあまり受けず、植物体から熱や水分が奪われにくいためであると考えられる。

現地事例によると、軽い降霜で露地栽培が被害を受けた場合でも防虫ネット被覆栽培は被害を回避できることから、鴨川グリーンの定植時期を慣行栽培より五日程度早め、五月一〇日前後としている。また、より出荷時期を早めるため、早生性品種ステイヤーを、晩霜危険時期の四月末に不織布によるトンネル内に定植している。ここ数年は五月以降に強い霜がないため、ねらいどおり六月中旬からの収穫が可能となっている。

ステイヤーは耐暑性が弱く夏越しできない。このため、四月播種の栽培を七月末にうち切り、同一圃場に再度ステイヤーを直播することで、九月下旬から収穫する作型を導入している。これにより、ステイヤーの単収は四t／一〇a程度と非常に高くなっている。

鴨川グリーンは、四月播種と六月播種を組み合わせている。この品種は、耐暑性はさほど高くないが、防虫ネット被覆栽培では夏越しが可能である。しかし、八月が高温乾燥ぎみの年には四月播種の草勢が著しく低下し、

収穫量が安定しない。このため、六月播種の作型を導入し、草勢の強い若株を生かして八月収穫の安定化を図っている。

このように、品種と防虫ネットの組合わせにより安定長期出荷体系を確立している（図1）。

図1 長峯さんのサヤインゲンの作型

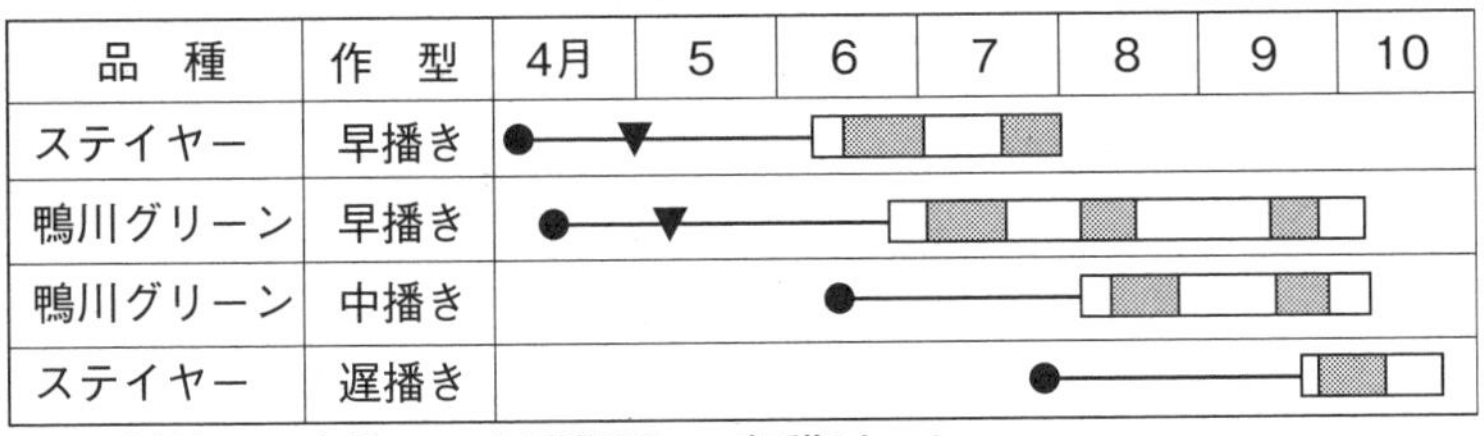

●播種，▼定植，□収穫期間，▩収穫ピーク

表1 サヤインゲンの品種別必要種子数（4月まき栽培）

品種名	育苗方法	必要種子数量（ℓ）	備考
ステイヤー	プラグトレイ	2	2割程度多めに播種
	ポット直播（2粒）	3	2粒播き
鴨川グリーン	プラグトレイ	1.6	2割程度多めに播種
	ポット直播（2粒）	2.8	2粒播き
ケンタッキー101	プラグトレイ	1.6	2割程度多めに播種
	ポットまたは直播	2	2粒ま播き

輪作体系の導入

長峯さんが酪農を行なっていた頃は、良質な堆肥が常に確保できていた。しかし、酪農部門廃止後は大量に堆肥を投入することが困難となり、一年ごとの輪作を実施している。

サヤインゲンは連作を嫌い、同一圃場では二年目から収量低下が見られるため、圃場を一年ごとに変えている。サヤインゲンを作付けしていない年は、緑肥作物とソバを作付けし、粗大有機物の補給を行なっている。

なお、一〇a当たりの堆肥投入量は二tを標準としているが、散布時の作業強度が大きいため、ペレット状の堆肥（商品名レオグリーン）を一〇a当たり三〇〇kg使用し、労力軽減を図っている。

高うねと灌水

ステイヤー、鴨川グリーンともに、莢色が濃く曲がりが少ないため、上物比率が高い。しかし、ケンタッキーワンダーと比較して、葉が小型で草勢も弱いため肥培管理に注意が必要である。

長峯さんは、草勢の弱い品種は根張りを良くすることが重要と考え、高うね栽培を行なっている。これは、生育初期の地温確保と梅雨期の過湿防止に効果が高く、多収のポイントとなっている。

また、高うね栽培では土壌水分が不足しやすいため、定植直後から灌水チューブによる定期的な灌水を実施している。とくに、これらの品種は開花期以降の水分を多く必要とするため、降雨がない時期は毎日灌水している。

初期生育の確保と草勢維持

上記の二品種は、草勢がいったん弱まると回復が難しく、収穫量が著しく低下する。このため、基肥の窒素成分は二四kg／一〇aと、従来のケンタッキー一〇一より五割程度増量している。

また、有機質肥料と化成肥料（速効性、緩効性）を組み合わせ、サヤインゲンの初期生育の確保と草勢維持に努めている。さらに、収穫開始期以降は七〜一〇日ごとに一回当たり窒素成分で二kg／一〇a程度追肥を行ない、収穫最盛期を過ぎた頃に、ペースト肥料の株元灌注を行なっている。

図2　サヤインゲンの育苗床の構造

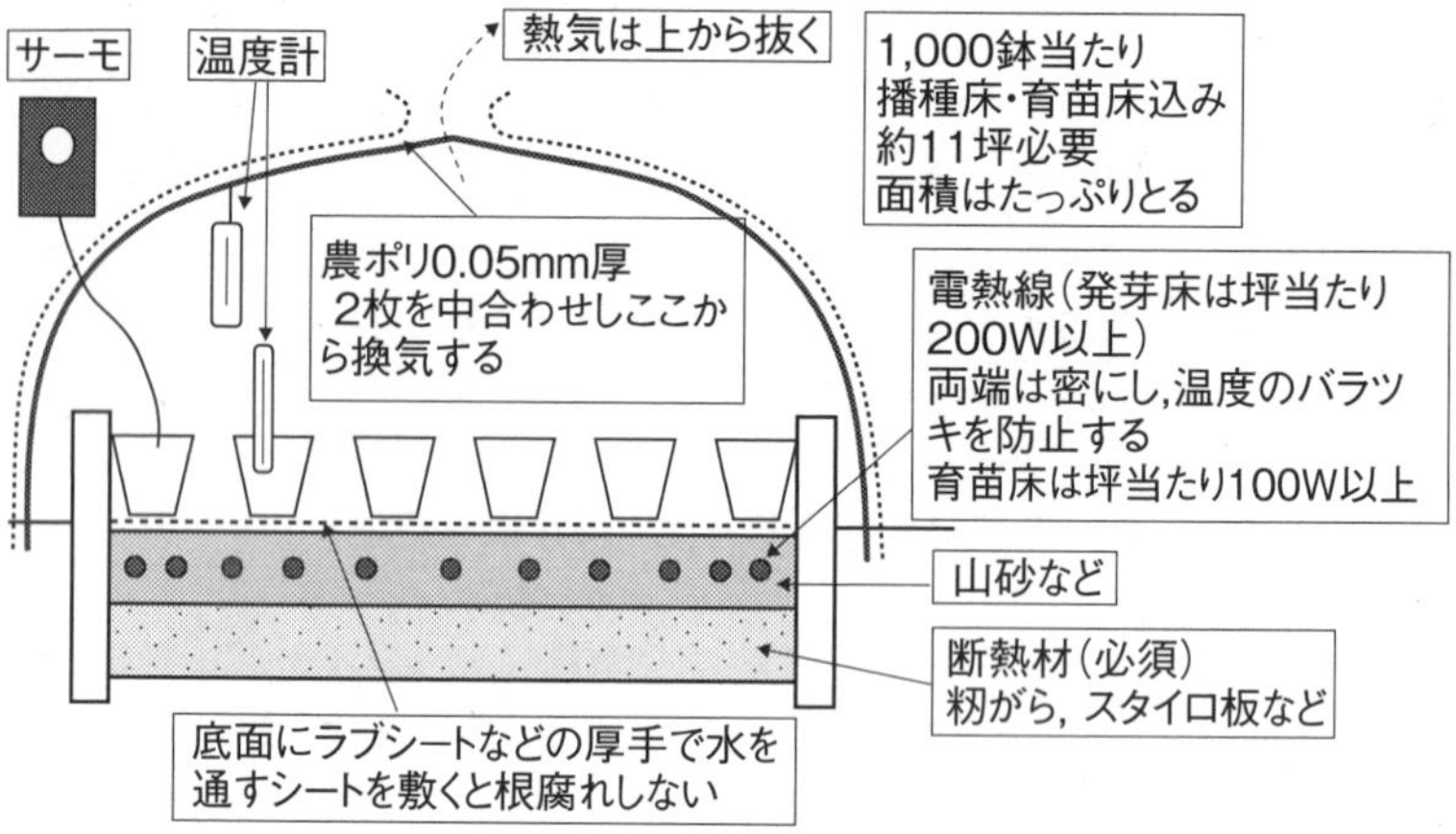

育苗

品種　防虫ネット被覆栽培では鴨川グリーンやステイヤーを、ハウス栽培ではステイヤーを使用する。種子はすべてメーカーで生産したもので、チウラム剤処理済みのものを使用している。

播種時期　防虫ネット被覆栽培では四月上中旬播種である。ハウス栽培では三月上旬と八月上旬播種。種子の形状が異なるため、必要種子数量は品種により異なる（表1）。

育苗施設　育苗はビニールハウス内で行ない、三～四月は電熱線による加温を行なう。発芽床の電熱線は二〇〇W／坪以上、育苗床は一〇〇W／坪以上とし、必要温度を確保できるよう努める。

小トンネルを設置し、ポリ系のフィルムを二枚使用し、トンネル上部が開く構造とする（図2）。

ハウスの被覆資材は、防虫のため紫外線カットフィルムを使用し、ハウスサイドと入口には目合い一㎜の防虫ネットを張っている。これは、ハウス栽培の本圃も同様である。紫外線カットフィルムの普及率は非常に高く、スリップスの被害が顕著に軽減されている。

播種方法　長峯さんは、ポット育苗する苗をJAより購入しているため播種作業を行なわないが、当地域では半数以上の生産者が自分で育苗している。三号または三・五号ポリポットに二～三粒ずつ播種する方法が多いが、最近では一二八穴セルトレイに一粒ずつ播種し、発芽から七日程度でポリポットに鉢上げする方法が増えつつある。セルトレイを利用すると、電力量の大きい発芽床の面積が少なくてすむこと、良質の苗を選べるため均一性が高く初期生育が優れること、種子使用量が少ないこと、などの利点がある。

播種培地は購入したものを使用し、自家生産したものは極力使用しないようにしている。

播種深はセルトレイ、ポリポットともに一～一・五㎝とし、発芽までの温度は鴨川グリーンで二五℃、ステイヤーで二三℃としている。播種直前または直後に多量に灌水すると発芽率が著しく低下するため、前日にたっぷりと灌水し、ポリフィルムをかけて一晩おいてから播種する。

播種後は新聞紙を被覆し、三～四日後に発芽を確認したら除去する。

間引き、鉢上げ　発芽から七日後（初生葉展開期）を目安に間引きを実施し一株立ちにする。筆者の実施した試験（図3）では、二株立ちは同じ栽植密度の一株立ちと比較して、生育・収量が劣るため、必ず一株立ちとしている。

セルトレイでは発芽から七日程度で鉢上げする。根を切らないように注意して良質な苗をトレイから抜き取り、ポリポットに移植する。ステイヤーなどの半つる性品種は、幼苗期の根の損傷を嫌うため断根育苗には適さな

図3　半つる性サヤインゲンの栽植間隔・仕立て株数と収量
（福島農試，1994）

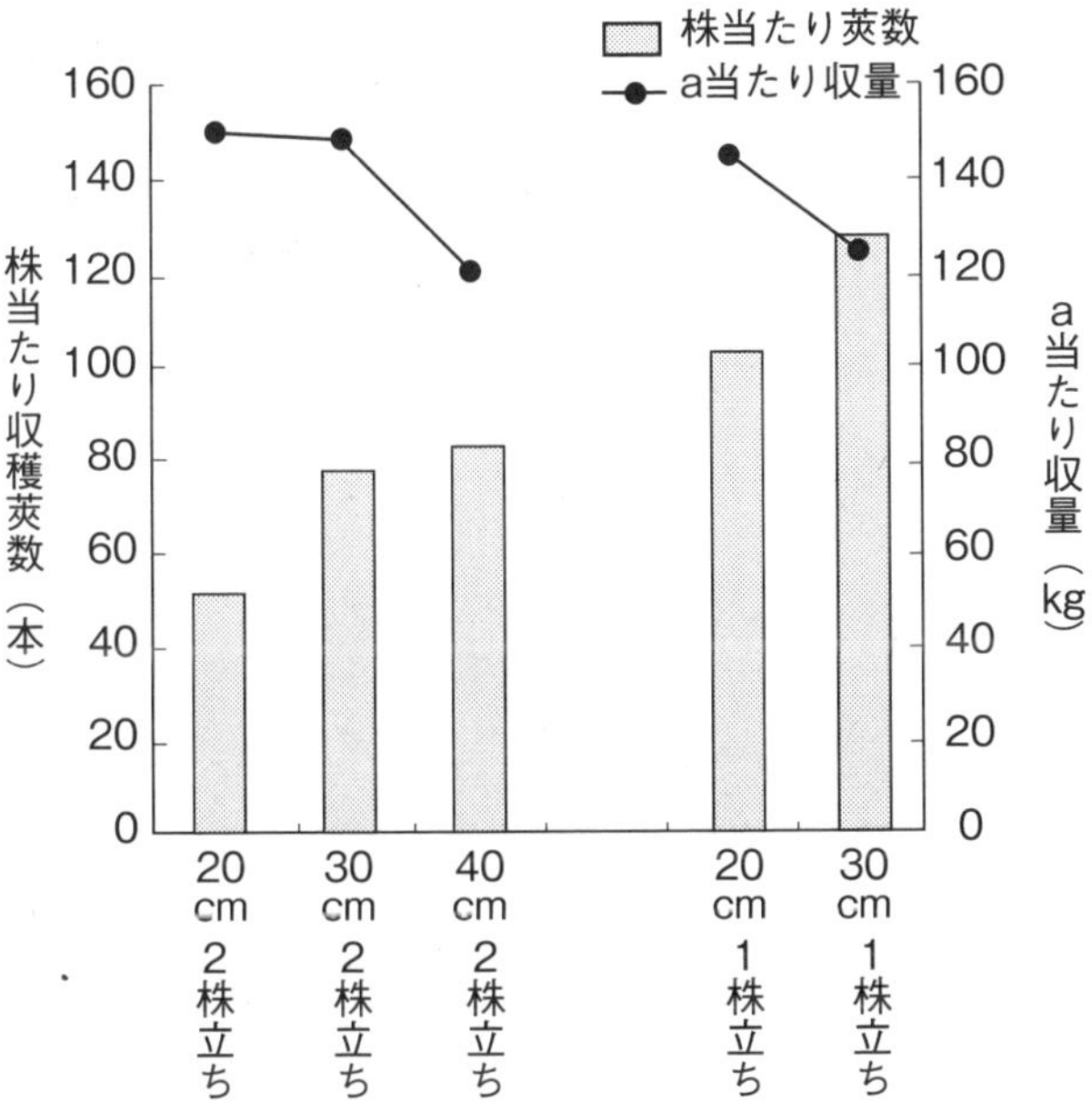

い。また、根を大きく損傷すると生育が三〜五日程度遅延する。

長峯さんは、購入したセル苗を、当日または翌日に鉢上げしている。培地も購入したものを用いている。

育苗中の温度管理　床の温度は、発芽までニ三〜二五℃であり、発芽を確認したら二二℃とし、鉢上げ後は一八℃とする。育苗室内の気温は、日中二三〜二五℃、夜間一五〜一八℃を目安にし、極端な温度差をつけないように注意する。

ハウス内の気温が低くても、日中は小トンネルを開けて日光をできるだけ当て、軟弱徒長を防止する。育苗後半は気温が上がってくるので、夜間にトンネルの上部を少しだけ開け、多湿と高温を防止する。

育苗中の水分管理　ポット内の水分は心もち乾きぎみに管理するが、過剰に乾燥させないよう注意する。おおむね、一〜二日おきに灌水する。水分が過剰になると根腐れを起こしやすいため、一度に多量に灌水せず、少量多回数を原則とする。目安として、ポットの水分が飽和状態の三分の一程度まで乾いたら灌水する。灌水時間帯は午前中とし、夕方の灌水は避ける。

ステイヤーは、晴天時に葉やけしやすいので、葉のしおれを確認したら直ちに水道水を噴霧し、葉水を与えることで回避する。

鉢ずらし　葉と葉が重なってきたら早めに鉢と鉢の間隔を広げる鉢ずらしを行ない、徒長を防止する。この際に、トンネルの外側と内側の苗を入れ替えて生育を揃える。

追肥　培地に肥料分が入っているので追肥は行なわないが、定期的に葉面散布を実施し地上部の充実を図っている。

定植前の馴らし　定植七日前ころから、サーモの設定夜温を一五℃くらいに下げ、外気温に馴らす作業を行なう。灌水量は今までと同じとし、水切り処理はしない。ハウスサイドは、最低気温が一〇℃以下になる日を除いてできるだけ開けるようにし、小トンネルは夜間に上部を開ける。

育苗時期の病害虫防除　育苗中はハモグリバエ、アブラムシが発生しやすいためＤＤＶＰ乳剤などを適宜使用する。病害はほとんど発生しないが、過湿になると立枯病や灰色かび病が発生するため換気を励行し、耕種的防除に努めている。

定植

施肥　長峯さんの施肥は表２のとおりである。これはＪＡ会津みどりの標準施肥体系と同一であり、当地域での一般的な施肥量である。

平成十二年に、ＪＡが中心となって「会津みどり野菜有機７１」という専用肥料を開発した。この肥料は、有機質と被覆硝酸カルシウム、ＬＰ尿素などを原材料としているため肥効が長く、土にあまり負担をかけない。品種・播種時期により施肥量は変わるが、長峯さんは四月播種の鴨川グリーンステイヤーを同じ施肥で栽培している。

堆肥は散布が容易なペレット堆肥を使用し、地力の低い圃場には、保肥力を高めるためゼオライト（商品名タマライト）を施用している。

表2　長峯さんのサヤインゲンへの施肥

資材名	10a当たり使用量（kg）	10a当たり成分量			施肥時期・方法
		N	P	K	
堆肥レオグリーン特号	300				定植2週間以前，全面散布
タマライトTZ030	100				定植2週間以前，全面散布
粒状苦土石灰M-10	160				定植2週間以前，全面散布
リンスター30	20		7.0		定植2週間以前，全面散布
会津みどり野菜有機74	120	12.0	12.0		定植1週間前，全面散布
グリーンS555	80	12.0	12.0	12.0	定植1週間前，全面散布
基肥合計		24.0	31.0	12.0	

写真1　肥料袋に土を入れてすそ部分に置く

圃場のpHは六・五となるよう苦土石灰で矯正する。
有機質肥料の分解期間が必要であるため、定植一〇日前には施肥を行ない、マルチングも同時に行なう。マルチは、地温が高まり雑草が発生しない緑色のものを使用している。
うねの高さは二〇cm以上の高うねとし、根張りをよくする。

支柱と防虫ネットの設置　定植前に、支柱となるアーチパイプ、防虫ネットの設置を行ない、ネット内に定植する。

防虫ネットが強風で飛ばされた経験があるため、パッカーを使ってネットを支柱に固定し、すそ部分（地面にたらした部分）に、肥料袋に土を入れたものを置いている。

なお、防虫ネットは五年以上使用可能であり、地域内には一〇年間使用している生産者もいる。防虫ネットを長期間使用すると遮光率の低下が心配されるが、ポリエステル製の防虫ネットはさほど遮光率が低下しない。筆者の調査では一年目の遮光率が一五％程度であるのに対し、五年間使用したもので二五％程度となり、その後は遮光率の顕著な低下は見られない。これは、防虫ネットは細い繊維を使用しているため面積当たりの空間が大きいためで、繊維が汚れても一定割合以上には遮光率の低下が起こらないものと考えられる。


定植　播種してから二三～二五日程度の若苗を定植する。鴨川グリーンステイヤーでは、老化苗は絶対に用いないよう心がけている。

定植前日に植え穴を開け、植え穴処理剤を施用した後、四〇〇cc程度を植え穴に灌水する。こうすることで活着がよくなり、初期生育が良好となる。

定植作業は朝早くから開始し、午前中には終えるようにしている。定植直前に苗を薄い液肥にどぶ漬けし、活着を促進する。

定植後の管理

灌水　定植後、土壌が乾燥している場合は株元に灌水し、生育が進んだらチューブ灌水を実施する。開花が始まったら灌水量を増やし、着莢の安定と莢の肥大促進を図る。

収穫開始後は、株当たり一日一ℓ以上を目標に灌水を行なう。鴨川グリーンステイヤーは灌水量が少ないと収量が顕著に低下するため、最も重要なポイントである。

追肥　追肥開始時期は品種により異なり、ステイヤーでは開花開始時期から、鴨川グリーンは莢が二cm程度となり確実に着莢したことを確認してから行なう。

ステイヤーは、窒素施用量がある程度多くても落莢しにくい性質をもつ。また、開花初期に追肥を開始したほうが、花房当たりの開花数（着莢数）が増加し多収となるため、この時期の追肥とする。

鴨川グリーンは、着莢期以前に窒素過多で生育させると、落花が増加する。特にハウス栽培などの低温時期にこの傾向が強まる。このため、確実な着莢を確認してから追肥を行なう。

樹勢が衰えた場合や、収穫ピークをやや過ぎた頃に、ペースト肥料（商品名園芸用ペースト1号）の株元灌注を行なう。灌注作業は労力はかかるものの草勢回復効果は大きい。

葉面散布も定期的に実施しており、生育ステージ・樹勢に合わせた合理的な施肥をしている。

枝整理・摘葉　摘心は、ステイヤー鴨川グリーンともに、主枝がアーチ上部まで達した時期に行ない、側枝も同様とする。生産者によっては鴨川グリーンを六節程度で心止めする場合もある。

摘葉は、開花時期に初生葉を、収穫直前からは本葉をかき始める。とくにステイヤーは下葉が込みやすく、また細い無効側枝が多く発生するため、早めに整理することが大切である。摘葉は、収穫適期の莢を見つけやすくする効果もあるため、収穫開始後はアーチ内側の邪魔になる葉を積極的に除去する。

中耕・敷わら　敷わらは、地温が上がってきた時期（六月上旬）に行なう。敷わらを行なう前に、マルチを一部除去し、鍬で土寄せしてベッドを大きくする「土くるめ」と呼ばれる作業を行なう。これにより根域が拡大し、草勢が強くなる。

敷わらは、切断していない長さ一m程度のものを使用し、厚さ二～三cmとする。また、高温障害回避のため、梅雨明け前にマルチが隠れるように二度目の敷わらをする。

病害虫防除　防虫ネット栽培では、アブラムシ、オンシツコナジラミがほとんど発生しない。しかし、作業者の被服についてネット内に侵入し、増殖することもあるため、定植時に薬剤を処理する。また、乾燥傾向のときにはハダニが多発することがあるため、発生を確認したら、ダニトロンフロアブルなどの殺ダニ剤を散布する。防虫ネット被覆栽培にしてから害虫の発生はほとんど問題とならなくなり、殺虫剤散布回数は一～三回程度である。

ネット栽培では灰色かび病の発生が多くなる。ネット内の相対湿度は外気とほとんど差がないため、ネットの遮光によってやや軟弱に生育することと、風通しが悪くなることが原因と思われる。灰色かび病は六～七月と九月以降、曇天・雨天が続いたときに発生しやすいため、早期に殺菌剤を散布して防除している。

草勢維持対策　肥効が低下してくると、新葉の展開が遅延し、開花数が極端に減少してくる。さらに、「成り戻り」と呼ばれる、収穫を終えた花房からの花芽の再分化も減少する。このため、現地では定期的な粒状肥料の追肥と株元への液肥灌注を行なっている。

しかし、土壌水分が低い状態では粒状肥料の肥効がなかなか現われず、液肥の灌注作業は一〇a当たり三時間以上必要とされるなど問題点もあるため、肥効調節型肥料の活用が求められている。

農業技術大系野菜編第　〇巻　精農家のインゲン栽培技術　二〇〇〇年

ラッカセイの起源と栽培

南アメリカには、ナンキンマメ属の植物が三〇種あまり自生していることが知られている。その自生地は、アマゾン川からラプラタ川、大西洋岸からアンデス山脈の麓までのきわめて広い地帯におよぶ。栽培種の起源は定かではないが、クラボビカスによれば、パラグアイ、ブラジル、ボリビア、ペルーなど、少なくとも五つの中心が存在するという。

ナンキンマメ属は、開花後に子房柄が地面に向かって伸び、地中にもぐった子房柄の先端に莢ができ、結実する。また、他のマメ科植物と同じく、根粒菌と共生して空中窒素を固定して利用する。

高温と多照を好み、発芽適温は二三〜三〇℃で、生育の最適気温は二七〜三〇℃である。二一℃以下では結実しない。

土壌は、石灰に富み、適当な有機質を含む排水良好な砂質土壌が好適とされる。ただし、乾燥に強いうえ、やせ地でも安定した収量が得られるので、一般には地力の低い火山灰土や、河原、砂丘地などの干ばつ地帯や不良地に栽培されている。（編集部）

栽培の実際

高橋芳雄（千葉県農業試験場）

圃場の選定　ラッカセイは石灰に富み、適度の有機質を含む排水良好な砂質土壌に好適することは古くからいわれている。わが国はもちろん、世界的にも、軽しょうな火山灰土、砂質土地帯や乾燥地方に広く栽培されている。

作畦、施肥　作畦をあまり深くすると、間土量の程度にもよるが、播種位置が下がる。やや浅めに作畦するのがよい。

施肥位置と種子とが近いと発芽障害を起こしやすいので間土量は十分にする。肥料は広幅施用し、濃度障害を避けるようにする。一〇a当たり施肥量は次のとおりである。

堆肥は七〇〇〜八〇〇kgで、なるべく秋から冬に前もって施して土壌によくなじませるのがよく、播種直前の施用は好ましくない。

石灰は、開花期前後の施用が結莢生理からみて合理的にみえるが、元肥施用でよく、土壌pHに応じた量を決める。ふつうは耕起前に消石灰で四〇〜六〇kg施用する。

窒素は畑の肥沃度によって異なることは当然だが、大粒種として代表的な千葉半立についてみると洪積火山灰土で二・六〜三・八kgの施用がよい。砂壌土では一〜二割増量する。

燐酸は生育初期から結莢期までの比較的長い期間に必要とされ、初期の燐酸不足による障害は、その後の追肥によっても回復が困難である。したがって、肥料の種類としては、効果の持続性の長い熔燐と速効性の過石との併用がよく、とくに熔燐は苦土の供給源としても役立つ。燐酸成分の三分の二を熔燐、三分の一を過石とするのがよい。施用量は洪積火山灰壌土で七・五kgがふつうだが、燐酸の効かなくなりやすい性質の強い赤野土、干ばつの心配のある畑では九・四kgくらいまで増量する必要がある。砂壌土ではやや少なめでよい。

加里は窒素や燐酸に比べてわりあい長い期間にわたって必要で、九月上旬までの供給が要求され、七・五〜一一・三kgが適当である。しかし、苦土が欠乏していて生育の不良な畑では、苦土肥料を併用するか、または加里を三・八～五・六kgに減らすかしなければならない。

以上は千葉半立を対象とした洪積火山灰壌土での基準だが、沖積砂壌土では燐酸、加里はやや少なくてよく、窒素はやや多めに施用することが望ましい。そのほかラッカセイは苦土・マンガン欠乏症状を生じやすく、干ばつ常習地帯の砂壌土ではホウ素欠乏による異常種子になることがあるので、その施用については考慮する必要があろう。また小粒種は窒素質肥料は二～三割増量するとよい。

種子の準備　乾燥不十分な種子はマイナス三℃くらいに低下すると発芽力を失い、十分乾燥した種子はマイナス二五℃内外の低温にあっても発芽力に影響することはないといわれる。収穫後の貯蔵では乾燥に注意し、冬に入る前に含水量を八％以下（カリッと容易に砕け種皮は手で容易にむける状態）にする。

種子用にする莢では、収穫直後から乾燥にとくに留意する。湿気の影響を少なくするためには、できれば三月ごろまでは剥実にしないほうがよい。また、罐貯蔵より紙袋貯蔵のほうが発芽力保持に有効である。種子として選別するときに注意すべき点は、大粒種子は発芽日数が長く発芽歩合もやや低下することがあり、過熱種子にこの傾向が強いから、極大粒の種子は除外することである。また、完熟粒の二分の一以下の未熟粒は、発芽能力がかなり低下するので、完熟粒の半分以上の粒重があるもののうち、極大粒を除いた粒ぞろいのよいものを種子用にするのがよい。

干ばつ地帯や開墾後まもないところで生産された種子は、見かけ上はよくても不稔障害を受けているものが多く、奇形個体や不発芽種子による欠株が多くなるので避けなければならない。ラッカセイは発芽までの日数がかなり長く、これを短縮するために催芽播きが行なわれることがある。そのばあいの浸種時間は六～八時間内外がよく、一昼夜も浸種するとかえって悪い。しかし、播種時の取扱い方によっては、浸種したことで種子が損傷を受けやすくなるので、実用上、浸種、催芽の必要性は少ないと思われる。

播種期　かつてはラッカセイはほとんど麦間に播種され、前作麦の生育量の多少との関連で播種適期の選定が行なわれていた。すなわち、前作麦の生育量が多いときは間作日数は二〇日、麦の生育量の少ないときには三〇日が限界とされ、前作麦の収穫予定日数から逆算してそれぞれ播種期を決めていた。

しかし最近ではほとんど裸地栽培であり、バージニアタイプ品種では出芽限界気温は一四・四～一六・七℃といわれるので、収量との相関の高い早期開花数の確保のためには、平均気温がこの範囲に達する時期が播種適期となる。九州では四月下旬から五月上旬、関東では五月上～中旬になるが、沖積砂質地では地温の上昇も早いので、一〇日ていど播種期を早めてもよい。しかし砂質地といえども、あまり早く播くと花の増加が緩慢で、収量はかえって減るので注意しなければならない。

播種法　一般には手播きされている。覆土量は約三cmでよく、あまり厚い覆土は発芽をおくらせ初期生育を悪くするほか、出芽までの間に病虫害も受けやすくなる。

播種密度　茎葉の比較的大きいバージニアタイプ品種でも、従来の栽植密度より密植で多収を得たデータが比較的多い。しかし、過度の密植は干ばつや徒長、病害の危険があるので、株間は一五～二〇cmが密植の限界となる。畦幅は管理作業上、六五～七〇cmに規制される。

一株本数との関係では、一〇a当たり同一株数でも二本立てのほうが収量は多い。二粒播きのばあい、種子の間隔を一〇cmていどに離して株仕立てすると初期開花数も多く多収が得られる。

雑草対策　ラッカセイは他の普通畑作物に比べて地表をおおうのがおそいので、株間や畦間に雑草が発生しやすい。品種によって草型に立性や中間型があるが、栽培の多い後者の草型をした品種では、株内からいったん雑草が発生すれば、手取り除草による方法しかない。

株内や株間の雑草は除草剤を主とし、それに加えて多少の拾い草ていどの労力はやむをえない。しかし畦間の除草は、薬効がきれる雑草の発生初期にカルチベーターによる機械除草をすれば、ほとんど手取りする必要もない。雑草の発生量にもよるが、茎葉が畔間をおおいつくさず、開花期前後までの中耕、培土が可能なうちに、二回ていどの除草剤処理でふつうは十分である。雑草の多いときや、梅雨の期間が長くて機械除草の効果の少ないときでも、三回やれば拾い草の労力も少なくてすむ。

中耕・土寄せ　除草を兼ねた中耕を子房柄の地下侵入前までに二回行なうていどでよい。強度の培土による増収効果は期待できない。しかし、あるていどの培土は耕耘機の走行を安定させ、掘取機による作業を容易にする。

灌水　ラッカセイは干ばつに強い作物といわれ、七〜八月の降水量がきわめて少なくても、かなりの収量の得られることがある。

しかし、この耐干性の強いということは、生育初期の気象条件とくに六月中の降雨水が少なめで、ラッカセイが健全な生育をしていることが前提である。梅雨時に降雨量の多い年には、七月下旬から八月中旬にかけての結莢期の干ばつは収量に顕著な影響を与える。

七月下旬から八月上旬までの間に三〇㎜以下の降雨しか期待できないと予想されるときには、灌水すれば四〇％の増収も可能で、干ばつのはなはだしいときには一回三〇〜四〇㎜を、この期間に三回、五日から一〇日間隔で灌水すれば理想的だが、一回でも効果は大きい。子実の充実をよくする結莢期間の土壌水分は、最大容水量の五五％前後（火山灰土のばあい、にぎって比較的容易に塊状になるていど、pFで二・三に相当する）なので、灌水に当たってのいちおうの目安となろう。

収穫時期の判定　掘取りの適期を茎葉だけの観察で判定するのはかなり困難である。大粒種についてみると、千葉県の主産地でのいちおうの判定規準は、従来から葉が五〜六分ていど落葉したときといわれている。一方、旧満州では、一回ぐらい降霜があり茎葉が枯れたらすぐに掘取るのがよいといわれていた。

このように、生育温度があるていど充たされるならば、掘取時期はなるべくおくらせたほうが、理論上からは収量は高まるであろう。

しかし、落莢の危険を考えると、千葉半立を例にとれば、開花始めから一〇日ほどおくれて開花したものが完熟に要する積算温度が充たされた時期を、いちおうの掘取時期の目安としてよい。このばあい暖地の掘取適期は十月上〜中旬となる。これはあくまで、いちおうの目安なのであって、実際には試し掘りによって落莢の危険を考慮して掘取時期を決定するほかない。

乾燥・野積み法　小面積のばあいは庭先などで乾燥し、手もぎして、むしろ干しや架干にすることなども可能だが、大面積の栽培では労力・資材などの面から困難である。

主産地では、掘取り後、畑で地干ししてから野積みにする。掘取機で直根を切断したあと、手で抜き取りながら根を上にして三〜四株ずつ合わせ、そのまま黄の部分を上にして倒立させ、二〜三畦を一列に並べて地干しする。

地干し期間は天候にも左右されるが、ほぼ五〜七日で茎葉の水分は五〇％以下に、莢実は三〇％ていどに低下する。この時期には、あるていどの低温と乾燥で野積みが可能になる。ただし、暖地や早掘りのばあいには、収穫期はまだ高温多湿なので野積みには不向きである。

野積みは、後作の作付けのため畑をあけ

るとともに、莢実の乾燥をはかるものである。したがって通風のよい畑のすみなどを選んで麦稈などを敷き、通気を考え、あまり強く圧しないで積み上げる。積み方は、台の部分は結莢部を上にして茎葉部が敷稈などに接するように、直径一mていどに丸く並べて荒なわで強く結束する。この上には、ラッカセイの結莢部を内側に向け放射状に丸く積み上げる。このさい、野積みの中心部にあるていど通気のための空胴ができるようにする。

高さは一・五〜一・八mとし、かます、こも、稲わら帽子などをかぶせ、風で飛ばされないようになわがけをする。ビニールフィルムなどは、乾燥が悪く、かびやすくなり、品質を低下させるのでよくない。このていどの大きさで一〇a当たり四〜五本となり、脱莢時に運搬するのに適当な大きさである。

脱莢、調製　野積みして一か月もすれば、十一月ころからの好天と季節風でよく乾燥する。少量のばあいは手もぎしたり、竹・棒などで打ち落としたり、木枠やはしごなどに打ちつけたりしてもよい。戦後、専用動力脱莢機が普及して脱莢作業がいちじるしく省力化し、ラッカセイ栽培の普及に貢献した。

脱莢のためには、まず野積みを作業場へ運搬する。リヤカーか小型トレーラーに、野積みの姿をくずすことなく積んで運搬する。姿をくずさないためには、釣鐘を横積みにしたように一本ずつ、野積みの下に竹か棒を挿入して荷綱でしばれば、簡単な作業でうまくいく。

脱莢は、株ごと脱胴に投げ込めば茎葉は破砕されて風力で前方に飛び、莢実は脱莢されて茎葉とは風選されて下に落ちる。

脱莢してなお乾燥不十分なときは、日干しか乾燥機で販売の所定の水分（九%）にまで乾燥する必要がある。

貯蔵　戦後、一時的に、脱莢した莢実を水洗したり、むき実にしたりして出荷・販売した時期もあった。昭和二十四年の雑穀類の統制解除後は、主産地では集荷・加工業者がむき実工場を経営して脱皮、選別をするようになり、生産者の出荷形態は脱莢と同時に南京袋三〇kg入れに統一されている。

ふつうの室内での貯蔵では、四月になると湿度も上がり、種皮は褐色を帯びてくる。しかし発芽歩合や品質の低下はまだほとんどない。しかし、七月にもなると温度、湿度ともに上がり、脱皮した粒や損傷粒にはカビが発生し、品質はいちじるしく低下する。さらに貯蔵期間が長くなると、種子は褐変して急速に品質が低下し、異味・変敗臭がするようになる。そして、このようなばあい、遊離脂肪酸や脂肪酸度は上昇する。したがって、このような室内貯蔵で市場性を保持できるのは、せいぜい収穫した翌年の五月上旬〜七月中旬までである。

一般には、六月以降〜十月上旬までの端境期の流通は、低温倉庫を利用したものによる。

低温低湿倉庫では温度が一三℃、湿度六五%を目標に調節されているので、子実が市場性を保持できる期間は、収穫した翌年の十二月ないし翌々年の八月まで可能である。実際には新ものの出回る十月上旬ころまでの貯蔵でよいので、低温の保持に主力をおき、湿度はやや高いのが実態のようである。

低温倉庫の利用費の面から、むき実貯蔵がほとんどで、利用者も生産者ではなく、ラッカセイ集荷業者や加工業者である。しかし低温倉庫に貯蔵するばあいは、子実水分を六・五〜八・五%にすればむき実貯蔵が有効なので、業者に販売するときには莢実の保管とくに乾燥には十分留意して、有利に取引されるようにすべきである。

農業技術大系作物編第六巻　ラッカセイ　一九七六年

茹でておいしい ジャンボラッカセイ

千葉県八街市　古谷政江

大きくても美味！

私は農業が好きで昭和四十一年、農家に嫁ぎました。珍しい野菜が大好きで、今までたくさんの種類を作ってきました。とくにラッカセイは、いろいろな種類を集めては作り続けています。ラッカセイは地元千葉県八街市の特産でもあるからです。

県の主要品種である千葉半立《ちばはんだち》、ナカテユタカ、郷《さと》の香《か》のほか、友人からのいただきもので正しい品種名や本来の食べ方がわからないものもありますが、自家用に栽培・利用してきました。その中で最近、テレビや新聞に取り上げられ、話題になっているのがジャンボラッカセイの「ジェンキンスジャンボ」（渡辺農事）です。

ジェンキンスジャンボは殻が四～五cm、大きいものは八cm以上にもなるラッカセイで、郷の香を大きく長くしたような形です。とても殻が厚く、中いっぱいに実が入っていて、食べ応えがあります。見た目からして大味では？　とも思いましたが、茹でて食べたら甘く、サツマイモとクリの中間のような味。口いっぱいに頬張って、いくつでも食べられる飽きない味。ついつい手が次に伸びてしまう、「あとひき豆」です。ただし、乾燥すると実が一回り小さくなり、肌もカサカサになってしまいます。

わが家の近くには直売所が三か所あります（わくわく広場・JAいんば八街支所直売所野菜畑・スマイル八街）。このように珍しいラッカセイなら、お客さんが喜ぶのではないかとも思い、ジェンキンスジャンボを作ることにしました。

筆者がイベントなどで販売する「落花生おこわ」（品種は千葉半立）。炒り以外の風味を楽しんでもらいたくて作りました

株間広く、石灰追肥、早めの収穫

普通のラッカセイは株間三〇～四〇cmで播きますが、それより広くしたほうが、実のつきがよく、実も大きくなるようです。木が上に伸びず、どんどん地を這っていくので、株間が狭いと、となりとからんでしまいます。葉が少し大きめになりますが、畑を見ただけではわかりにくいかな。

初収穫で掘り上げたときは豆の大きいのに驚きました。何といっても莢が大きいので、実がヒモからポロポロと簡単にとれ、土も落ち、楽に選別でき、作業がおもしろいようにはかどります。

ただし、「茹でラッカセイがおいしい」という特長を活かすには早めの収穫が大切です。目安は葉がまだ緑色のうちで、色が薄くなってからでは遅い。千葉半立と同じ時期に播いたら、千葉半立よりも一週間は早く収穫します。

それから、ジェンキンスジャンボは殻の肌が黒くなりやすいともいわれています。これを防ぐ一番の対策は適期を逃さず、早めに収穫することですが、わが家では開花期に消石灰を施しています。一株に花が三個ついたときが、マルチをはがして土寄せする適期です。このとき、うね間に消石灰をまいてから土寄せします。ラッカセイがアルカリを好むせいでしょうか、肌が黒くなりません。

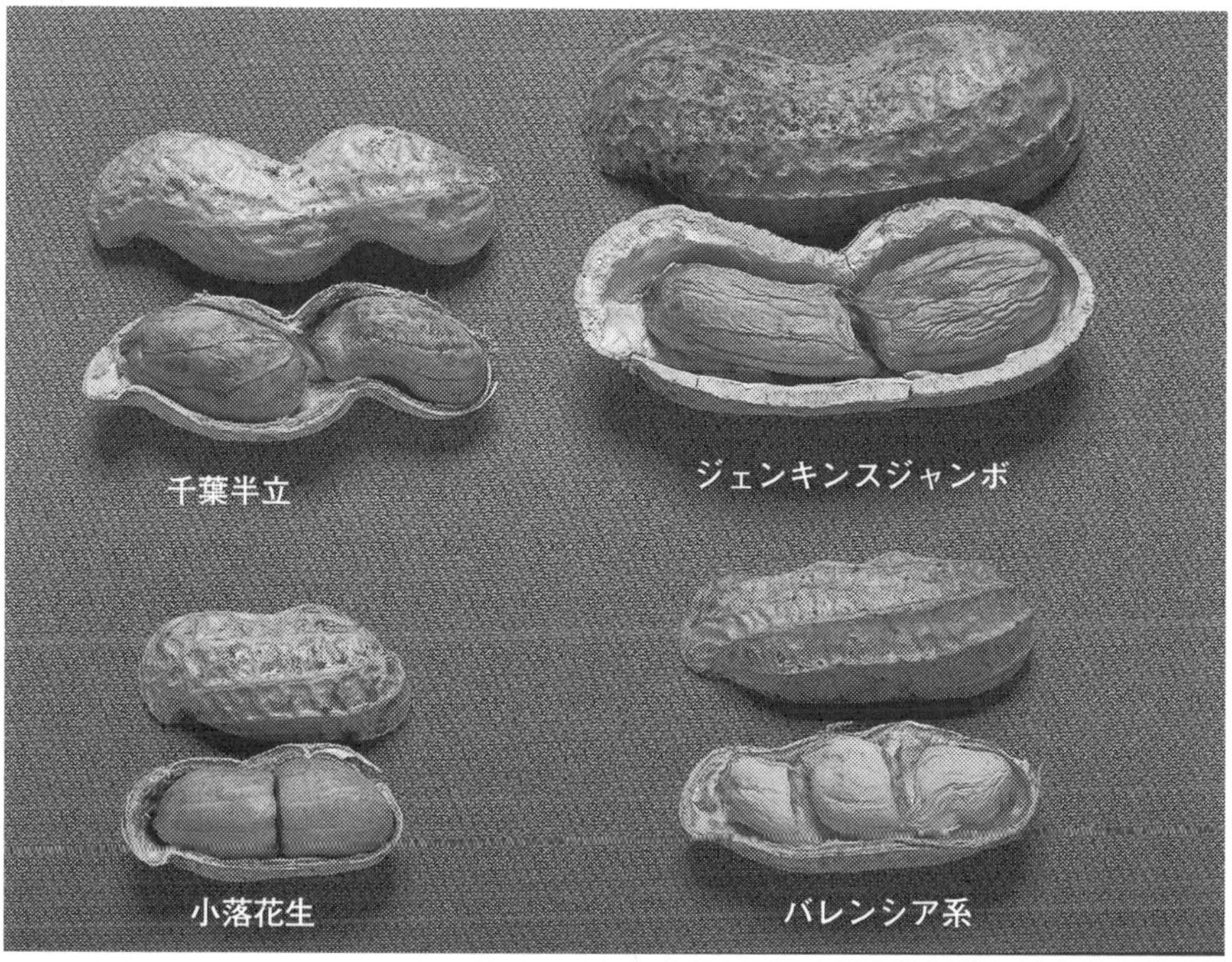

写真は乾燥後の状態。生のラッカセイはもっと殻が大きく、実も殻いっぱいに入る大きさ（赤松富仁撮影）

炒り豆だけがラッカセイじゃない

初めて直売所に並べたときは「何これ！」といわれて目をひきました。今では九月二十日～十月初め、茹で豆用としてビニール袋に二〇〇g入れ、一袋三〇〇円で販売しています。テレビでも放送されたので「一度食べてみたい」という、お客さんからの注文もかなりありましたが、自家用に楽しみに作っているものです。量が少なくてお断りすることがあり、残念です。

なお、わが家ではジェンキンスジャンボのほか、四つ莢のバレンシアタイプ小粒種、二つ莢の小落花生、薄皮が紫色のものなども栽培しています。これら小粒種は油分が多いので、おもに味噌作り（らっか味噌）に使います。

といっても、それぞれに個性があり、他の用途もあります。とくに油分の強いバレンシアタイプは乾燥後、浸水して茹でた豆の味が最高です。小落花生は炒ったあと、長くカリカリのままで、なかなかニヤニヤになりません（湿気るのが遅い）。薄皮が紫色のものは、味に千葉半立のようなコクがあります。

とかく炒り豆のイメージが強いラッカセイですが、茹で豆をはじめ、さまざまな風味の楽しみ方があります。そういうおもしろさを広く伝えていけたらいいなと思っています。

（二〇〇八年二月号　どうだ！ジャンボラッカセイ）

ベニバナインゲンの起源と栽培

有馬　博（信州大学）

原産と来歴

ベニバナインゲンは、中央アメリカのチアパスおよびグアテマラなど標高約二〇〇〇mの高地を原産地とする、大粒のインゲンである。ヨーロッパ諸国へは、十七世紀の前半にもたらされたという。このうちイギリスではとくによく結実したため、現在では若莢収穫用の最も一般的なマメとなっている。

種子を生産しているのは、日本、中国、南アフリカ、アルゼンチンなどであるが、日本産のものが最も大きく種皮も美しい。

わが国へは、徳川時代の末に導入されたといわれる。その後、このインゲンが寒冷地でよく結実する特性をもっていることから、しだいに寒い地方に伝わっていった。現在の主産地は北海道で、長野県や群馬県がこれに次ぎ、東北の各県でも栽培されている。

わが国でのベニバナインゲンのおもな用途は、煮豆用である。そのため、大粒で充実した種子ほど商品価値が高い。近年は中国ほかからの輸入もあって、菓子やスープの原料にも用いられている。国内では、若莢収穫はほとんど行なわれていない。

特徴

大粒の高級インゲンであるが、寒地や寒冷地でないと結実しにくい。花は一株に二〇〇〇～四〇〇〇花も咲くが、結実率（結莢率）は適地でも四～一〇%ていどであって、大部分は落花する。しかも大型の訪花昆虫が少ないと、莢の着きがさらに悪くなる。また、過繁茂にすると、結実直後に莢が生理落果する。

地下子葉なので、普通のインゲンや大豆とちがって子葉が地表に出てこない。そのため、ハトなどによる食害はない。

五月下旬に播種して十月まで収穫するというように、栽培に長期間を要する。また、霜に弱く、幼植物は晩霜で、また、未熟莢は初霜で凍害を受けやすい。

つる性で草姿が大きいため支柱を要する。無支柱ではほとんど結実しない。施肥量は少なめがよく、窒素が多すぎると過繁茂になり結実しない。

栽培労働はほとんどが軽作業で、不良姿勢の作業も少なく、しかも、病虫害が少なく、無農薬栽培が可能である。

栽培の適地

寒地や寒冷地で栽培する。中部地方における標高と栽培の関係を調べたところ、標高六〇〇mでは結実が少なく、九〇〇～一三〇〇mが最適であった。そして、一四〇〇m以上では、早霜で未熟莢が凍害を受けやすかった。

排水に注意する。ベニバナインゲンは、乾燥には強いが滞水には弱い。梅雨期などに、何日もうね間に水がたまっていると枯死する。土の浅いところも不適とされている。乾燥ぎみの畑のほうが無難である。

大型訪花昆虫（ミツバチ、クマバチ、アブ類など）の密度の高い場所が望ましい。

風当たりの弱いところがよい。風が強いと

茎葉が茂ってから支柱が倒されることがあるし、ネットが揺れて生育が不良になる。訪花昆虫も、風が強いと活動しにくい。ただし、風が弱すぎて高温、過湿になると菌核病が発生しやすい。

品種とその特性

ベニバナインゲンは、ハナマメ（花豆）あるいはハナササゲと呼ばれるが、地方によっては高原豆、おいらんまめ、霧下豆、花十六などともいう。英名はランナービーン、中国名は芸豆である。

現在、国内では、大部分が在来種から自家採種した種子によって栽培が行なわれている。著者は一九八三年に、イギリス、オランダ、西ドイツおよび中国から、さまざまな品種を集めた。これらの国々のうち、イギリスはベニバナインゲンの栽培が最も盛んで、多くの品種が生まれている。ただし、いずれも生食用で種子は小さい。

これら外国種のほか国内種も加えて種子を外観により分類すると、次の三種に大別できる。

赤花多斑種　赤花株に稔り、種皮の地色が赤紫色で黒斑が多いもの。現在、わが国の栽培の主体をなしている在来種である。以下、とくに注釈しないかぎりこの種類について述べることとする。北海道ではこれを「紫花豆」ともよんでいる。

赤花少斑種　株の性状および収量ともに赤花多斑種とほとんど同じであるが、種子の黒斑数が少ない在来種である。イギリスとオランダでは、この種のものを品種として市販しているが、わが国では品種としては扱っていない。

白花種　白花株に稔り、種皮が白く、斑点がないもの。ベニバナインゲンの変種とされている。在来の白花種はやや晩生で、収量は赤花多斑種や赤花少斑種よりやや劣る傾向がある。ただし「大白花」は早生であるため、無霜期間の短い寒地では栽培しやすいが、粒が小さく収量がやや少ない欠点がある。

白花種の茎は緑色であるが、赤花種は茶紫色であるため、発芽数日後には両者を識別できる。

白花種は、莢が熟したら、すみやかに収穫して日に干さないと種皮が変色する欠点があり、赤花種より栽培しにくい。

交雑について　赤花種と白花種は、接近させて栽培すると交雑することがある。その結果、赤花種をまいても白花株になったり、逆に白花種の種子から赤花株が現われたりする。しかし、一株に赤花と白花の双方が混ざって着くことはない。白花種のほうが、赤花種より遺伝的に劣性のようである。

栽培の実際

ここでは、中部高冷地で行なわれているネットトンネル栽培を中心に述べる（表1）。

ベニバナインゲンの栽培では、過繁茂にしないことが重要なポイントである。繁茂しすぎると、訪花昆虫が茎葉群の裏面へ入り込まないので花が咲いても結実しない。もし結実しても、莢が二cmくらいに生長するまでに生理落果したり、病害が多発したりする。後述するネットトンネルを用いたばあい、中が暗すぎて雑草が全く生えなかったり、ベニバナインゲンの葉が黄変したりしたら明らかに過繁茂である。

うねづくりと施肥　マルチうねは図1に示した間隔でつくることとし、その位置へ完熟堆肥を一〇a当たり二tくらい施す。未熟堆肥は生育を遅らせ、減収をきたす危険がある。このほか、次のように化学肥料を併用する。

表2は信州大学野辺山農場における窒素の施肥基準であるが、現在も実験を継続中であるため確定的なものではない。

早期に莢を着けさせて早霜以前の収穫量を増すために、元肥に用いる窒素は速効性の

表1　ベニバナインゲンの生育と栽培のあらまし

生育段階と作業	時期（月／日，旬）	播種後日数（日）	備　考
畑つくり・ネット立て	5／上中		
播種	5／20		ヘソを下にし，覆土は3㎝くらい。補植用を別に播種しておく
80%出芽	5／31	11	マルチ下へ出た芽は穴へ導く
補植	6／5		播種後2週間以内に補植する
第1回除草	6／下		植え穴の雑草をよく取る
つる上げ	6／下		横ばいのつるをネットへ導く
開花始め	7／12	53	このころの草丈は約1.5m
第2回除草	7／中下		
結莢限界期	8／19	91	これ以後に着いたさやは，未熟のうちに凍害を受け収穫できない
開花終り	9／15	118	
完熟始め	9／16	119	熟したさやは早めに収穫する
第1回収穫・乾燥	9／下		シート上でよく天日乾燥する
第2回収穫・乾燥	10／上下		〃
第3回収穫・乾燥	10／下		〃
未熟さやの凍結	10／25	158	完熟直前のさやも収穫する
片づけ・焼却	11／中下		落葉後，マルチとネットを焼却する。激しく燃え白煙が出るので注意

注　長野県野辺山，標高1,351m，年平均気温6.9℃，赤花多斑種，1983年

表2　窒素施肥量（Nkg／10a）

	うね施用	全面施用
肥沃な畑	5kg以下	10kg以下
やせた畑	10kg	20kg

ものが望ましいと考えられる。ベニバナインゲンは窒素に敏感であるから、多く施し過ぎないように注意する。

リン酸やカリは全面施用で一五kg以上、うね施用ではその二分の一以上施すのがよいと思われる。根圏はあまり広くないので、うね施用のほうが経済的であり、雑草の繁茂も抑制される。前年に葉菜など多肥作物を栽培した畑では、無肥料でも過繁茂になることがあるので注意する。

肥料の散布後は、ロータリーで深めに耕耘して全層施肥とする。普通の熟畑では石灰類を施さなくても栽培できるが、pH六～七が最適であると述べている資料もある。

ネットトンネルのつくり方　北海道ではネマガリダケの支柱が多いが、長野県ではほとんどがネットトンネルを用いている。竹や木は入手困難になっているので、ここではネットトンネルのつくり方について述べる。

ネットトンネルはパイプとネット、ひもを材料にして組み立てられる。

図示したパイプは仕上がりの高さ二m、間口二・二mのもので、頂部を差し込んで接続する。類似した寸法のパイプが種々市販されているが、作業の都合上、高さ二mていどのものがよい。

ネットは、インゲンネットあるいはキュウリネットと呼ばれている幅四・八～五・〇m、網目一八cmくらいの寸法の化繊製のものを使う。さまざまの長さのものが販売されているので、トンネルの長さに合ったものを選ぶ。

山型パイプと山型パイプの間隔は二・〇～二・三mとする。この間隔が遠すぎると、風でネットが揺れて生育が悪くなる。ネットトンネルの方向は南北を原則とするが、夏の風向きも考慮して方向を決め、風通しをよくする。

パイプをトンネル状に立て終わったら、両端へ竹などの筋かいを結び付けたり、上部の二本のひもを延長して杭へしばり付けたりして倒れないようにする。

ネットは展開前に両端のループへひも（図の下部のひも）二本を通し、これらをトンネ

図1　うねとネットトンネルのつくり方

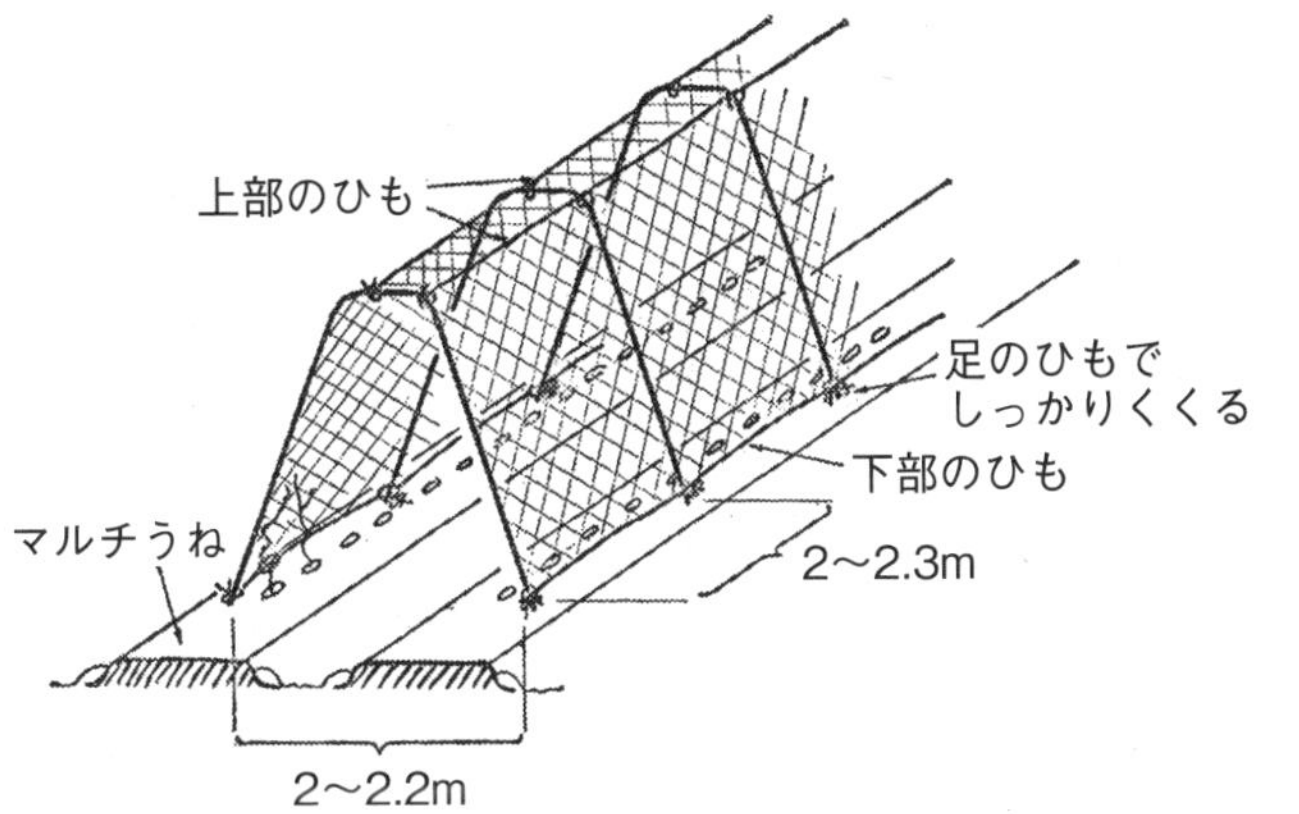

ルの端から端へ伸ばして両端のパイプの下部へ結んだあと、風上から風下へ広げてゆく。

種子の準備　種子用には大粒で形がよく、充実したものを選ぶ。もちろん、虫害、割れ、カビなどのあるものは除外する。種子の一〇a当たり必要量は、約三kgである。

自家採種を続けているうちに種子が小型化したら、他から大型の種子を導入する。

マルチと播種穴　終霜直後の早播きには、九五cm幅の黒マルチを用いる。マルチをしないと出芽が遅れるうえ不揃いとなるし、除草労力も多くかかる。ただし、六月中旬以後のおそ播きでは高温障害を避けるためマルチは用いない。排水をよくするため、うねはやや高くする。

マルチの播種穴は直径五cmにする。大きすぎると雑草が発生する。穴の間隔は下記の播種密度によって決定する。

播種期　出芽に要する積算地温（〇℃基準）は約一四〇℃であるから、播種から出芽始めまでに要する日数は地温によって異なり、六〜一〇日である。したがって早播き限界は晩霜終期の数日前で、高冷地ではこの限界以後、なるべく早く播くことが大切である。標高七〇〇〜八〇〇mでは五月一五日から六月下旬まで播種が可能であるが、早播きほど収量が多い。

播種密度　株間は標高や播種期を考慮して増減する。標高約一三五〇mの野辺山では株間四〇cmでも栽培できるが、標高七〇〇m以下では生育期間が長期にわたるため、七五cmでも過繁茂になる。ただし、ここでも播種期を遅らせ、六月下旬ごろ播くばあいには、五〇cmくらいに縮めないと収量があがらない。

前作が多肥作物のばあいや肥沃な畑のばあいは、株間を広めにとる。

播種方法　播種前に種子を水浸すると、酸素欠乏や播種後の乾燥によって発芽不揃いになる危険がある。イギリスの資料によれば、水浸中に病菌が種子に蔓延することがあるという。

播種は一穴一粒とし、覆土の深さは種子の上面から三cmぐらいとする。種子を親指と人差指でつまんで、人差指の第二関節まで土中に押し込む。浅すぎると乾燥により出芽不揃いとなるし、深すぎるとマルチの穴からはずれるものが多くなる。

種子は図2に示したように、必ずヘソを下にして播く。これ以外の姿勢では芽が斜めに伸び、マルチの穴から出てこないものが多くなったり、出芽が不揃いになったりする。九〇％以上が順調に出芽するが、なかには穴から外れてマルチの下に伸びてくるものがあるので、出芽期には朝早く見回って穴へ導く。太陽が出てくると、マルチにつき当たった芽は高温で枯死する。

種子は、ネットトンネルの内側に播く。茎がネットにからみやすくするためである。

快晴の日には、マルチの下が高温になりすぎて発芽障害をおこすことがあるので、播種穴とその周辺へ土を薄くかけておく。

播種はネットトンネルつくりの前にすませてもよい。そのばあいには、出芽前にネット

図2　播種姿勢と発芽

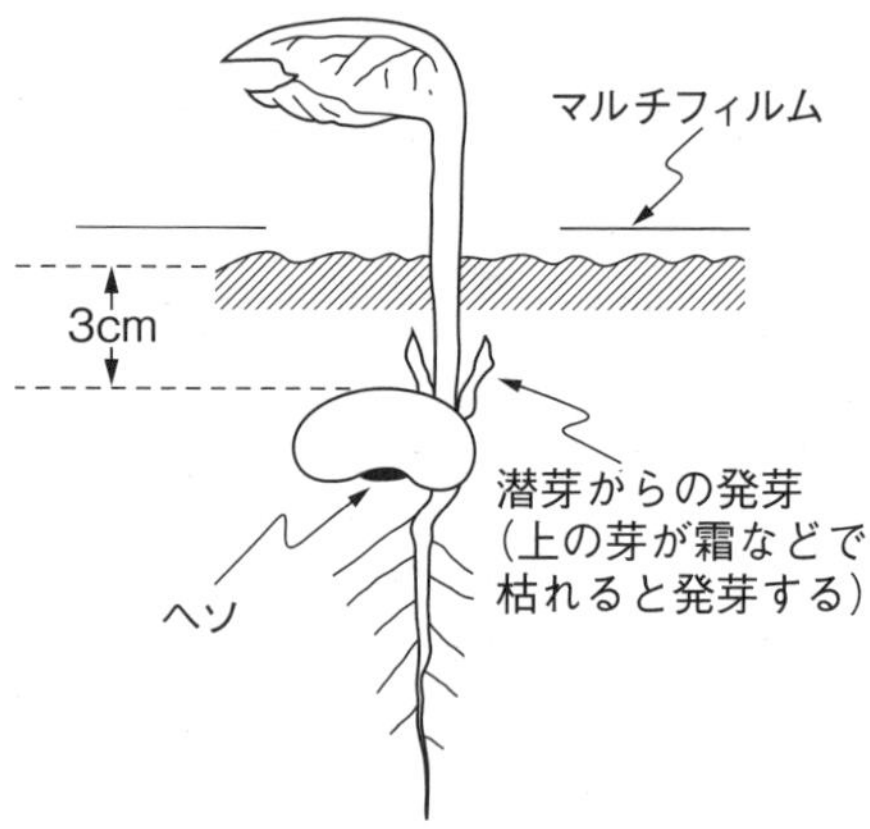

を張り終えるようにする。

予備苗の準備　ベニバナインゲンは播種後およそ二週間以内なら移植ができるので、畑の一部へ予備苗をつくっておき補植に用いる。その数は栽培株数の五％を基準とし、本圃と同日か、その翌日ころ播種しておく。

出芽直後の霜害　出芽直後に霜害を受けると芽は枯死するが、図2に示した位置にある潜芽が発芽し、茎が二本（一本または三本のこともある）出てくる。これらの茎はその後も生長をつづけて莢を着ける。間引きは行なわず、二本とも育てるほうがよいようである。ただし、本来の芽の出芽から五～七日以上過ぎてから枯死したばあいには、すでに地下の種子の養分が少なくなっているためか、よい潜芽が出てこない。このようなときには、ただちに補植か播き直しをする。

除草と病害虫防除　播種穴の除草は、早い時期に行なわないと大型雑草が取りにくくなる。

マルチ間の土壌へは除草剤を使用できるが、できるだけロータリー耕ですませたい。

病害虫防除薬剤は、なるべく使用しないようにする。マメアブラムシ、ヨトウムシや菌核病が多発したとき以外は必要ない。

その他の管理　整枝や摘花も不要と考えてよい。ただし秋の早霜までに熟す莢の結実限界期は、標高一三五〇mで八月十五～十九日、六三〇mで九月五日ころであるから、それまでに多数の莢を着けさせるようにするため、垂れ下がったつるがあったら早めにネットへからませておく。

収穫　九月中旬ごろから三～四回にわたって、熟した莢から収穫する。これをすぐ天日乾燥させ、よく乾いてから脱粒する。莢は過熟になっても裂開しないため、収穫が遅れやすいので注意する。早霜で凍害を受けそうだったら少々未熟な莢でも収穫し、凍らせないよう、莢のまま天日乾燥させる。未熟の莢を凍らせると、種皮が色あせるとともに子葉が半透明油浸状になって販売できなくなる。ただし、軽度のものは自家用にできる。

早霜がくる時期の一〇～二〇日前に茎を地ぎわで切り、あらかじめ地上部全体を乾燥させて凍害を防止する方法も行なわれている。

脱粒は少量のばあいには手作業で行なうが、大量なら粗い受網付きの脱粒機を低速回転で使用する。ゴミはふるいと唐箕で除去する。

調製、出荷　質のよいマメの種皮の地色は、赤花種では淡い紫色を、また、白花種では純白にちかい白色を呈する。収穫が遅れると、赤花種は茶色が強くなり、白花種ではクリーム色や褐色のシミを生ずるし、カビの発生も多くなるので、莢が熟して褐変したらなるべく早く収穫し、天日でよく乾かす。

充実度の悪いマメは、はじいたときにウツロな音を出すし、乾燥不十分なものは鈍い音を出すので容易に判別できる。選別の終わった種子は冷暗所に保存する。光が当たると種皮が変色して茶色になり、品質が低下する。

収量は一〇a当たり二五〇～三五〇kgで、四〇〇kgに達することもある。

農業技術大系野菜編第一〇巻　ベニバナインゲン
一九八八年

花豆の甘納豆

京都府井手町　南本とみ子

ポイント

①豆の皮を破らないように、弱火で煮ること。ストーブやコンロなどで、気長に作っています。

②保存はパックに入れて冷蔵庫へ。

③ブランデーを加えると、洋風な仕上がりになります。

【材料】

花豆……1カップ（120g）

砂糖……3カップ（300ｇ）

水………1カップ

まぶし用のグラニュー糖……適量

①花豆を、3倍量の水に1晩浸けておく。途中で3回ほど水をとりかえて、あく抜きする。

②浸けておいた水のまま、軟らかくなるまで煮る。

③水の中に砂糖150gを入れ、煮立てる。

④煮立ったら花豆を入れ、弱火で沸騰するまで煮て、火を止める。そのまま1晩おいておく。

⑤翌日、残りの砂糖150gを入れ、弱火で10分ほど煮て、さらに1晩おく。

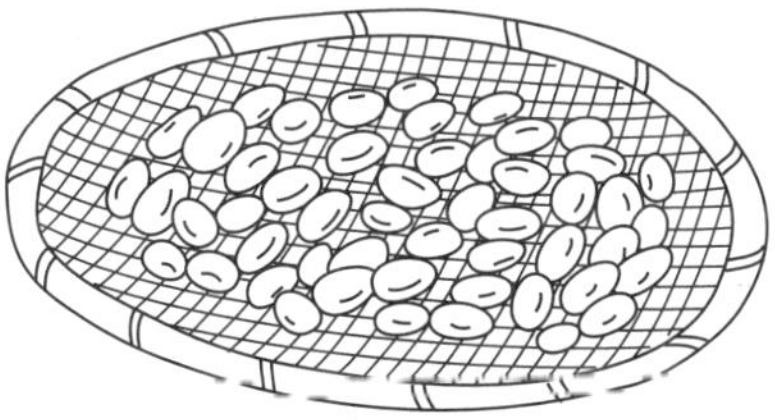

⑥翌日、豆の水分を切り、ザルの上にひろげて、半乾きにする。

⑦半紙の上にひろげ、グラニュー糖をまぶして乾かす。

ナタマメの利用と栽培

村上光太郎（崇城大学薬学部）

ナタマメ属植物（*Canavalia*）は、西インド諸島～中米原産のタチナタマメ（*C. ensiformis* DC.、洋刀豆、Jack Bean、Horse Bean）と熱帯アジア原産のナタマメ（*C. gladiata* DC.、タテハキ、刀豆、鉈豆、大刀豆、刀鞘豆、白刀豆、Sword Bean）の二系統が主流である。

そのほかインド洋から太平洋海岸全域の海岸に広く自生するハマナタマメ（*C. maritima* Thou. Wild Jack Bean）、南米熱帯原産で、南米の古い栽培植物であった*C. plagiosperma* Piper、アンデス山脈で栽培される*C.piperi* Killip et Macbride、インドとアフリカに野生する*C. virosa* Wight et Arn. および本種から栽培化されたアフリカの栽培種*C.regale* Dunn. などがあり、これらは食用を目的に栽培されている。さらにアンゴラでは家畜の飼料用に*C. rosea* DC.、南米では薬用に*C.bonariensis* Lindley なども栽培されている。

これらを栽培地からみると、タチナタマメは中・南アフリカ、南米、中米、インドから東南アジアでは多く、中国、韓国、日本では少量ではあるが、栽培されている。ナタマメはアフリカやインドから東南アジア、中国、日本にかけて広く栽培されている。特にアフリカのアンゴラではよく利用されている。ハマナタマメはインドから太平洋岸の海岸地帯、ブラジルなどに自生している。*C.regale* Dunn.、*C.rosea* DC. はアフリカで栽培されている。

しかしナタマメ属植物の完熟種子には強い毒性分を含む種類もあり、インド洋岸、南太平洋岸に自生するタカナタマメ（*C. microcarpa* Piper）は食べると激しい嘔吐、下痢、腹痛を起こし、台湾で牛や馬がこの種子を食べて死んだという例もある。また熱帯地方の砂浜に生育するカナバリア・ロゼア（*C. rosa* DC.）、*C. turgida* Grah. なども有毒植物であるので混用しないように注意したい。さらに*C. bonariensis* Lindley のように少量では薬用に利用されるが、多量に使用すると中毒症状を起こすものもあるので注意が必要である。

栽培時において、近くに野生種があれば、基本的には花期は違っても開花時期がずれた花が生じて自然交配の可能性も否定できなく、強い毒性を帯びる可能性もあるので、それらの自生が無いことを確認して栽培し、交雑や混入を防ぐ必要がある。また、今までのナタマメ類の毒性についてもこのような野生種が混じったことによる可能性も否定できない。たとえば*C.rosea* DC. の毒性報告はその例である。したがってもし、近隣に自生種があれば、それらの駆除から始めなければならない。

日本での加工

日本での記録は『多識篇』（一六一二年・林道春）が最初であるので、そのころから知られ、栽培も始まったものと思われる。日本でのナタマメ類の食用としての使用は、ナタマメ（赤花種）は莢を利用し、ナタマメの変種であるシロナタマメ（白花種）は種子を利用するとしている。これは、シロナタマメの完熟種子には毒性はないが、ナタマメの完熟種子

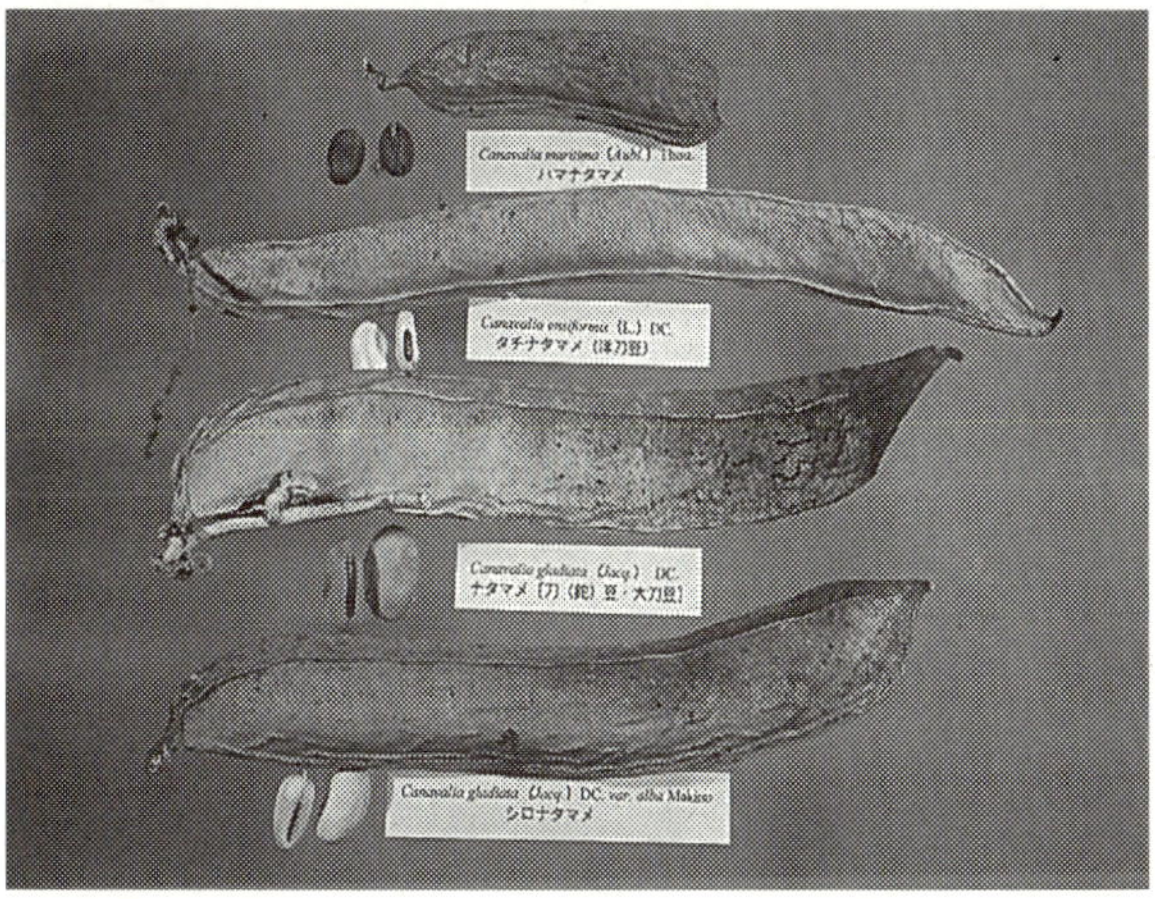

上からハマナタマメ、タチナタマメ、ナタマメ、シロナタマメ

には毒性分が含まれていることによる。また莢が小形で毒性の強いタチナタマメは一時南洋ナタマメと呼び、栽培されていたが影を潜めていた。近年、また少量であるが栽培され始めている。

おもしろいことに、九州地方ではナタマメを、四国・中国地方ではシロナタマメを多く栽培する習慣がある。これらは気象条件や食品加工への利用の程度の違いによると思われる。また、一般に薬用としては紅～ピンク色をしたナタマメを、食用としてはシロナタマメが使われる傾向もあるが、それらも絶対的なものではない。

利用形態と利用・加工用途

若莢　タチナタマメの完熟種子には毒性があるとはいうものの、若い莢には毒性はなく、またシロナタマメの種子には毒性がないことなどから、若い莢を採り熱湯をくぐらせ薄く切ってサラダの材料としたりなど野菜として利用することができる。また、若い莢を湯通ししてから薄く輪切りにすると、福神漬やかす漬、ぬか味噌漬、味噌漬、塩漬など各種の漬物への加工が可能である。とくに漬物類は肉質が締まっていて歯切れがよいので好まれる。よく福神漬のなかに、細長く小さな剣に似た形のものが入っているが、これはシロナタマメの若い莢を小口切りにしたものである。

成熟種子　シロナタマメの成熟種子は莢のまま塩水で十分に煮沸して、ソラマメの代わりに食べることができる。

完熟種子　完熟した豆（とくに褐色の種子）は種子に青酸配糖体や有毒性アミノ酸を含み有毒であり下痢をすることがあるが、水を何回も換えて十分に煮たあと数時間水にさらせば毒は除くことができ食用として利用できるので、これを砂糖煮、いり豆、煮豆やきんとんの原料としたり、カレーなどに用いたり、肉などと共に煮て食べるとよい。しかし商品化する場合には、毒性の心配が完全にないものにする必要がある。やはり若い莢を利用するか、どうしても完熟した種子を採集・利用しなければならないのであれば、最初からシロナタマメを植えるなどの配慮が必要である。

ナタマメ類の若い茎葉や若い莢には毒性分は含まれていないが、完熟種子には毒成分を含むものもあるので注意が必要である。

シロナタマメの種子には毒性がなく、ナタマメの赤い色の種子がそれに次ぐ。ナタマメの褐色の種子には毒性分があるが、ハマナタマメには毒成分がないといわれている。しかし日本に自生するハマナタマメの種子は有毒であるという説もあるので、使用には注意したい。タチナタマメの完熟種子には強い毒性があり、利用にはさらに注意が必要である。

しかしこれら毒成分は青酸配糖体や有毒性アミノ酸のカナバニンやコンカナバリンAなどに由来するものであり、調理する前に二日ほど水に浸したり、煮た後二～三回水にさらしたり、炒ったり、発酵したりすれば毒性がなくなるので各種の処理をして食用に利用されている。

なおナタマメ（刀豆）とタチナタマメ（洋

刀豆）はいずれも長楕円形で形態的にきわめて類似しているが、簡単な見分け方は、ナタマメが他のものにからみついて伸びる草本であり、へその長さが種子の四分の三もあるのに対し、タチナタマメは直立する草本でへその長さが種子の二分の一である点である。これらに比べて、ハマナタマメや*C. bonariensis* Lindleyなどは種子が小さく、丸みを帯びているので簡単に区別できる。

加工適性と加工品

ナタマメの花や若い莢を利用する場合は、ナタマメ類のいずれでも、すなわちナタマメ、シロナタマメ、タチナタマメ、ハマナタマメ、*C.plagiosperma*、*C.regale*を利用できる。しかし完熟種子を用いるナタマメモヤシ、ナタマメ味噌、糸引き納豆、ナタマメコーヒーなどの原料としてはシロナタマメを用いるようにする。範囲を広げたとしてもナタマメまでで、他のものは毒性の出る可能性を考えて、使用しないようにする。

ただし、他のナタマメも、二～三回、水でたきだし、煮汁を捨てる操作をすれば、毒性がなくなるので、タンパク源として炭水化物源として使用できる。しかし、毒性と同時に薬効や風味などもなくなるため、煮豆とした

ナタマメの花の酢漬　花を酢漬として保存し、さらに青や紅色に染色して料理のつまとする。このとき着色料に植物染料を用い、安全で美しい飾りをつくることができる。食べられる花としての利用が望まれる。

ナタマメの塩漬　原料とするナタマメは15～20cm程度に成長した、まだやや若い莢を採集する。ナタマメを10分の1量の塩と5分の1（kg/ℓ）量の水を加えて2週間程度、重石を置いて漬物とし、取り出し、さらにその10分の1量の塩で漬け替えをしてナタマメの塩漬をつくる。塩は多少減量してもよいが、この量で原料ナタマメ重量の70％程度の製品となる。このナタマメの塩漬を原料として、各種の加工を施せば、多くの加工食品をつくることができる。

ナタマメモヤシ　容器の中にスノコをおき、豆が底に付かないようにする。豆は腐ったものを除き、水洗い後、1昼夜水に浸ける。このとき、3～5時間おきに水を換えるようにする。用意した容器に豆を入れ30℃ぐらいの温水を入れ、豆と容器を暖め、しばらく後水を捨てる。この上に覆いをかけ放置する。毎日2回ぐらい20℃の温水をかけ、しばらく後に水を捨てる操作をして、発芽促進を図る。14～5日程度で白い幼茎がのびて、豆モヤシができる。

ナタマメ味噌　ナタマメをよく洗い、浸漬する。浸漬時間は約一昼夜とする、豆を煮るが、途中で2～3回水を換える。親指と小指で挟んで豆がつぶれるようになったら蒸し終わりである。蒸し終われば、皮を丹念に除き豆の中だけにする。一方若こうじに塩を加えて塩切こうじをつくる。水1.8ℓに95gの塩を加えた種水で種味噌を溶かし汁状にする。塩切こうじと皮を除いた豆を混ぜ、種水も加えてよく混ぜる。これを容器の中に空気を除くようによくつめ、表面を平らにし最後に塩をふり、中蓋をおき、重石をする。中蓋の上にわずかに水があがる程度の重石がよい。そのままおいてもよいが、3か月後にブドウの汁やビールを加えて攪拌し、さらに成熟させれば香りも良くなる。約1年後ナタマメ味噌ができる。量の目安はナタマメ1.8ℓ、食塩5ℓ、種水4ℓの割であるが、各自工夫してもらいたい。成熟期間は夏を越す12か月が目安である。

糸引き納豆　ナタマメをよく洗い、浸漬後、蒸すか煮て親指と小指で挟んで豆がつぶれるようになったら終わりである。皮を除き、適当に小割にし、これを新鮮なワラつとをつくり豆をつめる。このつとを43℃ぐらいの所に5～8時間おくとできる。ワラつとは新鮮なワラをしごいて、きれいな部分だけとし、清水に1～2分漬けた後、むしろに4時間ぐらい寝かせて水分を均一に分布させる。これを束ねて、中に豆をいれてつとにする。

納豆菌が手に入れば、煮て皮を除いたナタマメに納豆菌を溶かした水を散布し、よく混ぜて、経木やタッパーにつめる。これを、室温40～50℃に保ち、湿度95％以上に保つ。12時間で盛んに熱が出るようになるので室温を下げ過湿を防ぐ、25時間たつと徐々に冷却し、1日間涼しい場所でアンモニア臭を除き、食用に供する。

ナタマメコーヒー　妙って粉とすればコーヒーの代用となり、カフェインを含まないコーヒーをつくることができる。

り豆きんとんなどの増量剤にしか使用できないのでナタマメを利用する価値も少なくなる。

栽培の基本

ナタマメの栽培はシロナタマメを中心に考えるとよいが、生育地の環境で品種を選ぶ。とくにナタマメの生育適温は二五～三〇℃と、高温性の種類なので、関東以西の暖地で栽培しなければならない。とくに寒さに弱いので、日当たりのよい、温暖な場所を選んで植えることが必要である。また播種時期も寒さに遭わない時期を選ぶようにする。さらに水はけのよい通気性のよい柔らかな土壌を好むのでそのような土地を選ぶ。また砂質壌土での栽培は比較的よい成績が得られる。

栽培は種子繁殖を行なう。播種用の種子は昨年度収穫したものを使うが、発芽力は三年程度ある。また種子を低温室で貯蔵すればさらに長く発芽力を持たせることができる。

播種は遅霜が見られなくなった、四月中下旬～五月中旬頃の暖かくなった時がよい。しかし種皮が硬く吸水が遅いので、あらかじめ一昼夜水に浸してから播種する必要がある。ただしこの時多量の水の中につけ込んでしまうと種子の発芽能力を奪うので、種子は一列に並べ、その厚さの半分の深さの水に浸けるようにする。

小規模の栽培であれば、適当な土地を選び、条間六〇～一〇〇cm、株間三〇～五〇cmごとに深さ一〇cmの穴をあけ、穴ごとに種子三～六粒をまき、肥料を施して一～三cmの厚さに細かい土でおおう。しかし、発芽に対して種子の呼吸量も大きく、酸素不足となると発芽せず腐敗しやすいので、粘土質を避け、砂土か堆肥などで浅く覆土するのがよい。また直播きした場合、種子を虫に食べられてしまう場合もあるので注意し、そのような可能性があれば苗床で苗を仕立てるとよい。とくに発芽に対してはナメクジによる食害が多い。

普通シロナタマメでは三～五日、他の物では七～十五日ほどで発芽する。そのため、一週間後でも発芽が見られないときは種子の存在を確認する。種子が腐敗していれば追加播種または苗床で発芽した物を移植する（この時細根を切らないよう注意する。できればポット苗とするほうがよい）。

苗が一〇cmほどの高さになったら、一か所に強壮な株を二株残すよう間引き、補植を行ない、あわせて中耕、除草し、追肥として堆肥、化成肥料を十分に与える。五月下旬に二mぐらいの支柱を立て、つるを誘引してやるとともに、つるが支柱の先端に達したら摘芯や除草し、さらに追肥をする。適当に成長した若い莢を摘む。一株当たりの収量は一〇莢内外である。

生薬としての利用

ナタマメ（シロナタマメを含む）やタチナタマメは生薬としても優れており、ナタマメやタチナタマメを粉末にし、少しずつ白湯で服用するか煎じて飲めばしゃっくりに効果があり、喉の腫れも治る。またナタマメやタチナタマメを食べるか、煎じて服用するか、粉末を一日に四～一〇g服用すれば去痰、鎮咳薬となり、口内炎、歯槽膿漏、扁桃炎、咽喉カタル、咳、声かれ、便秘、下痢、腹痛、病後の衰弱、肺結核に効果がある。また茎、葉、果実を煎じて風呂に入れて入浴剤とすればひぜんなどの皮膚病に効果がある。ナタマメやタチナタマメを煎じて服用し、さらにその煎液で患部を洗浄し、押し込むようにすると脱肛や痔に効果がある。ナタマメやタチナタマメを煎じて服用すれば腹部の調子を良くし、腹圧を下げることができるようになる。

食品加工総覧第九巻 ナタマメ 一九九九年

ライマメの起源と栽培

村松安男（元静岡県農業試験場）

原産と来歴

ライマメ（lima bean）はペルーの首都リマ（lima）からつけられたといわれ、野生型は中央アメリカからペルーのアンデス山脈とアルゼンチンまでに見出される。

ライマメを世界の地域に広めたのは、スペインとポルトガルの探検家たちといわれているが、歴史は古く、ペルーにはBC二〇〇〇年までさかのぼって形跡があり、グァテマラとメキシコではBC三〇〇〜五〇〇年までさかのぼるという。

カプラン（一九六五）は、ペルーの大粒ライマメは初めからアンデス山地東方の温暖湿潤地方で順化され、メキシコの小粒種は、メキシコ太平洋岸の山麓低地帯に発したものとしている。

ライマメがヨーロッパ人に知られたのは十五世紀以後で、その後熱帯を中心に世界各地に広まった。

アメリカのカルフォルニアへはスペイン植民地時代に導入され、東洋へはスペインの帆船により、太平洋を横断してフィリピンへ伝わり、そこからアジア各地のビルマ、インド、スリランカ、台湾、中国、日本の各地に広まった。

アフリカにはブラジルから奴隷貿易によって伝わったという。

わが国には南ベトナム方面から江戸時代に導入され、アオイマメ、ゴモンマメで栽培されたが広まらず、再び明治に入って導入された。しかし世界各地で定着、栽培化されたライマメはわが国では山形県につる性品種の順化されたものがある（青葉、一九六二）。北関東、東北、北海道などの一部で栽培されたが、現在はほとんど栽培地はなく、国内種苗会社で種子の取扱いも行なっていない。

用途・利用

青豆と完熟豆の利用があるが、未成熟の青豆（莢は硬くて食べられない）は、甘味と香気があり、マメ類のうち最も美味なものといわれる。青豆は煮込みに使えるし、塩ゆではビールのつまみに最適である。アメリカではこれを缶詰または冷凍品として売られている。

完熟豆も煮込みに使えるし、西洋料理ではスープに利用するのが多いという。缶詰はグリーンピースに準じて加工される。

成熟豆のうち白色種は無毒であるが、有色種はファセオルナチンと呼ばれる青酸配糖体や青酸を含み、中毒することがあるので、食用には一昼夜水に浸したのち、ゆで汁を捨ててから煮物用とする。しかし若莢や青豆ならば心配はないという。そのほか豆もやしにも使える。

図1　ライマメ播種期と収穫期

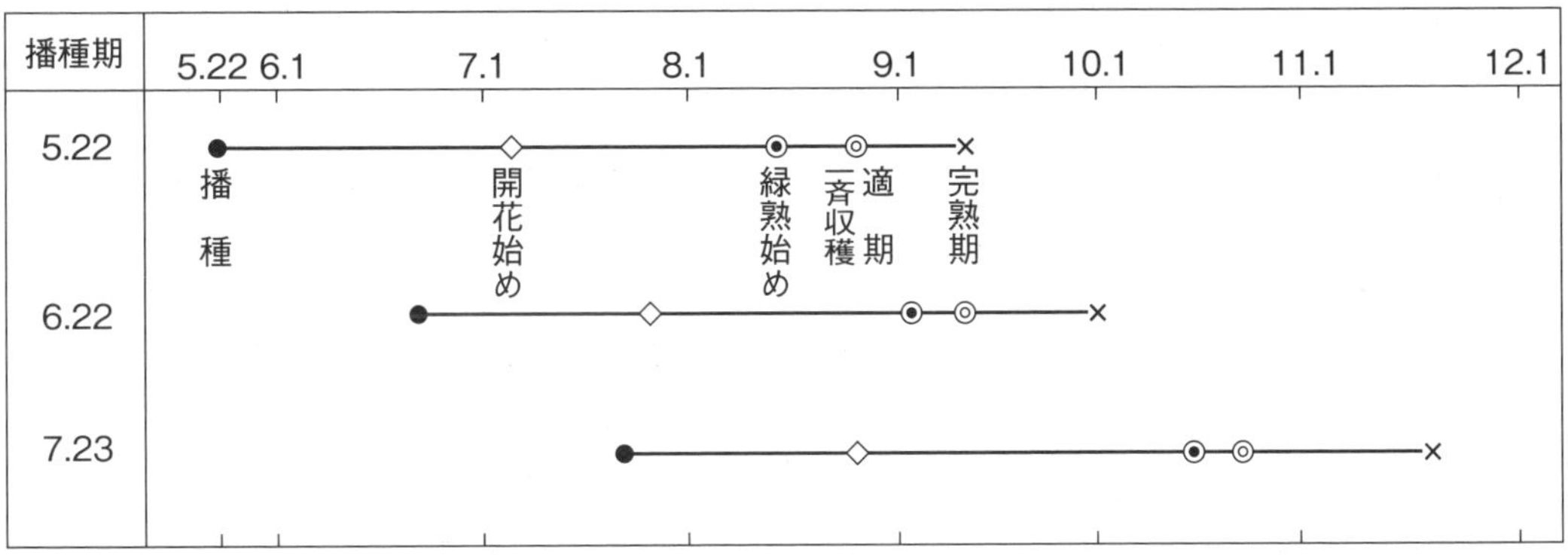

品種：ヘンダーソンブッシュ、標高450m
うね幅70cm、株間30cmの2本立て、黒マルチ栽培

（静岡農試高冷地分場 1987）

食用のほか茎葉は家畜の飼料として利用されるが、新鮮なものは有毒なことがあるので、乾燥して与えるのがよい。また緑肥として利用するのもよい。

特徴

形態　茎葉はインゲンマメに最もよく似ているが、莢は半月形である。

つる性（Pole）は長さ二〜四m多年生と高さ三〇〜四〇cmの矮性（Bush）一年生草本で、葉はインゲンマメに類似していて、三枚の小葉の複葉で、若干有毛である。一五cmくらいの総状花序に各節二〜四花ずつ着生し、全体の花数は多い。

莢は半月形で湾曲し、長さ五〜一二cm、幅一・五〜二・五cm、種子は三粒が基本で、なかには四粒莢もある。

種子の大きさは、大粒種から小粒種があり、形は扁平なものから丸いもの、色は白、淡黄、赤、紫、褐、黒色などがあり、また半色のものからまだらのものまである。へそは白く、その部分から種実皮の外側へ半透明の線が放射状に走る。種実の成分は、エンドウに類似している。

生育の経過　生育相はつる性と矮性ではちがい、大粒種と小粒種でもちがい、また播種時期によってもちがう。矮性の早生種で五月播きでは、播種して開花までが三〇〜五〇日、青実収穫までが七〇〜九〇日（アメリカのカタログでは六五日）、さらに完熟種子までに一二〇日かかる。

この日数は、高温では短くなり、低温では長くなる。

栽植本数　わが国での栽培例は少なく、収量まで記録された例もごく少ないので、収量性の一般論はできないが、当場の雨よけ栽培では、ヘンダーソンブッシュが最も多く、株当たり二粒莢以上が二五〜三〇莢で、青実にした収量は五〇kg／aほどであった。また山形在来大粒種では収量性も高く、栽植本数は約五〇〇株／aが適当のようである。

着莢性　着莢性を左右する要因のデータは少ないので不明な点が多いが、河野（一九七七）は開花期が梅雨と高温多湿で、稔性、品質が著しく悪くなるため、品種の育成を指摘している。その点では山形在来は適応した系統が選抜されて、多収性を示していることも考えられる。なお、ホルモン剤で着莢が向上する。

作型　他の豆類と同様に需要が多くなれば、周年の作型分化が考えられるが、栽培のない現在では、露地栽培か雨よけ露地栽培だけである。

先の開花期に降雨と高温多湿が、稔性を悪くするとすれば、作型は雨よけ露地栽培が得策である。

適地の条件　インゲンマメより少し暖かい気候が必要であり、無霜期間が一二〇日以上あって、月平均気温が一五～二四℃の期間（地帯）がよい。大粒種は開花期に二七℃以上で、湿度が六〇～六五％以下では着莢しないというが、小粒種はこれより制限が若干ゆるいようである。したがって、本邦の暖地で月平均気温で二七℃以上になるところでは、七～八月に開花させる作型はさけたほうがよい。

発芽には一五～三〇℃が必要で適温は二七℃である。一五℃では三〇日を要し、二〇℃では一八日を要し、適温では一週間で発芽する。一〇℃以下と三五℃以上ではまったく発芽しない。

土壌は七五％の水分で排水よく、有機物に富み、pH六～七が適する。

品種　表のほかに多数の品種がアメリカで改良発売されている。筆者らが数品種を扱ったなかでは、アメリカでも主要品種とされているヘンダーソンブッシュが着莢も安定して、莢数三〇くらいつき、つくりやすい品種である。

ヘンダーソンブッシュは、種子は白色、収扁平腎臓形で、早生種に属し、播種から六五日で収穫されるとされているが、実際には気

表1　ライマメの主な品種（主としてバーピーカタログから）

草姿	品種名	粒の大小	生育日数
矮性	○ヘンダーソン ブッシュ	小	65
	ジャクソンワンダー ブッシュ	小	65
	ホログリー ブッシュ	小	67
	ベービー フォードフック	小	70
	バーピー インプルブド	大	75
	フォード フック242	大	75
蔓性	セバ　ポール	小	80
	○キング オブザ ガーデン	大	90
	フロリダ バターポール	小	88
	クリストマス ポール	大	90
	プリセテッカー	大	90
	バーピー ベスト	大	92

注）○印は多く栽培されている品種

表2　品種の特性

（鶴岡、1961）

	粒の大小	草姿	種実の色	開花始め	収穫始め	株当たり花穂数	1花穂の花数	1花穂の莢数	1莢粒数	百粒重 収穫種実	百粒重 入手種実	種実の形	莢内発芽種子	粃種子	畸形種子	株当たり 莢数	株当たり 収量
				月日	月日								%	%	%		g
在来大粒	大	つる	白	7. 5	8. 17	30.6	7～15	2.1	2.8	106	130	扁平腎臓形	1	0	0	63.2	115
King	大	つる	白	7. 12	9. 4	27.0	6～10	2.1	2.5	114	147	同　上	6	26	12	55.4	40
Chall.	大	つる	淡緑	7. 15	9. 16	25.0	10～20	2.3	2.2	125	125	丸みある腎臓	0	8	0	56.5	53
Bur.	大	矮	白	7. 7	9. 4	15.0	7～20	1.4	1.9	110	140	扁平腎臓	23	37	5	21.0	17
Ford.	大	矮	淡緑	7. 5	9. 16	11.0	10～30	1.5	2.5	97	96	やや丸み腎臓	12	38	2	16.0	10
在来小粒	小	つる	白	7. 13	8. 17	22.2	20～40	3.1	2.5	38	45	扁平腎臓	0	8	0	68.4	67
Hen	小	矮	白	7. 10	8. 17	15.0	70～120	1.9	2.8	35	38	同　上	3	18	0	29.0	20
Can.	小	矮	淡緑	7. 10	8. 19	14.2	20～30	1.7	2.6	33	44	やや丸み腎臓	3	25	0	24.4	15

注）在来品種は5月1日播き5月18日植付け，その他は5月19日播き
品種名　King = King of the Garden, Chall. = Challenger Fordhook, Bur. = Burpee Improved, Ford = Fordhook Bush, Hen = Henderson Bush, Can. = Cangreen

温や日照に左右されて、それよりは遅くなり、播種が遅いと低温のため一〇〇日以上を要することになる。

栽培の実際

圃場の準備　圃場は肥沃で排水のよいところがよく、播種前に堆肥三tていどと苦土石灰一五〇kgを施し、深耕しておく。栽培はインゲンマメに準じる。

元肥　肥料は一〇a当たり窒素一五kg、リン酸二五kg、カリ二〇kgを全層に施す。

播種　種子は、あらかじめ薬剤などで処理したものを使う。間隔はうね幅六〇〜七〇cm、株間三〇〜三五cmとして、一か所に三〜四粒播種する。播種後は鳥害を防ぐ防鳥網などをかけておく。種子量は小粒種で六〜八kg／一〇a必要。

間引　子葉の次に初生葉が展開したころに、一か所一〜二本に間引く。欠株のところは、間引きしたものを補植しておく。

誘引　誘引は、株の上高さ二〇cmぐらいのところに誘引線を一本張り、これに主枝を誘引しておくと、強風で株元を傷めずにすむ。

追肥　開花始めに窒素五kg、カリ五kg／一〇aをうね間に施す。

灌水　開花期に土壌が乾燥すると落花を多くするので、乾いているばあいは、うね間灌水を行なうとよい。

収穫　熟度がすすむにつれて色が変わるので、青豆で利用するばあいは、莢色が濃緑から淡い緑色に変わり、豆の色が白色に変わる前に収穫する。完熟豆は莢が黄褐色になったものを収穫する。

矮性種であっても、最初の収穫から遅いものの収穫までには、かなりの日数を要するので、適当なところできりあげることになる。

栽培面積が多いばあいは、一回収穫とするために、収穫莢数の最も多いと思われる時期に株ごと抜き取り、完熟莢と青豆莢をとり、未熟なものは捨てることになる。

したがって、異なる熟度の豆が混入することになるので、塩水選によってより分ける。塩水の濃度は品種によって異なるので、そのつど適当な濃度を検出しなければならない。青葉（一九六二）は、山形在来小粒種で、水一〇〇ccに食塩二五gくらいを溶かした比重一・一二〜一・一三で適度の未熟青豆が浮かび、完熟豆は沈み、長時間おくと全部が沈むという。

完熟豆の収穫は、莢が自然裂開する前に行なう。

病害虫の防除　病害ではべと病、うどんこ病が発生し、降雨が多いと斑点病、莢枯病、炭そ病が発生し、アメリカではそうか病が発生した。アブラムシによりライマビーンモザイクが発生し、ヨコバイで巻葉ウイルスが発生する。

害虫では、とくにアブラムシが寄生するので、茎葉にアリの行動が見えるときは注意する。このほかにハスモンヨトウ、カメムシ、ハリガネムシ、タネバエ、ネコブセンチュウが寄生するので早めに防除したい。

調製、荷姿、出荷方法

荷姿や出荷方法も栽培事例がないので不明である。青豆利用のばあいは、ソラマメやグリーンピースのように、莢で出荷して利用者がむき実にして料理する方法がよいと思われる。

アメリカでは、冷凍用ライマメはエンドウに次ぐ生産高で今後も増加が見込まれているが、わが国ではまったく行なわれていない。缶詰加工はグリーンピースに準じて行なわれる。

農業技術大系野菜編第一〇巻　ライマメ　一九八八年

フジマメの起源と栽培

成河智明（農水省北海道農業試験場）

フジマメは熱帯～亜熱帯に広く分布しており、その原産地について諸説があるが、アジアが起源でインドが原産地である可能性が高い。インドでは三〇〇〇年前から栽培されていたといわれ、その変異も非常に多く、野生型の一つがあるという。

アフリカ原産の説もあるところから、インド原産とすれば比較的早い時期にアフリカ北部へもたらされたと思われる。そのほか中国、東南アジアへと伝播していった。中国では長江以南に栽培があり、日本へは隠元禅師が承応三年（一六五四）中国から持ち帰ったといわれているが、それはインゲンマメであるともいわれ、はっきりしない。しかし、フジマメが地方によってはインゲンマメと呼ばれ混乱をきたしていることは事実である。

フジマメの学名は *Dolichos lablab* L. であるが、*Lablab niger* MEDIKUS あるいは *Lablab vulgaris* とも称される。*Lablab* 属というばあいは普通のフジマメを *L.niger* var. *lablab* とし、*Dolichos lignosus* L. を *L.niger* var.*lignosus* とする。多年生で半立性、植物体は強い不快臭がある。ここでは普通フジマメについてのみ述べる。

漢字は鵲豆を当てるが、漢名は扁豆、眉豆などである。日本では種々の呼び方がある。テンジクマメ、トウササゲ、トウマメ、アジマメ、インゲンマメ、ハッショウマメなどであり、他の豆との混乱がよくわかる。

『農業全書』では、稨豆、とうまめ、南京豆、隠元ささげなどといい、種皮色に黒白の二種類があると記されている。

用途・利用

若莢は他の豆類と同様に野菜として利用されるが、その量はきわめて少ない。完熟種子はわずかに薬用に用いられるという。熱帯地方の国々では完熟種子が食糧に用いられる。

つる豆となすの煮もの　つる豆は千石豆、ふじ豆ともいい、夏に収穫され、独特なにおいがする。つるは一度枯れてしまうが、秋にふたたび収穫できるというおもしろい豆である。
（撮影　千葉寛『聞き書　石川の食事』）

現在、栽培面積はきわめて少なく、愛知、高知などが生産県であるが、市場で「センゴク」といわれるのがフジマメである。

特徴

茎葉　つる性が大半であるが、わい性もある。つる性で三～四m、わい性は三〇～六〇㎝ていどに伸びる。葉腋から分枝を生じる。葉は互生し、三小葉からなる複葉、葉柄は長く、基部に肥大した葉枕がある。子葉は広い卵形で長さ一〇～一五cm、幅一〇～一五cmである。

花器　花は総状花序で葉腋から生じ、花房の長さは一〇cmから三〇cmを超すものもある。花は直径二cmていどで各花節に二～四花ずつ着生する。花色は白と紫紅とがある。

莢　莢は扁平で長さ五～一五cm、幅一～五cm、若莢は軟らかく表面にしわが多く、やや多肉質である。成熟するにつれてしわがより、裂開しにくく、一莢に三～六粒の種子がはいっている。若莢の色はふつう緑であるが、赤みを帯びるものもある。

種子　直径一〇mm前後、やや扁平の楕円形で百粒重は五〇g、種皮色は白、淡黄、茶、赤褐、青、黒などがあり、へそは著しく隆起し、その長さは円周の三分の一にも達する。

栄養的特性　若莢の成分は、水分八七%、蛋白質三%、脂肪〇・五%などとなっており、ササゲ、インゲンマメと大差ないが、炭水化物は他の豆類に比べて著しく高く七・九%となっている。

一方、子実の成分は水分一三%、炭水化物五四～五八%、粗蛋白質一七～二二%、脂肪ごく少量を含む。

作型

高温には強いが、低温にはきわめて弱いので、五～六月播種の普通栽培が一般的であるが、ハウス育苗による早熟、半促成栽培が定着し、さらに八月播種、十～六月収穫という促成長期どり栽培も確立してきた。しかし、全体の栽培面積はきわめて少なく、高知県、愛知県などでわずかに作られているにすぎない。

春先降霜の心配がなくなれば播種が可能であり、関東以西であればどこででも栽培は可能である。

促成長期どり栽培　八月、ハウスまたはガラス室に播種し、十月から収穫できる。最低夜温を一三℃以上に保つために加温する。収穫、剪定、追肥、防除をくり返し、五月あるいは六月まで収穫が可能である。つる性の千石豆を用いるのがふつうである。一月に播種する促成栽培もある。

半促成・早熟栽培　二～三月にハウスまたはガラス室で育苗し、半促成ではハウスに、早熟栽培ではトンネルに定植し、五～七月あるいは六～十一月までそれぞれ収穫する。つる性が一般的であるが、わい性種も低収ではあるが用いられる。

露地栽培　降霜の心配がなくなっても、地温が上がらなければ発芽しないので、直播では五月下旬～六月に播種する。育苗をハウスで行なうばあいは育苗期間を三五～四五日として、四月から播種が可能である。収穫は七月から降霜期まで採りつづける。

表1　フジマメの作型

作　型	適応地	播種期（月旬）	定植期（月旬）	収穫期（月旬）
促　成	四国九州	8中～8下	8下～9中	10中～5下
半促成	東海以西	2下～3中	3下～4中	6上～8下
普　通	各　地	4下～5		7中～9上
抑　制	各　地	6　～7上		8中～10上

品種とその特性

品種の分化は明確ではないが、つる性とわい性、白花と赤花などで分かれており、そのほかに花房の型により芭蕉成という品種群がある。

千石豆　つる性の早生種で、莢着きがよい。草丈三mていどで節間は短い。赤花で莢は淡緑色、種皮色は暗緑色である。岐阜、愛知での栽培が多い。市場では「センゴク」と称されている。

早生千石豆　つる性で千石豆よりさらに早生である。その他の形質は大差ない。

赤花芭蕉成　草丈五mにも達する生育旺盛なつる性種である。赤花がバナナの房状につくところからこの名がある。莢数は多く、淡緑を呈し弓状に曲がる。大阪周辺に多い。

白花つるなし千石　わい性の極早生種、頂部に花房をつける。愛知県西部で栽培されている。

その他　赤花、白花、早生赤花、早生白花などがあるが、同名異種が多く、その来歴も詳らかでない。

栽培法

栽培環境　フジマメは乾燥に対する抵抗性が高く、年間六〇〇～八〇〇㎜の少雨地帯でも十分に生育する。やせ地にも耐え、インドやビルマでは雨季の洪水の退いた川岸の砂地などの裸地にも栽培されている。またアジア熱帯では標高二〇〇〇mの高地まで栽培分布している。

本来、日長感応性であるが、品種によっては日長に鈍感なものもある。土壌に対する適応性も広いが、保水力のある壌土または埴壌土が適している。

低緯度地帯原産のため、高緯度の日本では夏季の日長が長く栄養生長が盛んになりやすい。このため、窒素の施用量が多すぎると過繁茂になり、莢着きが著しく悪くなる。そのため、つる性では剪定が必要である。

播種・育苗　露地直播のばあいは、ササゲ同様、晩霜の危険がなくなり一日の最低気温が一三℃ていど以上になれば播種してもよい。

促成または半促成栽培では、ハウス内で最低夜温を一〇℃ていどに保ち、昼間二五℃ていどより上げないのがよい。育苗期間は三〇日間として播種日を決める。

施肥　窒素、カリの肥効は低いが、リン酸のそれは高い。a当たりの施用量は窒素〇・九～一・〇kg、リン酸一・二～一・四kg、カリ一・五kgていどである。窒素の多用は過繁茂を助長するので、元肥はひかえめにし、開花以降生育を見ながら追肥するのがよい。カリも分施するが、リン酸は全量元肥でよい。わい性種は生育期間が短く生育初期に多量の肥料を要するので、すべて元肥とする。

定植・管理　移植栽培では播種後三〇日をめどに本葉四～五葉展開したときに定植する。

つる性での摘心仕立では、うね間一〇〇～一五〇㎝、株間六〇～八〇㎝（八三〇～一七〇〇株／a）ていどとする。早出しほど密植にする。主茎の三～六節で摘心し、側枝三本を立てる。側枝も三節で摘心し、二次の側枝を伸ばす。全体が密生してくれば、側枝を適当な間隔に間引く。

露地栽培では、一八〇㎝ていどの支柱を立て、主茎は一五〇～二〇〇㎝で摘心する。分枝は三本ていどとし、主茎同様二〇〇㎝以下で摘心し、それ以降の二次、三次分枝は三節で摘心する。

わい性種では六〇～八〇㎝×三〇～四〇㎝ていどとし、摘心の必要はない。

病害虫はインゲンマメ、ササゲと同様輪紋病、うどんこ病、ヨトウムシ類、アブラムシ類、メイガ類などがあげられ、適宜防除に努める。

収穫・出荷　低温期では開花後二〇日、高温期では一〇日前後で収穫する。適期をすぎると莢が硬化しやすいので注意する。

普通収穫した莢は、決められたプラスチックのバッグに詰める。

農業技術大系野菜編第一〇巻　フジマメ　一九八八年

あっちの話こっちの話

ナメクジはソラマメの莢が大好き

山下　快

山口県秋穂町の安光清子さんはソラマメの莢を使ってナメクジをおびき寄せ、退治しています。やり方は簡単。中身を出したソラマメの莢を、野菜畑や庭のナメクジが多発する場所に夕方まとめて置いておくだけ。そうすれば、翌朝には大量のナメクジが集まって来ています。どうやらナメクジは莢の内側の綿のような部分が好きなよう。群がった大量のナメクジに塩をまけば、もうイチコロ。畑に塩をまくのはちょっと……という人は、「ナメキール」のような殺虫剤をまくのもよしです。

聞くところによると、ナメクジはビールも好きだそうですが、せっかくのビールをナメクジにやるのはもったいない。それにソラマメのほうがたくさん寄ってくるそうです。ナメクジにお困りのみなさん、今年はぜひお試しあれ。

二〇〇五年六月号　あっちの話こっちの話

メロンハウスのソラマメはおとりだった

瀬戸和弘

前沢牛で有名な岩手県前沢町で自然農法を実践している佐藤安正さんは、さすがにうまい方法で害虫を撃退しています。

一つはアブラムシ対策。五月末定植のメロンを作る時、佐藤さんは六月になってから通路の脇にソラマメを三〇cm間隔に播きます。これはなんと、メロンをアブラムシから守るためのおとり。ハウスに侵入してきたアブラムシは、メロンには目もくれず、ソラマメに一目散。おかげでメロンにはほとんど被害がないとか。ソラマメの種は安いそうですから、試してみては。

二つめはアオムシ避け。ペパーミントがよいと聞いて早速試したところ、アオムシに効く成分は、ペパーミントが乾燥する時に出ることを発見しました。そこでペパーミントを細かく切り刻んで、キャベツの葉の中へ入るようにふりかけてみたところ…。ふしぎふしぎ、これまでたくさん群がっていたアオムシがいつの間にかいなくなってしまいました。近所の人が、「こんなに葉っぱが食われているのに虫がいない!!」とびっくりしていたそうです。

一九九四年四月号　あっちの話こっちの話

本書は『別冊 現代農業』2009年7月号を単行本化したものです。
編集協力　本田進一郎

著者所属は、原則として執筆いただいた当時のままといたしました。

農家直伝
豆をトコトン楽しむ
食べ方・加工から育て方まで

2010年10月25日　第1刷発行
2012年 4 月15日　第2刷発行

農文協　編

発行所　社団法人　農山漁村文化協会
郵便番号 107-8668 東京都港区赤坂7丁目6-1
電 話 03(3585)1141(営業)　03(3585)1147(編集)
FAX 03(3585)3668　振替 00120-3-144478
URL http://www.ruralnet.or.jp/

ISBN978-4-540-10266-0　DTP製作／ニシ工芸㈱
〈検印廃止〉　印刷・製本／凸版印刷㈱

定価はカバーに表示